水利水电工程机械安全技术研究

陈凤振　刘德荣　朱明磊◎著

U0335306

吉林科学技术出版社

图书在版编目（CIP）数据

水利水电工程机械安全技术研究 / 陈凤振，刘德荣，
朱明磊著. -- 长春：吉林科学技术出版社，2021.11
　　ISBN 978-7-5578-9069-8

　　Ⅰ．①水… Ⅱ．①陈… ②刘… ③朱… Ⅲ．①水利水
电工程－工程机械－安全技术－研究 Ⅳ．①TV53

中国版本图书馆 CIP 数据核字(2021)第 245533 号

水利水电工程机械安全技术研究

SHUILI SHUIDIAN GONGCHENG JIXIE ANQUAN JISHU YANJIU

著　陈凤振　刘德荣　朱明磊
责任编辑　程　程
幅面尺寸　185mm×260mm　1/16
字　数　363 千字
印　张　15.875
版　次　2023 年 6 月第 1 版
印　次　2023 年 6 月第 1 次印刷

出　版　吉林科学技术出版社
发　行　吉林科学技术出版社
地　址　长春市净月区福祉大路 5788 号
邮　编　130118
发行部电话/传真　0431-81629529　81629530　81629531
　　　　　　　　　　　　　81629532　81629533　81629534

储运部电话　0431-86059116

编辑部电话　0431-81629518

印　刷　北京四海锦诚印刷技术有限公司

书　号　ISBN 978-7-5578-9069-8
定　价　65.00 元

前　言

　　水利水电工程施工机械设备多，作业环境复杂，施工场地安全布置和施工设备的安全规划难度大。由于机械设备使用的普遍性，机械安全是水利水电工程得以安全实施和赖以生存和发展的基础，其安全性涉及国民经济各部门和大量从业人员的安全与健康。为避免在生产中发生机械伤害等事故，提高产品在国际市场的竞争力，必须对影响机械安全的因素进行研究，在水利水电中使用的机械产品寿命周期内提出并实施安全对策措施。本书建立了施工机械设备安全规划的理论体系，提出了水利水电施工场地施工机械作业安全作业；客观地认识和评价施工场地内和施工过程中的机械设备给施工过程带来的安全问题，充分利用有限的施工作业时空资源，制订科学合理的施工设备布置方案。

　　本书是为了适应新时期经济和社会发展对安全专业人才的需求而编写的。本书的编写主要参照了近年来国内外关于水利水电工程机械安全的研究成果。在选材上，尽量遵循"全面系统、重点突出"的原则，涉及的内容包括水利工程施工项目现场安全管理，木工机械安全技术、压力加工机械安全技术、焊接和切割安全、土石方施工机械、起重运输机械等方面的安全技术。在介绍机械设备一般知识的同时，将机械设备的安全使用、安全操作、安全管理作为重点。本书内容考虑教育对象的实际情况和水平，对机械设备的构造、原理等基础知识进行了简单介绍，考虑到实际应用，对机械设备的维修保养也进行了介绍，重点突出了专业性、针对性、时效性、实用性和知识性。

　　在本书的策划和编写过程中，曾参阅了国内外有关的大量文献和资料，从其中得到启示；同时也得到了有关领导、同事、朋友及学生的大力支持与帮助。在此致以衷心的感谢！由于知识信息发展非常快，本书的选材和编写还有一些不尽如人意的地方，加上编者学识水平和时间所限，书中难免存在缺点和谬误，敬请同行专家及读者指正，以便进一步完善提高。

目　录

第一章 水利工程施工项目现场安全管理

第一节 现场布置

施工现场的布置是文明施工和安全生产的重要部分,是现代施工的一个重要的标志,也是施工企业一项基础性的管理工作。现场布置与安全生产是相辅相成的,是避免工作交叉,实现施工现场安全有序的重要基础工作。

一、基本规定

根据《水利水电工程施工通用安全技术规程》,水利工程施工现场的布置有以下基本要求:

(1)施工生产区宜实行封闭管理。主要进出口处应设有明显的施工警示标志和安全文明生产规定、禁令,与施工无关人员、设备不应进入封闭作业区。在危险作业场所应设有事故报警及紧急疏散通道设施。

(2)进入施工生产区域的人员应遵守施工现场安全文明生产管理规定,正确穿戴使用防护用品和佩戴标志。

(3)施工生产现场应设有专(兼)职安全人员进行安全检查,及时督促整改隐患,纠正违章行为。

(4)爆破、高边坡、隧洞、水上(下)、高处、多层交叉施工、大件运输、大型施工设备安装及拆除等危险作业应有专项安全技术措施,并应设专人进行安全监护。

(5)施工设施的设置应符合防汛、防火、防砸、防风、防雷及职业卫生等要求。

(6)设备、原材料、半成品、成品等应分类存放、标志清晰、稳固整齐,并保持通道畅通。

(7)作业场所应保持整洁、无积水;排水管、沟应保持畅通,施工作业面应做到工完场清。

(8)施工现场的井、洞、坑、沟、口等危险处应设置明显的警示标志,并应采取加盖板或设置围栏等防护措施。

(9)临水、临空、临边等部位应设置高度不低于 1.2m 的安全防护栏杆,下部有防护要求时还应设置高度不低于 0.2m 的挡脚板。

(10)施工生产现场临时的机动车道路,宽度不宜小于 3.0m,人行通道宽度不宜小于 0.8m,做好道路日常清扫、保养和维修。

(11)交通频繁的施工道路、交叉路口应按规定设置警示标志或信号指示灯;开挖、弃渣场地应设专人指挥。

(12)爆破作业应统一指挥,统一信号,专人警戒并划定安全警戒区。爆破后应经爆破人员检查,确认安全后,其他人员方能进入现场。洞挖、通风不良的狭窄场所,应在通风排烟、恢复照明及安全处理后,方可进行其他作业。

(13)脚手架、排架平台等施工设施的搭设应符合安全要求,经验收合格后,方可投入使用。

(14)上下层垂直立体作业应有隔离防护设施,或错开作业时间,并应有专人监护。

(15)高边坡作业前应处理边坡危石和不稳定体,并应在作业面上方设置防护设施。

(16)隧洞作业应保持照明、通风良好、排水畅通,应采取必要的安全措施。

(17)施工现场电气设备应绝缘可靠,线路敷设整齐,应按规定设置接地线。开关板应设有防雨罩,闸刀、接线盒应完好并装漏电保护器。

(18)施工照明及线路,应遵守下列规定:

①露天施工现场宜采用高效能的照明设备。

②施工现场及作业地点,应有足够的照明,主要通道应装设路灯。

③在存放易燃易爆物品场所或有瓦斯的巷道内,照明设备应符合防爆要求。

(19)施工生产区应按消防的有关规定,设置相应消防池、消火栓、水管等消防器材,并保持消防通道畅通。

(20)施工生产中使用明火和易燃物品时应做好相应防火措施。存放和使用易燃易爆物品的场所严禁明火和吸烟。

(21)大型拆除工作,应遵守下列规定:

①拆除项目开工前,应制定专项安全技术措施,确定施工范围和警戒范围,进行封闭管理,并应有专人指挥和专人安全监护。

②拆除作业开始前,应对风、水、电等动力管线妥善移设、防护或切断。

③拆除作业应自上而下进行,严禁多层或内外同时进行拆除。

二、施工现场的布置要求

根据《水利水电工程施工通用安全技术规程》,水利工程施工现场的布置还有以下规定:

（1）现场施工总体规划布置应遵循合理使用场地、有利施工、便于管理等基本原则。分区布置，应满足防洪、防火等安全要求及环境保护要求。

（2）生产、生活、办公区和危险化学品仓库的布置，应遵守下列规定：

①与工程施工顺序和施工方法相适应。

②选址地质稳定，不受洪水、滑坡、泥石流、塌方及危石等威胁。

③交通道路畅通，区域道路宜避免与施工主干线交叉。

④生产车间，生活、办公房屋，仓库的间距应符合防火安全要求。

⑤危险化学品仓库应远离其他区布置。

（3）施工区内起重设施、施工机械、移动式电焊机及工具房、水泵房、空压机房、电工值班房等布置应符合安全、卫生、环境保护要求。

（4）混凝土、砂石料等辅助生产系统和制作加工维修厂、车间的布置，应符合以下要求：

①单独布置，基础稳固，交通方便、畅通。

②应设置处理废水、粉尘等污染的设施。

③应减少因施工生产产生的噪声对生活区、办公区的干扰。

（5）生产区仓库、堆料场布置应符合以下要求：

①单独设置并靠近所服务的对象区域，进出交通畅通。

②存放易燃易爆、有毒等危险物品的仓储场所应符合有关安全的要求。

③应有消防通道和消防设施。

（6）生产区大型施工机械与车辆停放场的布置应与施工生产相适应，要求场地平整、排水畅通、基础稳固，并应满足消防安全要求。

（7）弃渣场布置应满足环境保护、水土保持和安全防护的要求。

（8）各区域应根据人群分布状况修建公共厕所或设置移动式公共厕所。

（9）各区域应有合理排水系统，沟、管、网排水畅通。

（10）有关单位宜设立医疗急救中心（站），医疗急救中心（站）宜布置在生活区内。施工现场应设立现场救护站。

三、其他要求

根据《水利水电工程施工组织设计规范》，水利工程施工现场的布置有以下要求：

（1）主要施工工厂设施和临时设施的布置应考虑施工期洪水的影响。防洪标准应根据工程规模、工期长短、河流水文特性等情况，分析不同标准洪水对其危害程度，在5~20年重现期范围内酌情采用。防洪标准低于5年或高于20年，应有充分论证。

（2）工程附近场地狭窄、施工布置困难时，可采取下列措施：

①适当利用库区场地,布置前期施工临时建筑工程。

②充分利用山坡进行小台阶式布置。

③提高临时房屋建筑层数和适当缩小间距。

④重复利用场地。

⑤利用弃渣填平洼地或冲沟作为施工场地。

(3)施工总布置应做好土石方挖填平衡,统筹规划堆渣、弃渣场地;弃渣处理应符合环境保护及水土保持要求。

(4)下列地点不应设置施工临时设施:

①严重不良地质区或滑坡体危害区。

②泥石流、山洪、沙暴或雪崩可能危害区。

③重点保护文物、古迹、名胜区或自然保护区。

④与重要资源开发有干扰的区域。

⑤受爆破或其他因素影响严重的区域。

(5)设在河道沿岸的主要施工场地应满足本节第1条所规定的防洪标准采取防护措施,论证场地防护范围。

(6)施工场地排水应遵守下列规定:

①确定场内冲沟、小溪的洪水流量,合理选择排洪或拦蓄措施。

②相邻场地宜减少相对高差、避免形成洼地积水;台阶式布置的高差较大时,设挡护和排水设施。

③排水系统完善、畅通、衔接合理。

④污水、废水处理满足排放要求。

第二节　施工道路及交通

根据《水利水电工程施工通用安全技术规程》,水利工程施工现场的施工道路及交通有以下规定:

(1)永久性机动车辆道路、桥梁、隧道,应按照《公路工程技术标准》的有关规定,并考虑施工运输的安全要求进行设计修建。

(2)铁路专用线应按国家有关规定进行设计、布置、建设。

(3)施工生产区内机动车辆临时道路,应符合下列规定:

①道路纵坡不宜大于8%,进入基坑等特殊部位的个别短距离地段最大纵坡不应超过

15%;道路最小转弯半径不应小于15m;路面宽度不应小于施工车辆宽度的1.5倍,且双车道路面宽度不宜小于7.0m,单车道不宜小于4.0m。单车道应在可视范围内设有会车位置。

②路基基础及边坡保持稳定。

③在急弯、陡坡等危险路段及岔路、涵洞口应设有相应警示标志。

④悬崖陡坡、路边临空边缘除应设有警示标志外还应设有安全墩、挡墙等安全防护设施。

⑤路面应经常清扫、维护和保养,并应做好排水设施,不应占用有效路面。

(4)交通繁忙的路口和危险地段应有专人指挥或监护。

(5)施工现场的轨道机车道路,应遵守下列规定:

①基础稳固,边坡保持稳定。

②纵坡应小于3%。

③机车轨道的端部应设有钢轨车挡,其高度不低于机车轮的半径,并设有红色警示灯。

④机车轨道的外侧应设有宽度不小于0.6m的人行通道,人行通道临空高度大于2.0m时,边缘应设置防护栏杆。

⑤机车轨道、现场公路、人行通道等的交叉路口应设置明显的警示标志或设专人值班监护。

⑥设有专用的机车检修轨道。

⑦通信联系的信号齐全可靠。

(6)施工现场临时性桥梁应根据桥梁的用途、承重载荷和相应技术规范进行设计修建,并符合以下要求:

①宽度应不小于施工车辆最大宽度的1.5倍。

②人行道宽度应不小于1.0m,并应设置防护栏杆。

(7)施工现场架设临时性跨越沟槽的便桥和边桥栈桥,应符合以下要求:

①基础稳固、平坦畅通。

②人行便桥、栈桥宽度不应小于1.2m。

③手推车便桥、栈桥宽度不应小于1.5m。

④机动翻斗车便桥、栈桥,应根据荷载进行设计施工,其最小宽度不应小于2.5m。

⑤设有防护栏杆。

(8)施工现场的各种桥梁、便桥上不应堆放设备及材料等物品,应及时维护、保养,定期进行检查。

(9)施工交通隧道,应符合以下要求:

①隧道在平面上宜布置为直线。

②机车交通隧道的高度应满足机车以及装运货物设施总高度的要求,宽度不应小于车体宽度与人行通道宽度之和的1.2倍。

③汽车交通隧道洞内单线路基宽度应不小于3.0m,双线路基宽度应不小于5.0m。

④洞口应有防护设施,洞内不良地质条件洞段应进行支护。

⑤长度100m以上的隧道内应设有照明设施。

⑥应设有排水沟,排水畅通。

⑦隧道内斗车路基的纵坡不宜超过1.0%。

(10)施工现场工作面、固定生产设备及设施处所等应设置人行通道,并应符合以下要求:

①基础牢固、通道无障碍、有防滑措施并设置护栏,无积水。

②宽度不应小于0.6m。

③危险地段应设置警示标志或警戒线。

第三节   消防安全管理

根据《水利水电工程施工通用安全技术规程》等有关规程规范,消防安全管理应遵循以下规定:

一、一般规定

(1)水利水电工程消防设计、施工必须符合国家工程建设消防技术标准。各参建单位依法对建设工程的消防设计、施工质量负责。

(2)各参建单位的主要负责人是本单位的消防安全第一责任人。各参建单位应履行下列消防安全职责:

①制定消防安全制度、消防安全操作规程、灭火和应急疏散预案,落实消防安全责任制。

②按标准配置消防设施、器材,设置消防安全标志。

③定期组织对消防设施进行全面检测。

④开展消防宣传教育。

⑤组织消防检查。

⑥组织消防演练。

⑦组织或配合消防安全事故调查处理等。

(3)施工单位应制定油料、炸药、木材等易燃易爆危险物品的采购、运输、储存、使用、回收、销毁的消防措施和管理制度。

（4）各参建单位的宿舍、办公室、休息室建筑构件的燃烧性能等级应为 A 级；室内严禁存放易燃易爆物品，严禁乱拉电线，未经许可不得使用电炉；利用电热设施的车间、办公室及宿舍，电热设施应有专人负责管理。

（5）使用过的油布、棉纱等易燃物品应及时回收，妥善保管或处置。挥发性的易燃物质，不应装在开口容器或放在普通仓库内；盛装过挥发油剂及易燃物质的空容器，应及时退库；施工现场设备的包装材料和其他废弃物应及时回收、清理；存放和使用易燃易爆物品的场所严禁明火和吸烟。

（6）机电设备安装中搭设的防尘棚、临时工棚及设备防尘覆盖膜等，应选用防火阻燃材料。

（7）施工生产中使用明火和易燃物品时，应做好相应防火措施，遵守施工生产作业区与建筑物之间防火安全距离的有关规定。施工区域需要使用明火时，应将使用区进行防火分隔，清除动火区域内的易燃、可燃物。

（8）施工单位使用明火或进行电（气）焊作业时，应落实防火措施，特殊部位应办理动火作业票。

（9）水利水电工程应按照国家有关规定进行消防验收、备案。

（10）各单位应建立、健全各级消防责任制和管理制度，组建专职或义务消防队，并配备相应的消防设备，做好日常防火安全巡视检查，及时消除火灾隐患，经常开展消防宣传教育活动和灭火、应急疏散救护的演练。

（11）施工现场的平面布置图、施工方法和施工技术均应符合消防安全要求。现场道路应畅通，夜间应设照明，并有值班巡逻。

（12）根据施工生产防火安全需要，应配备相应的消防器材和设备，存放在明显易于取用的位置。消防器材及设备附近，严禁堆放其他物品。

（13）消防器材设备，应妥善管理，定期检验，及时更换过期器材，消防汽车、消火栓等设备器材不应挪作他用。

（14）根据施工生产防火安全的需要，合理布置消防通道和各种防火标志，消防通道应保持通畅，宽度不应小于 3.5m。

（15）宿舍、办公室、休息室内严禁存放易燃易爆物品，未经许可不得使用电炉。利用电热的车间、办公室及宿舍，电热设施应有专人负责管理。

（16）挥发性的易燃物质，不应装在开口容器及放在普通仓库内。装过挥发油剂及易燃物质的空容器，应及时退库。

（17）闪点在 45℃ 以下的桶装、罐装易燃液体不应露天存放，存放处应有防护栅栏，通风良好。

（18）施工区域需要使用明火时，应将使用区进行防火分隔，清除动火区域内的易燃、可燃物，配置消防器材，并应有专人监护。

（19）油料、炸药、木材等常用的易燃易爆危险品存放使用场所、仓库，应有严格的防火措施和相应的消防设施，严禁使用明火和吸烟。

（20）易燃易爆危险物品的采购、运输、储存、使用、回收、销毁应有相应的防火消防措施和管理制度。

（21）施工生产作业区与建筑物之间的防火安全距离，应遵守下列规定：

①用火作业区距所建的建筑物和其他区域不应小于25m。

②仓库区、易燃、可燃材料堆积场距所建的建筑物和其他区域不应小于20m。

③易燃品集中站距所建的建筑物和其他区域不应小于30m。

（22）不准在高压架空线下搭设临时性建筑或堆放可燃物品。

（23）焊、割作业点与氧气瓶、电石桶和乙炔发生器等的距离不得少于10m，与易燃易爆物品的距离不得少于30m。

（24）乙炔发生器与氧气瓶之间的距离，存放时应大于5m，使用时应大于10m。

（25）施工现场的焊、割作业，必须符合防火要求，严格执行"十不准"规定：

①焊工必须持证上岗，无证者不准进行焊、割作业。

②属一级、二级、三级动火范围的焊、割作业，未办理动火审批手续，不准进行焊割。

③焊工不了解焊、割现场周围情况，不得进行焊、割作业。

④焊工不了解焊件内部是否有易燃易爆物品时，不得进行焊、割作业。

⑤各种装过可燃气体、易燃液体和有毒物质的容器，未经彻底清洗，或未排除危险之前，不准进行焊、割作业。

⑥用可燃材料做绝热层、保冷层、隔声、隔热设备的部位，或火星能飞溅到的地方，在未采取切实可靠的安全措施前，不准进行焊、割作业。

⑦有压力或密闭的管道、容器，不准进行焊、割作业。

⑧焊、割部位附近有易燃易爆物品，在未做清理或未采取有效的安全防护措施前，不准进行焊、割作业。

⑨附近有与明火作业相抵触的工种作业时，不准进行焊、割作业。

⑩与外单位相连的部位，在没有弄清有无险情，或明知存在危险而未采取有效措施之前，不准进行焊、割作业。

二、重点部位、重点工种消防管理要求

（1）加油站、油库的消防管理应遵守下列规定：

①独立建筑，与其他设施、建筑之间的防火安全距离不应小于50m。

②周围应设有高度不低于2.0m的围墙、栅栏。

③库区内道路应为环形车道，路宽应不小于3.5m，应设有专门消防通道，保持畅通。

④罐体应装有呼吸阀、阻火器等防火安全装置。

⑤应安装覆盖库（站）区的避雷装置，且应定期检测，其接地电阻不应大于100Ω。

⑥罐体、管道应设防静电接地装置，接地网、线用40mm×4mm扁钢或直径10mm圆钢埋设，且应定期检测，其接地电阻不应大于30Ω。

⑦主要位置应设置醒目的禁火警示标志及安全防火规定标志。

⑧应配备相应数量的泡沫、干粉灭火器和砂土等灭火器材。

⑨应使用防爆型动力和照明电器设备。

⑩库区内严禁一切火源，严禁吸烟及使用手机。

⑪工作人员应熟悉使用灭火器材和消防常识。

⑫运输使用的油罐车应密封，并有防静电设施。

（2）木材加工厂（场、车间）应遵守下列规定：

①独立建筑，与周围其他设施、建筑之间的安全防火距离不应小于20m。

②安全消防通道保持畅通。

③原材料、半成品、成品堆放整齐有序，并留有足够的通道，保持畅通。

④木屑、刨花、边角料等弃物及时清除，严禁置留在场内，保持场内整洁。

⑤设有10m³以上的消防水池、消火栓及相应数量的灭火器材。

⑥作业场所内禁止使用明火和吸烟。

⑦明显位置设置醒目的禁火警示标志及安全防火规定标志。

（3）回火防止防止器的使用应遵守下列规定：

①应采用干式回火防止器。

②回火防止器应垂直放置，其工作压力应与使用压力相适应。

③干式回火防止器的阻火元件应经常清洗以保持气路畅通；多次回火后，应更换阻火元件。

④一个回火防止器应只供一把割炬或焊炬使用，不应合用。当一个乙炔发生器向多个割炬或焊炬供气时，除应装总的回火防止器外，每个工作岗位都须安装岗位式回火防止器。

⑤禁止使用无水封、漏气的、逆止阀失灵的回火防止器。

⑥回火防止器应经常清除污物防止堵塞,以免失去安全作用。

⑦回火器上的防爆膜(胶皮或铝合金片)被回火气体冲破后,应按原规格更换,严禁用其他非标准材料代替。

(4)易燃物品的使用管理应遵守下列规定:

①储存易燃物品的仓库应执行审批制度的有关规定,并遵守下列规定:

a.库房建筑宜采用单层建筑;应采用防火材料建筑;库房应有足够的安全出口,不宜少于两个;所有门窗应向外开。

b.库房内不宜安装电器设备,如须安装时,应根据易燃物品性质,安装防爆或密封式的电器及照明设备,并按规定设防护隔墙。

c.仓库位置宜选择在有天然屏障的地区,或设在地下、半地下,宜选在生活区和生产区年主导风向的下风侧。

d.不应设在人口集中的地方,与周围建筑物间,应留有足够的防火间距。

e.应设置消防车通道和与储存易燃物品性质相适应的消防设施;库房地面应采用不易打出火花的材料。

f.易燃液体库房,应设置防止液体流散的设施。

g.易燃液体的地上或半地下储罐应按有关规定设置防火堤。

②储存易燃物品的库房,应按照有关建筑物的耐火等级和储存物品的火灾危险性分类的规定来确定。

③易燃、可燃液体设置的防火堤内空间容积不应小于储罐地上部分储量的一半,且不小于最大罐的地上部分储量。防火堤内侧基脚线至储罐外壁的距离,不应小于储罐的半径。防火堤的高度宜为1~1.6m。

④易燃物品的储存应符合下列规定:

a.应分类存放在专门仓库内。与一般物品以及性质互相抵触和灭火方法不同的易燃、可燃物品,应分库储存,并标明储存物品名称、性质和灭火方法。

b.堆存时,堆垛不应过高、过密,堆垛之间,以及堆垛与堤墙之间,应留有一定间距,通道和通风口,主要通道的宽度不应小于2m,每个仓库应规定储存限额。

c.遇水燃烧,爆炸和怕冻、易燃、可燃的物品,不应存放在潮湿、露天、低温和容易积水的地点。库房应有防潮、保温等措施。

d.受阳光照射容易燃烧、爆炸的易燃、可燃物品,不应在露天或高温的地方存放。应存放在温度较低、通风良好的场所,并应设专人定时测温,必要时采取降温及隔热措施。

e.包装容器应当牢固、密封,发现破损、残缺、变形、渗漏和物品变质、分解等情况时,应立即进行安全处理。

f.在入库前,应有专人负责检查,对可能带有火险隐患的易燃、可燃物品,应另行存放,经检查确认无危险后,方可入库。

g.性质不稳定、容易分解和变质以及混有杂质而容易引起燃烧、爆炸的易燃、可燃物品,应经常进行检查、测温、化验,防止燃烧、爆炸。

h.储存易燃、可燃物品的库房、露天堆垛、贮罐规定的安全距离内,严禁进行试验、分装、封焊、维修、动用明火等可能引起火灾的作业和活动。

i.库房内不应设办公室、休息室,不应住人,不应用可燃材料搭建货架;仓库区应严禁烟火。

j.库房不宜采暖,如储存物品须防冻时,可用暖气采暖;散热器与易燃、可燃物品堆垛应保持安全距离。

k.对散落的易燃、可燃物品应及时清除出库。

l.易燃、可燃液体储罐的金属外壳应接地,防止静电效应起火,接地电阻应不大于10Ω。

⑤易燃物品装卸与运输应符合下列要求:

a.易燃物品装卸,应轻拿轻放,严防振动、撞击、摩擦、重压、倾置、倾覆。严禁使用能产生火花的工具,工作时严禁穿带钉子的鞋;在可能产生静电的容器上,应装设可靠的接地装置。

b.易燃物品与其他物品以及性质相抵触和灭火方法不同的易燃物品,不应同一车船混装运输;怕热、怕冻、怕潮的易燃物品运输时,应采取相应的隔热、保温、防潮等措施。

c.运输易燃物品时,应事先进行检查,发现包装、容器不牢固、破损或渗漏等不安全因素时,应采取安全措施后,方可启运。

d.装运易燃物品的车船,不应同时载运旅客,严禁携带易燃品搭乘载客车船。

e.运输易燃物品的车辆,应避开人员稠密的地区装卸和通行。途中停歇时,应远离机关、工厂、桥梁、仓库等场所,并指定专人看管,严禁在附近动火、吸烟,禁止无关人员接近。

f.运输易燃物品的车船,应备有与所装物品灭火方法相适应的消防器材,并应经常检查。

g.车船运输易燃物品,严禁超载、超高、超速行驶。编队行进时,前后车船之间应保持一定的安全距离;应有专人押运,车船上应用帆布盖严,应设有警示标志。

h.油品运输槽车改变运输品种时,应对槽罐进行彻底的清理后,方可使用。

i.装卸作业结束后,应对作业场所进行检查,对散落、渗漏在车船或地上的易燃物品,应及时清除干净,妥善处理后方可离开作业场所。

j.各种机动车辆在装卸易燃物品时,排气管的一侧严禁靠近易燃物品,各种车辆进入易燃物品库时,应戴防火罩或有防止打出火花的安全装置,并且严禁在库区、库房内停放、加油和修理。

k.运输易燃物时,还应遵守《危险化学品管理条例》中危险化学品的运输的有关规定。

⑥易燃物品的使用应符合下列要求:

a.使用易燃物品,应有安全防护措施和安全用具,建立和执行安全技术操作规程和各种安全管理制度,严格用火管理制度。

b.易燃易爆物品进库、出库、领用,应有严格的制度。

c.使用易燃物品应指定专人管理。

d.使用易燃物品时,应加强对电源、火源的管理,作业场所应备足相应的消防器材,严禁烟火。

e.遇水燃烧、爆炸的易燃物品,使用时应防潮、防水。

f.怕晒的易燃物品,使用时应采取防晒、降温、隔热等措施。

g.怕冻的易燃物品,使用时应保温、防冻。

h.性质不稳定、容易分解和变质以及性质互相抵触和灭火方法不同的易燃物品应经常检查,分类存放,发现可疑情况时,及时进行安全处理。

i.作业结束后,应及时将散落、渗漏的易燃物品清除干净。

(5)油库管理的使用管理应遵守下列规定:

①应根据实际情况,建立油库安全管理制度、用火管理制度、外来人员登记制度、岗位责任制和具体实施办法。

②油库员工应懂得所接触油品的基本知识,熟悉油库管理制度和油库设备技术操作规程。

③在油库与其周围不应使用明火;因特殊情况需要用火作业的,应当按照用火管理制度办理用火证,用火证审批人应亲自到现场检查,防火措施落实后,方可批准。危险区应指定专人防火,防火人有权根据情况变化停止用火。用火人接到用火证后,要逐项检查防火措施,全部落实后方可用火。

④油罐防静电应遵守下列规定:

a.地面立式金属罐的接地装置技术要求要符合规定。其电阻值不应大于 10Ω。油库中其他部位的静电接地装置的电阻值不应大于 100Ω。

b.油罐汽车应保持有效长度的接地拖链,在装卸油前先接好静电接地线。使用非导电胶管输油时,要用导线将胶管两端的金属法兰进行跨接。

⑤油品入库的管理应遵守下列规定:

a.油库接到发货方的启运通知和交通运输部门的车、船到达预报后应做好接收准备。

b.车、船到达后,应按照启运通知核对到货凭证及车号等。

c.卸收铁路罐车油品时,应收净底部余油。遇有雷雨、大雪、大风沙天气时,应暂时停止接卸。卸收船装油品时,轻油应注水冲舱,黏油要进行刮抽。

d.卸收和输转油品时,指定专人巡视输油管线;连续作业时,要办理好交接班手续。

e.油品卸收完毕后,要及时办理入库手续,做好登记、统计工作。

⑥罐装油品的储存保管应遵守下列规定:

a.油罐应逐个建立分户保管账,及时准确记载油品的收、发、存数量,做到账货相符。

b.油罐储油不应超过安全容量。

c.对不同品种不同规格的油品,应实行专罐储存。

⑦桶装油品的储存保管应遵守下列规定:

a.保管要求:应执行夏秋、冬春季定量灌装标准,并做到标记清晰、桶盖拧紧、无渗漏;对不同品种、规格、包装的油品,应实行分类堆码,建立货堆卡片,逐月盘点数量,定期检验质量,做到货、卡相符;润滑脂类、变压器油、电容器油、汽轮机油、听装油品及工业用汽油等应入库保管,不应露天存放。

b.库内堆垛要求:油桶应立放,宜双行并列,桶身紧靠。油品闪点在28℃以下的,不应超过2层;闪点在28~45℃的,不应超过3层;闪点在45℃以上的,不应超过4层。桶装库的主通道宽度不应小于1.8m,垛与垛的间距不应小于1m,垛与墙的间距不应小于0.25~0.5m。

c.露天堆垛要求:堆放场地应坚实平整,高出周围地面0.2m,四周有排水设施;卧放时应做到:双行并列,底层加垫,桶口朝外,大口向上,垛高不超过3层;放时要做到:下部加垫,桶身与地面成75°角,大口向上。堆垛长度不应超过25m,宽度不应超过15m,堆垛内排与排的间距,不应小于1m;垛与垛的间距,不应小于3m。汽、煤油要斜放,不应卧放。润滑油要卧放,立放时应加以遮盖。

⑧油罐应符合下列规定:

a.罐体应符合下列规定:无严重变形,无渗漏;罐体倾斜度不超过1%(最大限度不超过5cm);油漆完好,保温层无脱落。

b.附件应符合下列规定:呼吸阀、量油口齐全有效,通风管、加热盘管不堵、不漏;升降管灵活,排污阀畅通,扶梯牢固,静电接地装置良好;油罐进、出口阀门无渗漏,各部螺栓齐全、紧固。

⑨油罐出现下列问题时应及时进行维修:

a.圈板纵横焊缝、底、圈板的角焊缝,发现裂纹或渗漏者。

b.圈板凹陷、起鼓、折皱的允许偏差值超过规定者。

c.罐体倾斜超过规定者。

d.油罐与附件连接处垫片损坏者。

e.投产5年以上的油罐,应结合清洗检查底板锈蚀程度,其中4mm的底板余厚小于

2.5mm,4mm 以上的底板余厚小于 3mm 或顶板折裂腐蚀严重者。

f.直接埋入地下的油罐每年应挖开 3~5 处进行检查,发现防腐失效和渗漏者。

⑩管线和阀门的检查与维修应遵守下列规定:

a.新安装和大修后的管线,输油前要用水,以工作压力的 1.5 倍进行强度试验。使用中的管线每 1~2 年进行一次强度试验。

b.地上管线和管沟、管线及支架,应经常检修,清除杂草杂物,排除积水,保持整洁。

c.直接埋入地下的管线,埋置时间达 5 年,每年应在低洼、潮湿地方,挖开数处检查,发现防腐层失效和渗漏者,应及时维修。

d.油罐区、油泵房、装卸油栈台、码头、付油区和输油管线上的主要常用阀门,应每年检修一次,其他部位的阀门应每 2 年检修一次,平时加强保养。

e.应及时拆除废弃不用的管线,地下管线拆除有困难时,应与使用中的管线断开。

f.地上管线的防锈漆,应经常保持完好。油泵房和装卸作业区的管线、阀门,应按照油品的种类,涂刷不同颜色的油漆:汽油为红色,煤油为黄色,柴油为灰色。

⑪油泵房的管理应遵守下列规定:

a.油泵房建筑应符合石油库设计规范要求。

b.地下、半地下轻油泵房应加强通风,油蒸气浓度不应大于 1.58%(体积)。

c.油泵及管线应做到技术状态良好,不渗不漏,附件、仪表齐全,安装符合规定,维修保养好。

d.电气设备及安装应符合相应的技术规定。

e.作业、运行、交接班应记录完整。

f.司泵工应坚守工作岗位,严格遵守操作规程。

g.新泵和经过大修的泵应进行试运转,管线、附件应进行水压试验。

⑫油库安全用电应遵守下列规定:

a.油罐区、收发油作业区、轻油泵库、轻黏油合用泵房、轻油灌油间等的电气设备,应符合下列规定:电动机应为防爆、隔爆型;开关、接线盒、启动器、变压器、配电装置应为防爆、隔爆型;电气仪表、照明用具、通信电器宜选用防爆、隔爆型或安全火花型。

b.润滑油装卸、储存、输转、灌装场所的电气设备,应符合下列规定:电动机、通信电气应为封闭式;电器和仪表、配电装置应为保护型;轻油装卸、输转、灌装、储存场所及用于运输的车、船,应使用固定式防爆照明用具,油库应使用防爆式手电筒。

c.油库的电气设备应根据石油库设计规范和电器设备安装规定进行安装。

⑬油库消防器材的配置与管理应遵守下列规定:

a.灭火器材的配置:加油站油罐库罐区,应配置石棉被、推车式泡沫灭火机、干粉灭火器及相关灭火设备;各油库、加油站应根据实际情况制订应急求援预案,成立应急组织机构。消防器材摆放的位置、品名、数量应绘成平面图并加强管理,不应随便移动和挪作他用。

b.消防供水系统的管理和检修:消防水池要经常蓄满水,池内不应有水草杂物。地下供水管线要常年充水,主干线阀门要常开。地下管线每隔2~3年,要局部挖开检查,每半年应冲洗一次管线。消防水管线(包括消火栓),每年要做一次耐压试验,试验压力应不低于工作压力的1.5倍。每天巡回检查消火栓。每月做一次消火栓出水试验。距消火栓5m范围内,严禁堆放杂物。固定水泵要常年充水,每天做一次试运转,消防车要每天发动试车并按规定进行检查、养护。消防水带要盘卷整齐,存放在干燥的专用箱里,防止受潮霉烂。每半年对全部水带按额定压力做一次耐压试验,持续5min,不漏水者合格。使用后的水带要晾干收好。

c.消防泡沫系统的管理和检修:灭火剂的保管:空气泡沫液应储存于温度在5~40℃的室内,禁止靠近一切热源,每年检查一次泡沫液沉淀状况。化学泡沫粉应储存在干燥通风的室内,防止潮结。酸碱粉(甲、乙粉)要分别存放,堆高不应超过1~5m,每半年将储粉容器颠倒放置一次。灭火剂每半年抽验一次质量,发现问题及时处理。对化学泡沫发生器的进出口,每年做一次压差测定;空气泡沫混合器,每半年做一次检查校验;化学泡沫室和空气泡沫产生器的空气滤网,应经常刷洗,保持不堵不烂,隔封玻璃要保持完好。各种泡沫枪、钩管、升降架等,使用后都应擦净、加油,每季进行一次全面检查。泡沫管线,每半年用清水冲洗一次;每年进行一次分段试压,试验压力应不小于1.18MPa,5min无渗漏。各种灭火机,应避免曝晒、火烤,冬季应有防冻措施,应定期换药,每隔1~2年进行一次筒体耐压试验,发现问题及时维修。

⑭油库环境管理应遵守下列规定:

a.油库清洗容器的污水,油罐的积水等,应有油水分离、沉淀处理等净化设施,污水的排放,应遵守当地环境保护规定,失效的泡沫液(粉)等,应集中处理。

b.油库排水系统,应有控制设施,严加管理,防止发生事故油品流出库外。

c.清洗油罐及其他容器的油渣、泥渣,可作为燃料,或进行深埋等其他处理。

d.油库应有绿化规划,多种树木、花草,美化环境,净化水源,调剂空气,应创造条件,回收油气,防止污染。

(6)电工作业时应遵守下列规定:

①电工应经过专门培训,掌握安装与维修的安全技术,并经过考试合格后,方准独立操作。

②施工现场临设线路、电气设备的安装与维修应执行《施工现场临时用电安全技术规范》。

③新设、增设的电气设备,必须由主管部门或人员检查合格后,方可通电使用。

④各种电气设备或线路,不应超过安全负荷,并用牢靠、绝缘良好和安装合格的保险设备,严禁用铜丝、铁丝等代替保险丝。

⑤放置及使用易燃液体、气体的场所,应采用防爆型电气设备及照明灯具。

⑥定期检查电气设备的绝缘电阻是否符合"不低于 $1k\Omega/V$(如对地 220V 绝缘电阻应不低于 $0.22M\Omega$)"的规定,发现隐患,应及时排除。

⑦不可用纸、布或其他可燃材料做无骨架的灯罩,灯泡距可燃物应保持一定距离。

第四节　防洪度汛管理

根据《水利水电工程施工通用安全技术规程》及《水利水电工程施工安全管理导则》等有关规程规范,防洪度汛管理应遵循以下规定:

一、一般规定

(1)项目法人应根据工程情况和工程度汛需要,组织制订工程度汛方案和超标准洪水应急预案,报有管辖权的防汛指挥机构批准或备案。

(2)项目法人应和有关参建单位签订安全度汛目标责任书,明确各参建单位防汛度汛责任,并组织成立有各参建单位参加的工程防汛机构,负责工程安全度汛工作。

(3)设计单位应于汛前提出工程度汛标准、工程形象面貌及度汛要求。

(4)施工单位应按批准的度汛方案和超标准洪水应急预案,制定防汛度汛及抢险措施,报项目法人批准,并按批准的措施落实防汛抢险队伍和防汛器材、设备等物质准备工作,做好汛期值班,保证汛情、工情、险情信息渠道畅通。

(5)项目法人应做好汛期水情预报工作,准确提供水文气象信息,预测洪峰流量及到来时间和过程,及时通告各单位。

(6)项目法人在汛前应组织有关参建单位,对生活、办公、施工区域内进行全面检查,对围堰、子堤、人员聚集区等重点防洪度汛部位和有可能诱发山体滑坡、垮塌和泥石流等灾害的区域、施工作业点进行安全评估,制定和落实防范措施。

(7)防汛期间,施工单位应组织专人对围堰、子堤、人员聚集区等重点防汛部位巡视检查,观察水情变化,发现险情,及时进行抢险加固或组织撤离。

(8)防汛期间,超标洪水来临前,施工淹没危险区的施工人员及施工机械设备,应及时组织撤离到安全地点。

(9)施工单位在汛期应加强与上级主管部门和地方政府防汛部门的联系,听从统一防汛指挥。

（10）洪水期间，如发生主流改道，航标漂流移位、熄灭等情况，施工运输船舶应避洪停泊于安全地点。

（11）施工单位在堤防工程防汛抢险时，应遵循前堵后导、强身固脚、减载平压、缓流消浪的原则。

（12）防汛期间，施工单位在抢险时应安排专人进行安全监视，确保抢险人员的安全。

（13）台风来临前由项目部组织一次安全检查。塔吊、施工电梯、井架等施工机械，要采取加固措施。塔吊吊钩收到最高位置，吊臂处于自由旋转状态。在建工程作业面和脚手架上的各种材料应堆放、绑扎固定，以防止被风吹落伤人。施工临时用电除保证生活照明外，其余供电一律切断电源。做好工地现场围墙和工人宿舍生活区安全检查，疏通排水沟，保证现场排水畅通。台风、暴雨后，应进行安全检查，重点是施工用电、临时设施、脚手架、大型机械设备，发现隐患，及时排除。

二、度汛方案的主要内容

度汛方案应包括防汛度汛指挥机构设置、度汛工程形象、汛期施工情况、防汛度汛工作重点，人员、设备、物资准备和安全度汛措施，以及雨情、水情、汛情的获取方式和通信保障方式等内容。防汛度汛指挥机构应由项目法人、监理单位、施工单位、设计单位主要负责人组成。

三、超标准洪水应急预案的主要内容

超标准洪水应急预案应包括超标准洪水可能导致的险情预测、应急抢险指挥机构设置、应急抢险措施、应急队伍准备及应急演练等内容。

四、防汛检查的内容

（一）建立防汛组织体系与落实责任

（1）防汛组织体系。成立防汛领导小组，下设防汛办公室和抗洪抢险队（每个施工项目经理部均应设立）。

（2）明确防汛任务。根据建设工程所在地实际情况，明确防汛标准、计划、重点和措施。

（3）落实防汛责任。业主、设计、监理、施工等单位的防汛责任明确，分工协作，配合有力。各级防汛工作岗位责任制明确。

（二）检查防汛工作规章制度情况

（1）上级有关部门的防汛文件齐备。

（2）防汛领导小组、防汛办公室及抗洪抢险队工作制度健全。

（3）汛前检查及消缺管理制度完善，针对性、可操作性强。

（4）建立汛期值班、巡视、联系、通报、汇报制度，相关记录齐全，具有可追溯性。

（5）建立灾情（损失）统计与报告制度。

（6）建立汛期通信管理制度，确保信息传递及时、迅速，24h畅通。

（7）建立防汛物资管理制度，做到防汛物资与工程建设物资的相互匹配，在汛期应保证相关物资的可靠储备，确保汛情发生时相关物资及时到位。

（8）防汛工作奖惩办法和总结报告制度。

（9）制定防汛工作手册。手册中应明确防汛工作职责、工作程序、应急措施内容。

（10）上述制度、手册应根据工程建设所在地的实际情况制定，及时修编。

（三）检查建设工程度汛措施及预案

（1）江河堤坝等地区钻孔作业，要密切关注孔内水位变化，并备有必要的压孔物资（如砂袋等），严防管涌等事故的发生。

（2）江（河）滩中施工作业，应事先制定水位暴涨时人员、物资安全撤离的措施。

（3）山区施工作业，应事先制定严防泥石流伤害的技术和管理措施。

（4）现场临时帐篷等设施避免搭建在低洼处，实行双人值班，配备可靠的通信工具。

（5）检查在超标准暴雨情况下，保护建设工程成品（半成品）、机具设备和人员疏散的预案。预案应按规定报上级单位审批或备案。

（6）检查工程建设进度是否达到度汛要求，如达不到要求应制订相应的应急预案。

（四）生活及办公区域防汛

（1）工程项目部及材料库应设在具有自然防汛能力的地点，建筑物及构筑物具有防淹没、防冲刷、防倒塌措施。

（2）生活及办公区域的排水设备与设施应可靠。

（3）低洼地的防水淹措施和水淹后的人员转移安置方案。

（4）项目部防汛图（包括排水、挡水设备设施、物资储备、备用电源等）。

（5）防汛组织网络图（包括指挥系统、抢修抢险系统、电话联络等）。

（五）防汛物资与后勤保障检查

（1）防汛抢险物资和设备储备充足，台账明晰，专项保管。

（2）防汛交通、通信工具应确保处于完好状态。

（3）有必要的生活物资和医药储备。

（六）与地方防汛部门的联系和协调检查

（1）按照管理权限接受防汛指挥部门的调度指挥，落实地方政府的防汛部署，积极向有关部门汇报有关防汛问题。

（2）加强与气象、水文部门的联系，掌握气象和水情信息。

（七）防汛管理及程序

（1）每年汛前建设单位组织对本工程的防汛工作进行全面检查。

（2）项目法人对所属建设工程进行汛前安全检查，发现影响安全度汛的问题应限期整改，检查结果应及时报上级主管部门。

（3）上级部门根据情况对有关基建工程的防汛准备工作进行抽查。

第二章 施工现场机械安全基础

第一节 施工机械相关知识

一、机械产品分类

(一)机械产品的主要类别

机械设备种类繁多。机械设备运行时,其一些部件甚至其本身可进行不同形式的机械运动。机械设备由驱动装置、变速装置、传动装置、工作装置、制动装置、防护装置、润滑系统和冷却系统等部分组成。

机械行业的主要产品包括以下 12 类。

(1)农业机械。例如,拖拉机、播种机、收割机械等。

(2)重型矿山机械。例如,冶金机械、矿山机械、起重机械、装卸机械、工矿车辆、水泥设备等。

(3)工程机械。例如,叉车、铲土运输机械、压实机械、混凝土机械等。

(4)石油化工通用机械。例如,石油钻采机械、炼油机械、化工机械、泵、风机、阀门、气体压缩机、制冷空调机械、造纸机械、印刷机械、塑料加工机械、制药机械等。

(5)电工机械。例如,发电机械、变压器、电动机、高低压开关、电线电缆、蓄电池、电焊机、家用电器等。

(6)机床。例如,金属切削机床、锻压机械、铸造机械、木工机械等。

(7)汽车。例如,载货汽车、公路客车、轿车、改装汽车、摩托车等。

(8)仪器仪表。例如,自动化仪表、电工仪器仪表、光学仪器、成分分析仪、汽车仪器仪表、电料装备、电教设备、照相机等。

(9)基础机械。例如,轴承、液压件、密封件、粉末冶金制品、标准紧固件、工业链条、齿轮、模具等。

（10）包装机械。例如，包装机、装箱机、输送机等。

（11）环保机械。例如，水污染防治设备、大气污染防治设备、固体废物处理设备等。

（12）其他机械。非机械行业的主要产品包括铁道机械、建筑机械、纺织机械、轻工机械、船舶机械等。

（二）按机械设备的使用功能分类

从行业部门管理角度，机械设备通常按特定的功能用途分为 10 大类。

（1）动力机械。例如，锅炉、汽轮机、水轮机、内燃机、电动机等。

（2）金属切削机床。例如，车床、铣床、磨床、刨床、齿轮加工机床等。

（3）金属成型机械。例如，锻压机械（包括各类压力机）、铸造机械、辗轧机械等。

（4）起重运输机械。例如，起重机、运输机、卷扬机、升降电梯等。

（5）交通运输机械。例如，汽车、机车、船舶、飞机等。

（6）工程机械。例如，挖掘机、推土机、铲运机、压路机、破碎机等。

（7）农业机械。用于农、林、牧、副、渔业各种生产中的机械。例如，插秧机、联合收割机、园林机械、木材加工机械等。

（8）通用机械。广泛用于各个部门生产甚至生活设施中的机械。例如，泵、阀、风机、空压机、制冷设备等。

（9）轻工机械。例如，纺织机械、食品加工机械、造纸机械、印刷机械、制药设备等。

（10）专用设备。各行业生产中专用的机械设备。例如，冶金设备、石油化工设备、矿山设备、建筑材料和耐火材料设备、地质勘探设备等。

（三）按能量转换方式不同分类

（1）产生机械能的机械。例如，蒸汽机、内燃机、电动机等。

（2）转换机械能为其他能量的机械。例如，发电机、泵、风机、空压机等。

（3）使用机械能的机械。这是应用数量最大的一类机械。例如，起重机、工程机械等。

（四）按设备规模和尺寸大小分类

按设备规模和尺寸大小可分为中小型、大型、特重型三类机械设备。

（五）从安全卫生的角度分类

根据我国对机械设备安全管理的规定，借用欧盟机械指令危险机械的概念，从机械使用

安全卫生的角度,可以将机械设备分为三类:

1.一般机械

事故发生概率很小,危险性不大的机械设备。例如,数控机床、加工中心等。

2.危险机械

危险性较大的、人工上下料的机械设备。例如,木工机械、冲压剪切机械、塑料(橡胶)射出或压缩成型机械等。

3.特种设备

涉及生命安全、危险性较大的设备设施,包括承压类设备(锅炉、压力容器和压力管道)、机电类设备(电梯、起重机械、客运索道和大型游乐设施)和厂内运输车辆。

二、机械设备的危险部位及传动机构安全防护对策

(一)机械设备的危险部位

机械设备可造成碰撞、夹击、剪切、卷入等多种伤害。其主要危险部位如下:

(1)旋转部件和成切线运动部件间的咬合处,如动力传输皮带和皮带轮、链条和链轮、齿条和齿轮等。

(2)旋转的轴,包括连接器、芯轴、卡盘、丝杠和杆等。

(3)旋转的凸块和孔处,含有凸块或空洞的旋转部件是很危险的,如风扇叶、凸轮、飞轮等。

(4)对向旋转部件的咬合处,如齿轮、混合辊等。

(5)旋转部件和固定部件的咬合处,如辐条手轮或飞轮和机床床身、旋转搅拌机和无防护开口外壳搅拌装置等。

(6)接近类型,如锻锤的锤体、动力压力机的滑枕等。

(7)通过类型,如金属刨床的工作台及其床身、剪切机的刀刃等。

(8)单向滑动部件,如带锯边缘的齿、砂带磨光机的研磨颗粒、凸式运动带等。

(9)旋转部件与滑动部件之间,如某些平板印刷机面上的机构、纺织机床等。

(二)机械传动机构安全的防护对策

机床上常见的传动机构有齿轮啮合机构、皮带传动机构、联轴器等。这些机构高速旋转着,人体某一部位有可能被带进去而造成伤害事故,因而有必要把传动机构危险部位加以防护,以保护操作者的安全。

在齿轮传动机构中,两轮开始啮合的地方最危险,如图2-1所示。在皮带传动机构中,

皮带开始进入皮带轮的部位最危险,如图2-2所示。联轴器上裸露的突出部分有可能钩住工人衣服等,给工人造成伤害,如图2-3所示。

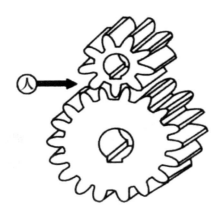

图2-1 齿轮传动

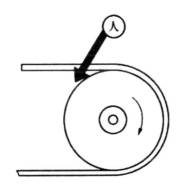

图2-2 皮带传动

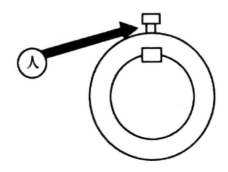

图2-3 联轴器

1.齿轮传动的安全防护

啮合传动有齿轮(直齿轮、斜齿轮、伞齿轮、齿轮齿条等)啮合传动、蜗轮蜗杆和链条传动等。

　　齿轮传动机构必须装置全封闭型的防护装置。应该强调的是:机器外部绝不允许有裸露的啮合齿轮,不管啮合齿轮处于何种位置,因为即使啮合齿轮处于操作人员不常到的地方,工人在维护保养机器时也有可能与其接触而带来不必要的伤害。在设计和制造机器时,应尽量将齿轮装入机座内,而不使其外露。对于一些历史遗留下来的老设备,如发现啮合齿轮外露,就必须进行改造,加上防护罩。齿轮传动机构没有防护罩不得使用。

　　防护装置的材料可用钢板或铸造箱体,必须坚固牢靠,保证在机器运行过程中不发生振动。要求装置合理,防护罩的外壳与传动机构的外形相符,同时应便于开启,便于维护保养机器,即要求能方便地打开和关闭。为了引起人们的注意,防护罩内壁应涂成红色,最好装电气联锁,使防护装置在开启的情况下机器停止运转。另外,防护罩壳体本身不应有尖角和锐利部分,并尽量使之既不影响机器的美观,又起到安全作用。

　　2.皮带传动的安全防护

　　皮带传动的传动比精确度较齿轮啮合的传动比差,但是当过载时,皮带打滑,起到了过载保护作用。皮带传动机构传动平稳、噪声小、结构简单、维护方便,因此,广泛应用于机械传动中。但是,由于皮带摩擦后易产生静电放电现象,故不适用于容易发生燃烧或爆炸的场所。

　　皮带传动机构的危险部分是皮带接头处、皮带进入皮带轮的地方,如图2-4中箭头所指部位应加以防护。

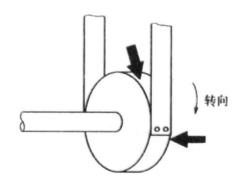

图2-4　皮带传动危险部位

　　皮带传动装置的防护罩可采用金属骨架的防护网,与皮带的距离不应小于50mm,设计应合理,不应影响机器的运行。一般传动机构离地面2m以下,应设防护罩。但在下列3种情况下,即使传动机构离地面2m以上也应加以防护:皮带轮中心距之间的距离在3m以上;皮带宽度在15cm以上;皮带回转的速度在9m/min以上。这样,万一皮带断裂,不至于伤人。

　　皮带的接头必须牢固可靠,安装皮带应松紧适宜。皮带传动机构的防护可采用将皮带全部遮盖起来的方法,或采用防护栏杆防护。

3.联轴器等的安全防护

一切突出于轴面而不平滑的物件(键、固定螺钉等)均增加了轴的危险性。联轴器上突出的螺钉、销、键等均可能给人们带来伤害。因此对联轴器的安全要求是没有突出的部分,即采用安全联轴器。但这样还没有彻底排除隐患,根本的办法就是加防护罩,最常见的是 Ω 形防护罩。

轴上的键及固定螺钉必须加以防护,为了保证安全,螺钉一般应采用沉头螺钉,使之不凸出轴面,而增设防护装置则更加安全。

三、机械的组成规律及各组成部分的功能

(一)机械的组成规律

由于应用目的不同,不同功能的机械形成千差万别的种类系列,它们的组成结构差别很大,必须从机械的最基本的特征入手,把握机械组成的基本规律。

(二)机械各组成部分的功能

1.原动机

原动机提供机械工作运动的动力源。常用的原动机有电动机、内燃机、人力或畜力(常用于轻小设备或工具,作为特殊场合的辅助动力)和其他形式等。

2.执行机构

执行机构也称为"工作机构",是实现机械应用功能的主要机构。通过刀具或其他器具与物料的相对运动或直接作用,改变物料的形状、尺寸、状态或位置。执行机构是区别不同功能机械的最有特性的部分,它们之间的结构组成和工作原理往往有很大差别。执行机构及其周围区域是操作者进行作业的主要区域,称为"操作区"。

3.传动机构

传动机构用来将原动机与执行机构联系起来,传递运动和力(力矩),或改变运动形式。对于大多数机械,传动机构将原动机的高转速低转矩转换成执行机构需要的较低速度和较大的力(力矩)。常见的传动机构有齿轮传动、带传动、链传动、曲柄连杆机构等。传动机构包括除执行机构之外的绝大部分可运动零部件。不同功能机械的传动机构可以相同或类似,传动机构是机械具有共性的部分。

4.控制系统

控制系统是人机接口部位,可操纵机械的启动、制动、换向、调速等运动,或控制机械的

压力、温度或其他工作状态,包括各种操纵器和显示器。显示器可以把机械的运行情况适时反馈给操作者,以便操作者通过操纵器及时、准确地控制、调整机械的状态,保证作业任务的顺利进行,防止发生事故。

5.支撑装置

用来连接、支撑机械的各个组成部分,承受工作外载荷和整个机械的质量,是机械的基础部分,有固定式和移动式两类。固定式支撑装置与地基相连(例如机床的基座、床身、导轨、立柱等),移动式支撑装置可带动整个机械运动(例如可移动机械的金属结构、机架等)支撑装置的变形、振动和稳定性不仅影响加工质量,还直接关系到作业的安全。

附属装置包括安全防护装置、润滑装置、冷却装置、专用的工具装备等,它们对保护人员安全、维持机械的稳定正常运行和进行机械维护保养起着重要的作用。

四、机械使用状态

(一)正常工作状态

人们往往存在认识的误区,认为在机械的正常工作状态不应该有危险,其实不然。在机械完成预定功能的正常运转过程中,具备运动要素并产生直接后果,运转期间仍然存在着各种不可避免的危险。

(二)非正常工作状态

在机械作业运转过程中,由于各种原因引起的意外状态。原因可能是动力突然丧失(失电),也可能是来自外界的干扰等。机械的非正常工作状态往往没有先兆,可直接导致或轻或重的事故危害。

(三)故障状态

它是指机械设备(系统)或零部件丧失了规定功能的状态。设备的故障,会造成整个机械设备的正常运行停止,有时关键机械的局部故障会影响整个流水线运转,甚至使整个车间停产,给企业带来经济损失。

从人员的安全角度看,故障状态可能会导致两种结果。有些故障的出现,对所涉及机械的安全功能影响很小,不会出现什么大的危险。例如,当机械的动力源或某零部件发生故障时,使机械停止运转,机械处于故障保护状态,一切由于运动所导致的危险都不存在了。而有些故障的出现,会导致某种危险状态。

（四）非工作状态

机器停止运转，处于静止状态。在大多数情况下，机械基本是安全的。但不排除由于环境照度不够，导致人员与机械悬凸结构的碰撞、跌入机坑的危险；结构坍塌，室外机械在风力作用下的滑移或倾覆；堆放的易燃易爆原材料在适宜环境条件下的燃烧爆炸等。

（五）检修保养状态

它是指维护和修理所进行的作业活动，包括保养、修理、改装、翻建、检查、状态监控和防腐润滑等。尽管检修保养一般在停机状态下进行，但其作业的特殊性往往迫使检修人员采用一些超常规的操作行为。

第二节　危险有害因素识别及机械事故原因分析

一、危险有害因素

（一）危险有害因素的基本概念

根据外界因素对人的作用机理、作用时间和作用效果，在狭义概念上，常分为危险因素和有害因素。

1.危险因素

它是指直接作用于人的身体，可能导致人员伤亡后果的外界因素，强调危险事件的突发性和瞬间作用。例如，物体打击、刀具切割、电击等。直接危害即狭义安全问题。

2.有害因素

它是指通过人的生理或心理对人体健康间接产生的危害，可能导致人员患病的外界因素。强调在一定时间范围的累积作用效果。例如，粉尘、噪声、振动、辐射危害等。间接危害即狭义卫生问题。

机械设备及其生产过程中存在的危险因素和有害因素，在很多情况下是来自同一源头的同一因素，由于转变条件和存在状态不同、量值和浓度不同、作用的时间和空间不同等原因，其后果有很大差别。有时表现为人身伤害，这时常被视为危险因素；有时由于影响健康引发职业病，又被视为有害因素；有时两者兼而有之，是危险因素还是有害因素，容易造成认识混乱，反而不利于危险因素的识别和安全风险分析评价。为便于管理，现在对此分类的趋势是对危险因素和有害因素不加更细区分,统称为"危险有害因素",或将二者并为一体,统称为"危险因素"。

(二)危险有害因素产生的原因

危险有害因素造成事故或灾难,本质上是由于存在着能量和有害物质,且能量或有害物质失去控制(泄漏、散发、释放等)。因此,能量和有害物质存在并失控是危险有害因素产生的根源。

二、危险有害因素的分类

(一)主要危险有害因素类型

在机械行业,存在以下主要危险和危害因素:

1.物体打击

物体打击指物体在重力或其他外力的作用下产生运动,打击人体而造成人身伤亡事故。不包括主体机械设备、车辆、起重机械、坍塌等引发的物体打击。

2.车辆伤害

车辆伤害指企业机动车辆在行驶中引起的人体坠落和物体倒塌、飞落、挤压等伤亡事故。不包括起重提升、牵引车辆和车辆停驶时发生的事故。

3.机械伤害

机械伤害指机械设备运动或静止部件、工具、加工件直接与人体接触引起的挤压、碰撞、冲击、剪切、卷入、绞绕、甩出、切割、切断、刺扎等伤害,不包括车辆、起重机械引起的伤害。

4.起重伤害

起重伤害指各种起重作业(包括起重机械安装、检修、试验)中发生的挤压、坠落、物体(吊具、吊重物)打击等。

5.触电

触电包括各种设备、设施的触电,电工作业时触电,以及雷击等。

6.灼烫

灼烫指火焰烧伤、高温物体烫伤、化学灼伤(酸、碱、盐、有机物引起的体内外的灼伤)、物理灼伤(光、放射性物质引起的体内外的灼伤)。不包括电灼伤和火灾引起的烧伤。

7.火灾

火灾包括火灾引起的烧伤和死亡。

8.高处坠落

高处坠落指在高处作业中发生坠落造成的伤害事故。不包括触电坠落事故。

9.坍塌

坍塌是指物体在外力或重力作用下,超过自身的强度极限或因结构稳定性破坏而造成的事故。如挖沟时的土石塌方、脚手架坍塌、堆置物倒塌、建筑物坍塌等。不适用于矿山冒顶片帮和车辆、起重机械、爆破引起的坍塌。

10.火药爆炸

火药爆炸指火药、炸药及其制品在生产、加工、运输、储存中发生的爆炸事故。

11.化学性爆炸

化学性爆炸指可燃性气体、粉尘等与空气混合形成爆炸混合物,接触引爆源发生的爆炸事故(包括气体分解、喷雾爆炸等)。

12.物理性爆炸

物理性爆炸包括锅炉爆炸、容器超压爆炸等。

13.中毒和窒息

包括中毒、缺氧窒息、中毒性窒息。

14.其他伤害

其他伤害指除上述以外的伤害,如摔、扭、挫、擦等伤害。

(二)危险有害因素按机械设备自身的特点分类

按机械设备自身的特点、能量形式及作用方式,将机械加工设备及其生产过程中的不利因素,分为机械的危险有害因素和非机械的危险有害因素两大类。

1.机械的危险有害因素

指机械设备及其零部件(静止的或运动的)直接造成人身伤亡事故的灾害性因素。例如,由钝器造成挫裂伤、锐器导致的割伤、高处坠落引发的跌伤等机械性损伤。

2.非机械的危险有害因素

指机械运行生产过程及作业环境中可导致非机械性损伤事故或职业病的因素。例如,电气危险、热危险、噪声和振动危险、辐射危险,由机械加工、使用或排出的材料和物质产生的危险,在设计时由于忽略人类工效学产生的危险等。

无论是导致直接危害还是间接危害的影响因素,标准不再细分危险因素与有害因素,一律称为"危险因素"。

三、机械运行过程中产生的危险

（一）机械危险

由于机械设备及其附属设施的构件、零件、工具、工件或飞溅的固体、流体物质等的机械能（动能和势能）作用,可能产生伤害的各种物理因素,以及与机械设备有关的滑绊、倾倒和跌落危险。

（二）电气危险

电气危险的主要形式是电击、燃烧和爆炸。电气危险产生的条件有人体与带电体的直接接触或接近高压带电体,静电现象,带电体绝缘不充分而产生漏电,线路短路或过载引起的熔化粒子喷射、热辐射和化学效应,由于电击所导致的惊恐使人跌倒、摔伤等。

（三）温度危险

人体与超高温物体、材料、火焰或爆炸物接触,以及热源辐射所产生的烧伤或烫伤;高温生理反应;低温冻伤和低温生理反应;高温引起的燃烧或爆炸等。产生温度危险的条件有环境温度,冷、热源辐射或直接接触高、低温物体(材料、火焰或爆炸物等)。

（四）噪声危险

主要危险源有机械噪声、电磁噪声和空气动力噪声等。根据噪声的强弱和作用时间不同,可造成耳鸣、听力下降、永久性听力损伤,甚至爆震性耳聋等;再有是对生理的影响(包括对神经系统、心血管系统的影响);还可能使人产生厌烦、精神压抑等不良心理反应;干扰语言和听觉信号从而可能继发其他危险等。

（五）振动危险

按振动作用于人体的方式,可分为局部振动和全身振动。振动可对人体造成生理和心理的影响,严重的振动可能产生生理严重失调等病变。

（六）辐射危险

某些辐射源可杀伤人体细胞和机体内部的组织,轻者会引起各种病变,重者会导致死亡。各种辐射源可分为电离辐射和非电离辐射两类。

1.电离辐射

包括 X 射线、γ 射线、α 粒子、β 粒子、质子、中子、高能电子束等。

2.非电离辐射

包括电波辐射(低频、无线电射频和微波辐射)、光波辐射(红外线、紫外线和可见光辐射)和激光等。

(七)材料和物质产生的危险

(1)接触或吸入有害物,可能是有毒、腐蚀性或刺激性的液、气、雾、烟和粉尘等。

(2)生物(如霉菌)和微生物(病毒或细菌)、致害动物、植物及动物的大机体等。

(3)火灾与爆炸危险。

(4)料堆(垛)坍塌、土/岩滑动造成淹埋所致的窒息危险。

四、机械伤害的基本类型及预防对策

(一)机械伤害的基本类型

1.卷绕和绞缠的危险

引起这类伤害的是做回转运动的机械部件。如轴类零件,包括联轴器、主轴、丝杠等;回转件上的凸出形状,如安装在轴上的凸出键、螺栓或销钉、手轮上的手柄等;旋转运动的机械部件的开口部分,如链轮、齿轮、皮带轮等圆轮形零件的轮辐,旋转凸轮的中空部位等。旋转运动的机械部件将人的头发、饰物(如项链)、手套、肥大衣袖或下摆随回转件卷绕,继而引起对人的伤害。

2.挤压、剪切和冲击的危险

引起这类伤害的是做往复直线运动的零部件。其运动轨迹可能是横向的,如大型机床的移动工作台、牛头刨床的滑枕、运转中的带链等;也可能是垂直的,如剪切机的压料装置和刀片、压力机的滑块、大型机床的升降台等。两个物件相对运动状态可能是接近型,距离越来越近,甚至最后闭合;也可能是通过型,当相对接近时,错动擦肩而过。做直线运动特别是相对运动的两部件之间、运动部件与静止部件之间产生对人的夹挤、冲撞或剪切伤害。

3.引入或卷入、碾轧的危险

引起这类伤害的主要危险是相互配合的运动副,例如,啮合的齿轮之间及齿轮与齿条之间,带与带轮、链与链轮进入啮合部位的夹紧点,两个做相对回转运动的辊子之间的夹口引发的引入或卷入;轮子与轨道、车轮与路面等滚动的旋转件引发的碾轧等。

4.飞出物打击的危险

由于发生断裂、松动、脱落或弹性位能等机械能释放,使失控的物件飞甩或反弹对人造成伤害。例如,轴的破坏引起装配在其上的带轮、飞轮等运动零部件坠落或飞出;由于螺栓的松动或脱落,引起被紧固的运动零部件脱落或飞出;高速运动的零件破裂,碎块甩出;切削废屑的崩甩等。另外,还有弹性元件的位能引起的弹射,例如,弹簧、带等的断裂;在压力、真空下的液体或气体位能引起的高压流体喷射等。

5.物体坠落打击的危险

处于高位置的物体具有势能,当它们意外坠落时,势能转化为动能,造成伤害。例如,高处掉落的零件、工具或其他物体(哪怕是质量很小);悬挂物体的吊挂零件破坏或夹具夹持不牢引起物体坠落;由于质量分布不均衡、重心不稳,在外力作用下发生倾翻、滚落;运动部件运行超行程脱轨导致的伤害等。

6.切割和擦伤的危险

切削刀具的锋刃,零件表面的毛刺,工件或废屑的锋利飞边,机械设备的尖棱、利角、锐边,粗糙的表面(如砂轮、毛坯)等,无论物体的状态是运动还是静止的,这些由于形状产生的危险都会构成潜在的危险。

7.碰撞和剐蹭的危险

机械结构上的凸出、悬挂部分,如起重机的支腿、吊杆,机床的手柄,长、大加工件伸出机床的部分等。这些物件无论是静止的,还是运动的,都可能产生危险。

8.跌倒、坠落的危险

由于地面堆物无序或地面凸凹不平导致的磕绊跌伤;接触面摩擦力过小(光滑、油污、冰雪等)造成打滑、跌倒;人从高处失足坠落,误踏入坑井坠落等。假如由于跌落引起二次伤害,后果将会更严重。

机械危险大量表现为人员与可运动件的接触伤害,各种形式的机械危险或者机械危险与其他非机械危险往往交织在一起。在进行危险识别时,应该从机械系统的整体出发,综合考虑机械的不同状态、同一危险的不同表现方式、不同危险因素之间的联系和作用,以及显现或潜在危险的不同形态等。

(二)产生机械危险的条件

机械能(动能和势能)传递和转化失控、运动载体或容器的破坏,以及人员的意外接触等,是机械危险事件发生的条件。在对机械本身和机械使用过程中产生的危险进行识别时,一定要分析产生机械危险的条件,从而消除产生危险的根源或降低事故发生频率,减小伤害程度。

（1）形状和表面性能。切割要素、锐边利角部分、粗糙或过于光滑的表面。

（2）相对位置。与运动零部件可能产生接触的危险区域、相对位置或距离。

（3）质量和稳定性。重力影响下可运动零部件的位能,由于质量分布不均造成重心不稳和失衡。

（4）质量和速度（加速度）。可控或不可控运动中的零部件的动能、速度和加速度的冲量。

（5）机械强度。由于机械强度不够,零（构）件断裂、容器破坏或结构件坍塌。

（6）位能积累。弹性元件（弹簧）及在压力、真空下的液体或气体的势能。

（三）机械伤害的预防对策

机械危害风险的大小除取决于机器的类型、用途、使用方法和人员的知识、技能、工作态度等因素外,还与人们对危险的了解程度和所采取的避免危险的措施有关。正确判断什么是危险和什么时候会发生危险是十分重要的。预防机械伤害包括两方面的对策。

1.实现机械本质安全

（1）消除产生危险的原因。

（2）减少或消除接触机器的危险部件的次数。

（3）使人们难以接近机器的危险部位（或提供安全装置,使得接近这些部位不会导致伤害）。

（4）提供保护装置或者个人防护装备。

上述措施是依次序给出的,也可以结合起来应用。

2.保护操作者和有关人员安全

（1）通过培训,提高人们辨别危险的能力。

（2）通过对机器的重新设计,使危险部位更加醒目,或者使用警示标志。

（3）通过培训,提高避免伤害的能力。

（4）采取必要的行动增强避免伤害的自觉性。

（四）通用机械安全设施的技术要求

1.安全设施设计要素

（1）设计安全装置时,应把安全人机学的因素考虑在内。疲劳是导致事故的一个重要因素,设计者应考虑下面几个因素,使人的疲劳降低到最小限度,使操作人员健康舒适地进行劳动。

①合理布置各种控制操作装置。

②正确选择工作平台的位置及高度。

③提供座椅。

④出入作业地点应方便。

（2）在无法用设计来做到本质安全时，为了消除危险，应使用安全装置。设置安全装置，应考虑的因素主要有：①强度、刚度、稳定性和耐久性；②对机器可靠性的影响，例如固定的安全装置有可能使机器过热；③可视性（从操作及安全的角度来看，需要机器的危险部位有良好的可见性）；④对其他危险的控制，例如，选择特殊的材料来控制噪声的强度。

2.机械安全防护装置的一般要求

（1）安全防护装置应结构简单、布局合理，不得有锐利的边缘和突缘。

（2）安全防护装置应具有足够的可靠性，在规定的寿命期限内有足够的强度、刚度、稳定性、耐腐蚀性、抗疲劳性，以确保安全。

（3）安全防护装置应与设备运转联锁，保证安全防护装置未起作用之前，设备不能运转；安全防护罩、屏、栏的材料及其至运转部件的距离，应符合的规定。

（4）光电式、感应式等安全防护装置应设置自身出现故障的报警装置。

（5）紧急停车开关应保证瞬时动作时，能终止设备的一切运动；对有惯性运动的设备，紧急停车开关应与制动器或离合器联锁，以保证迅速终止运行；紧急停车开关的形状应区别于一般开关，颜色为红色；紧急停车开关的布置应保证操作人员易于触及，不发生危险；设备由紧急停车开关停止运行后，必须按启动顺序重新启动才能重新运转。

3.机械设备安全防护罩的技术要求

（1）只要操作人员可能触及的传动部件，在防护罩没闭合前，传动部件就不能运转。

（2）采用固定防护罩时，操作人员触及不到运转中的活动部件。

（3）防护罩与活动部件有足够的间隙，避免防护罩和活动部件之间的任何接触。

（4）防护罩应牢固地固定在设备或基础上，拆卸、调节时必须使用工具。

（5）开启式防护罩打开时或一部分失灵时，应使活动部件不能运转或运转中的部件停止运动。

（6）使用的防护罩不允许给生产场所带来新的危险。

（7）不影响操作，在正常操作或维护保养时不须拆卸防护罩。

（8）防护罩必须坚固可靠，以避免与活动部件接触造成损坏和工件飞脱造成的伤害。

（9）防护罩一般不准脚踏和站立，必须做平台或阶梯时，平台或阶梯应能承受 1 500N 的垂直力，并采取防滑措施。

4.机械设备安全防护装置的技术要求

防护罩应尽量采用封闭结构；当现场需要采用网状结构时，应满足《机械安全防护装置固定式和活动式防护装置设计与制造一般要求》对安全距离(防护罩外缘与危险区域——人体进入后,可能引起致伤危险的空间区域)的规定。

第三节　施工机械安全操作基本要求

一、钢筋加工机械安全操作基本要求

(1)机械的安装应坚实稳固。固定式机械应有可靠的基础;移动式机械作业时应揳紧行走轮。

(2)手持式钢筋加工机械作业时,应佩戴绝缘手套等防护用品。

(3)加工较长的钢筋时,应有专人帮扶。帮扶人员应听从机械操作人员指挥,不得任意推拉。

二、混凝土机械安全操作基本要求

(1)混凝土机械的内燃机、电动机、空气压缩机等应符合《建筑机械使用安全技术规程》的有关规定。行驶部分应符合《建筑机械使用安全技术规程》的有关规定。

(2)液压系统的溢流阀、安全阀应齐全有效,调定压力应符合说明书要求。系统应无泄漏,工作应平稳,不得有异响。

(3)混凝土机械的工作机构、制动器、离合器、各种仪表及安全装置应齐全完好。

(4)电气设备作业应符合现行行业标准《施工现场临时用电安全技术规范》的有关规定。插入式、平板式振捣器的漏电保护器应采用防溅型产品,其额定漏电动作电流不应大于15mA;额定漏电动作时间不应大于0.1s。

(5)冬期施工,机械设备的管道、水泵及水冷却装置应采取防冻保温措施。

三、运输机械安全操作基本要求

(1)各类运输机械应有完整的机械产品合格证及相关的技术资料。

(2)启动前应重点检查下列项目,并应符合相应要求:

①车辆的各总成、零件、附件应按规定装配齐全,不得有脱焊、裂缝等缺陷。螺栓、铆钉连接紧固不得松动、缺损。

②各润滑装置应齐全并应清洁有效。

③离合器应结合平稳、工作可靠、操作灵活,踏板行程应符合规定。

④制动系统各部件应连接可靠,管路畅通。

⑤灯光、喇叭、指示仪表等应齐全完整。

⑥轮胎气压应符合要求。

⑦燃油、润滑油、冷却水等应添加充足。

⑧燃油箱应加锁。

⑨运输机械不得有漏水、漏油、漏气、漏电现象。

(3)运输机械启动后,应观察各仪表指示值,检查内燃机运转情况,检查转向机构及制动器等性能,并确认正常,当水温达到40℃以上、制动气压达到安全压力以上时,应低挡起步。起步对应检查周边环境,并确认安全。

(4)装载的物品应捆绑稳固牢靠,整车重心高度应控制在规定范围内,轮式机具和圆形物件装运时应采取防止滚动的措施。

(5)运输机械不得人货混装,运输过程中,料斗内不得载人。

(6)运输超限物件时,应事先勘察路线,了解空中、地面上、地下障碍及道路、桥梁等的通过能力,并应制订运输方案,应按规定办理通行手续。在规定时间内按规定路线行驶。超限部分白天应插警示旗,夜间应挂警示灯。装卸人员及电工携带工具随行,保证运行安全。

(7)运输机械水温未达到70℃时,不得高速行驶。行驶中变速应逐级增减挡位,不得强推硬拉。前进和后退交替时,应在运输机械停稳后换挡。

(8)运输机械行驶中,应随时观察仪表的指示情况,当发现机油压力低于规定值,水温过高,有异响、异味等情况时,应立即停车检查,并应排除故障后继续运行。

(9)运输机械运行时不得超速行驶,并应保持安全距离。进入施工现场应沿规定的路线行进。

(10)车辆上、下坡应提前换入低速挡,不得中途换挡。下坡时,应以内燃机变速箱阻力控制车速,必要时,可间歇轻踏制动器。严禁空挡滑行。

(11)在泥泞、冰雪道路上行驶时,应降低车速,并应采取防滑措施。

(12)车辆涉水过河时,应先探明水深、流速和水底情况,水深不得超过排气管或曲轴皮带盘,并应低速直线行驶,不得在中途停车或换挡。涉水后,应缓行一段路程,轻踏制动器使浸水的制动片上的水分蒸发掉。

(13)通过危险地区时,应先停车检查,确认可以通过后,由有经验的人员指挥前进。

(14)运载易燃易爆、剧毒、腐蚀性等危险品时,应使用专用车辆按相应的安全规定运输,并应有专业随车人员。

(15)爆破器材的运输,应符合现行国家法规《爆破安全规程》的要求。起爆器材与炸药、不同种类的炸药严禁同车运输。车箱底部应铺软垫层,并应有专业押运人员,按指定路线行驶。不得在人口稠密处、交叉路口和桥上(下)停留。车厢应用帆布覆盖并设置明显标志。

(16)装运氧气瓶的车厢不得有油污,氧气瓶严禁与油料或乙炔气瓶混装。氧气瓶上防振胶圈应齐全,运行过程中,氧气瓶不得滚动及相互撞击。

(17)车辆停放时,应将内燃机熄火,拉紧手制动器,关锁车门。在下坡道停放时应挂倒挡,在上坡道停放时应挂一挡,并应使用三角木楔等掩紧轮胎。

(18)平头型驾驶室须前倾时,应清理驾驶室内物件,关紧车门后前倾并锁定。平头型驾驶室复位后,应检查并确认驾驶室已锁定。

(19)在车底进行保养、检修时,应将内燃机熄火,拉紧手制动器并将车轮摸牢。

(20)车辆经修理后需要试车时,应由专业人员驾驶,当须在道路上试车时,应事先报经公安、公路等有关部门的批准。

四、动力与电气装置安全操作基本要求

(1)内燃机机房应有良好的通风、防雨措施,周围应有 1 m 宽以上的通道,排气管应引出室外,并不得与可燃物接触。室外使用的动力机械应搭设防护棚。

(2)冷却系统的水质应保持洁净,硬水应经软化处理后使用,并应按要求定期检查更换。

(3)电气设备的金属外壳应进行保护接地或保护接零,并应符合现行行业标准《施工现场临时用电安全技术规范》的规定。

(4)在同一供电系统中,不得将一部分电气设备做保护接地,而将另一部分电气设备做保护接零。不得将暖气管、煤气管、自来水管作为工作零线或接地线使用。

(5)在保护接零的零线上不得装设开关或熔断器,保护零线应采用黄/绿双色线。

(6)不得利用大地做工作零线,不得借用机械本身金属结构做工作零线。

(7)电气设备的每个保护接地或保护接零点应采用单独的接地(零)线与接地干线(或保护零线)相连接。不得在一个接地(零)线中串接几个接地(零)点。大型设备应设置独立的保护接零,对高度超过 30 m 的垂直运输设备应设置防雷接地保护装置。

(8)电气设备的额定工作电压应与电源电压等级相符。

(9)电气装置遇跳闸时,不得强行合闸。应查明原因,排除故障后再行合闸。

(10)各种配电箱、开关箱应配锁,电箱门上应有编号和责任人标牌,电箱门内侧应有线路图,箱内不得存放任何其他物件并应保持清洁。非本岗位作业人员不得擅自开箱合闸。每班工作完毕后,应切断电源,锁好箱门。

(11)发生人身触电时,应立即切断电源后对触电者做紧急救护。不得在未切断电源之前与触电者直接接触。

（12）电气设备或线路发生火警时,应首先切断电源,在未切断电源之前,人员不得接触导线或电气设备,不得用水或泡沫灭火机进行灭火。

五、木工机械安全操作基本要求

（1）机械操作人员应穿紧口衣裤,并束紧长发,不得系领带和戴手套。

（2）机械的电源安装和拆除及机械电气故障的排除,应由专业电工进行。机械应使用单向开关,不得使用倒顺双向开关。

（3）机械安全装置应齐全有效,传动部位应安装防护罩,各部件应连接紧固。

（4）机械作业场所应配备齐全可靠的消防器材。在工作场所,不得吸烟和动火,并不得混放其他易燃易爆物品。

（5）工作场所的木料应堆放整齐,道路应畅通。

（6）机械应保持清洁,工作台上不得放置杂物。

（7）机械的皮带轮、锯轮、刀轴、锯片、砂轮等高速转动部件的安装应平衡。

（8）各种刀具破损程度不得超过使用说明书的规定。

（9）加工前,应清除木料中的铁钉、铁丝等金属物。

（10）装设除尘装置的木工机械作业前,应先启动排尘装置,排尘管道不得变形、漏气。

（11）机械运行中,不得测量工件尺寸和清理木屑、刨花和杂物。

（12）机械运行中,不得跨越机械传动部分。排除故障、拆装刀具应在机械停止运转并切断电源后进行。

（13）操作时,应根据木材的材质、粗细、湿度等选择合适的切削和进给速度。操作人员与辅助人员应密切配合,并应同步匀速接送料。

（14）使用多功能机械时,应只使用其中一种功能,其他功能的装置不得妨碍操作。

（15）作业后,应切断电源,锁好闸箱,并应进行清理、润滑。

（16）机械噪声不应超过建筑施工场界噪声限值;当机械噪声超过限值时,应采取降噪措施。机械操作人员应按规定佩戴个人防护用品。

第四节　实现机械安全的途径与措施

一、采用本质安全技术

(一)合理的结构形式

结构合理可以从设备本身消除危险与有害因素,避免由于设计的缺陷而导致发生任何可预见的与机械设备的结构设计不合理有关的危险事件。为此,机械的结构、零部件或软件的设计应该与机械执行的预定功能相匹配。

(1)在不影响预定使用功能的前提下,避免锐边、利角和悬凸部分。

(2)不得由于配合部件的不合理设计,造成机械正常运行时的障碍、卡塞、松脱或连接失效。

(3)不得因为软件的设计瑕疵,造成数据丢失或死机。

(4)满足安全距离的规定,防止可及危险部位伤害和避免受挤压或剪切的危险。

(二)限制机械应力以保证足够的抗破坏能力

组成机械的所有零件,通过优化结构设计来达到防止由于应力过大破坏或失效、过度变形或失稳坍塌引起故障或引发事故。

1.专业符合性要求

机械设计与制造应满足专业标准或规范符合性要求,包括选择机械的材料性能数据、设计规程、计算方法和试验规则等。

2.足够的抗破坏能力

各组成受力零部件应保证足够的安全系数,使机械应力不超过许用值,在额定最大载荷或工作循环次数下,应满足强度、刚度、抗疲劳性和构件稳定性要求。

3.可靠的连接紧固方法

如螺栓连接、焊接、铆接、销键连接或粘接等连接方式,设计时应特别注意提高结合部位的可靠性。可通过采用正确的计算、结构设计和紧固方法来限制应力,防止运转状态下连接松动、破坏而使紧固失效,保证结合部的连接强度及配合精度和密封要求。

4.防止超载应力

通过在传动链预先采用"薄弱环节"预防超载,如采用易熔塞、限压阀、断路器等限制超载应力,保障主要受力件避免破坏。

5.良好的平衡和稳定性

通过材料的均匀性和回转精度,防止在高速旋转时引起振动或回转件的应力加大;在正常作业条件下,机械的整体应具有抗倾覆或防风、抗滑的稳定性。

(三)控制系统的安全设计

机械控制系统的设计应与所有电子设备的电磁兼容性相关标准一致,防止潜在的危险工况发生,例如,不合理的设计或控制系统逻辑的恶化、控制系统的元件由于缺陷而失效、动力源的突变或失效等原因导致意外启动或制动、速度或运动方向失控等。控制系统的安全设计应符合下列原则:第一,统一机构的启动、制动及变速方式;第二,提供多种操作模式;第三,手动控制原则;第四,考虑复杂机器的特定要求;第五,控制系统的可靠性。

二、履行安全人机工程学原则

(一)违反安全人机工程学原则可能产生的危险

在人—机系统中,人是最活跃的因素,起着主导作用,但同时也是最难把握、最容易受到伤害的。人的特性参数包括人体特性参数(静态参数、动态参数、生理学参数和生物力学参数等)、人的心理因素(感觉、知觉和观察力、注意力、记忆和思维能力、操作能力等)及其他因素(性格、气质、需要与动机、情绪与情感、意志、合作精神等),在机械设计时,应充分考虑人的因素,从而避免由于违反安全人机工程学原则导致的安全事故。忽略安全人机工程学原则的机械设计可能产生的危险是多方面的,包括下列方面:第一,由于生理影响产生的危险;第二,由于心理—生理影响产生的危险;第三,由于人的各种差错产生的危险。受到不利环境因素的干扰、人—机界面设计不合理、多人配合操作协调不当,使人产生各种错觉引起误操作所造成的危险。

(二)人—机系统模型

在人—机系统中,显示装置将机器运行状态的信息传递给人的感觉器官,经过人的大脑对输入信息的综合分析、判断,做出决策,再通过人的运动器官反作用于机器的操作装置,实施对机器运行过程的控制,完成预定的工作目的。人与机器共处于同一环境之中。

人—机系统的可靠性是由人的操作可靠性和机械设备的可靠性共同决定的。由于人的可靠性受人的生理和心理条件、操作水平、作业时间和环境条件等多种因素影响且变化随机,具有不稳定的特点,在机械设计时,更多地从"机宜人"理念出发,同时综合考虑技术和经济的效果,去提高人—机系统的可靠性。

在机械设计中,应该履行的安全人机工程学原则,通过合理分配人机功能、适应人体特性、优化人机界面、作业空间的布置和工作过程等方面的设计,提高机械的操作性能和可靠性。

(三)合理分配人机功能

人与机械的特性主要反映在对信息及能量的接受、传递、转换及控制上。在机械的整体设计阶段,通过分析比较人与机各自的特性,充分发挥各自的优势,合理分配人机功能。将笨重的、危险的、频率快的、精确度高的、时间持久的、单调重复的、操作运算复杂的、环境条件差的等机器优于人的工作,交由机器完成;把创造研究、推理决策、指令和程序的编排、检查、维修、处理故障以及应付不测等人优于机器的工作,留给人来承担。

在可能的条件下,用机械设备来补充、减轻或代替人的劳动。通过实现机械化、自动化,减少操作者的干预或介入危险的机会,使人的操作岗位远离危险或有害现场,但同时也对人的知识和技能提出了较高的要求。无论机械化、自动化程度多高,人的核心和主导地位是不变的。

(四)工作过程的设计

工作过程设计、操作的内容和重复程度,以及操作者对整个工作过程的控制,应避免超越操作者生理或心理的功能范围,保持正确、稳定的操作姿势,保护作业人员的健康和安全。当工作系统的要求与操作者的能力之间不匹配时,可通过修改工作系统的作业程序,或要求其适合操作者的工作能力,或提供相应的设施以适应工作要求等多种途径,将不匹配现象减少到最低限度,从而提高作业过程的安全性。

1.负载限度

减少操作时来回走动的距离和身体扭转或摆动的幅度,使操作时动作的幅度、强度、速度、用力互相协调,避免用力过度、频率过快或超载使人产生疲劳,也要防止由于工作负载不足或动作单调重复而降低对危险的警惕性。

2.工作节奏

应遵循人体的自然节奏来设计操作模式或动作,避免将操作者的工作节奏强制与机器的自动连续节拍相联系,使操作者处于被动配合状态,防止由于工作节奏过分紧张产生疲劳而导致危险。

3.作业姿势

身体姿势不应由于长时间的静态肌肉紧张而引起疲劳,机械设备上的操作位置,应能保证操作者可以变换姿势,交替采用坐姿和立姿。若两者必择其一,则优先选择坐姿,并配备带靠背的坐椅以供坐姿操作;身体各动作间应保持良好的平衡,提供适宜的工作平台,防止失稳或立面不足跌落,尤其是在高处作业时要特别注意。

三、安全防护装置

(一)采用安全防护装置可能存在的附加危险

安全防护装置达不到相应的安全技术要求,有可能带来附加危险,即使配备了安全防护装置也不过是形同虚设,甚至比不设置更危险;设置的安全防护装置必须使用方便,否则,操作者就可能为了追求达到机械的最大效用而避开甚至拆除安全防护装置。在设计时,应注意以下因素带来的附加危险,并采取措施予以避免:

(1)安全防护装置出现故障会立即增加损伤或危害健康的风险。

(2)安全防护装置在减轻操作者精神压力的同时,也容易使操作者形成心理依赖,放松对危险的警惕性。

(3)由动力驱动的安全防护装置,其运动零部件产生的接触性机械危险。

(4)安全防护装置的自身结构存在安全隐患,如尖角、锐边、凸出部分等危险。

(5)由于安全防护装置与机器运动部分安全距离不符合要求导致的危险。

(二)安全防护装置的一般要求

在人和危险之间构成安全保护屏障,是安全防护装置的基本安全功能。为此,安全防护装置必须满足与其保护功能相适应的安全技术要求。基本安全要求如下:

(1)结构形式和布局设计合理,具有切实的保护功能,确保人体不受到伤害。

(2)结构应坚固耐用,不易损坏;结构件无松脱、裂损、变形、腐蚀等危险隐患。

(3)不应成为新的危险源,不增加任何附加危险。可能与使用者接触的部分不应产生对人员的伤害或阻滞(如避免尖棱利角、加工毛刺、粗糙的边缘等),并应提供防滑措施。

(4)不应出现漏保护区,安装可靠,不易拆卸(或非专用工具不能拆除);不易被旁路或避开。

(5)满足安全距离的要求,使人体各部位(特别是手或脚)无法逾越接触危险,同时防止挤压或剪切。

(6)对机械使用期间各种模式的操作产生的干扰最小,不因采用安全防护装置增加操作难度或强度,视线障碍最小。

(7)不应影响机器的使用功能,不得与机械的任何正常可动零部件产生运动抵触。

(8)便于检查和修理。

(三)防护装置

防护装置是指采用壳、罩、屏、门、盖、栅栏等结构作为物体障碍,将人与危险隔离的装置。

1.防护装置的功能

(1)隔离作用

防止人体任何部位进入机械的危险区,触及各种运动零部件。

(2)阻挡作用

防止飞出物打击、高压液体的意外喷射或防止人体灼烫、腐蚀伤害等。

(3)容纳作用

接受可能由机械抛出、掉落、发射的零件及其破坏后的碎片以及喷射的液体等。

(4)其他作用

在有特殊要求的场合,还应对电、高温、火、爆炸物、振动、放射物、粉尘、烟雾、噪声等具有特别阻挡、隔绝、密封、吸收或屏蔽等作用。

2.防护装置的类型

有单独使用防护装置,只有当防护装置处于关闭状态时才能起防护作用;还有与联锁装置联合使用的防护装置,无论防护装置处于任何状态都能起到防护作用。按使用方式可分为以下几种:

(1)固定式防护装置

保持在所需位置(关闭)不动的防护装置。不用工具不可能将其打开或拆除。常见的形式有封闭式、固定间距式和固定距离式。其中,封闭式固定防护装置将危险区全部封闭,人员从任何地方都无法进入危险区;固定间距式和固定距离式防护装置不完全封闭危险区,凭借安全距离来防止或减少人员进入危险区的机会。

(2)活动式防护装置

通过机械方法(如铁链、滑道等)与机器的构架或邻近的固定元件相连接,并且不用工具就可打开。常见的有整个装置的位置可调或装置的某组成部分可调的活动防护门、抽拉式防护罩等。

(3)联锁防护装置

防护装置的开闭状态直接与防护的危险状态相联锁,只要防护装置不关闭,被其"抑制"的危险机器功能就不能执行,只有当防护装置关闭时,被其"抑制"的危险机器功能才有可能执行;在危险机器功能执行过程中,只要防护装置被打开,就给出停机指令。

3.防护装置的安全技术要求

(1)固定防护装置应该用永久固定(通过焊接等)方式,或借助紧固件(螺钉、螺栓、螺母等)固定方式固定,若不用工具(或专用工具)就不能使其移动或打开。

(2)防护结构体不应出现漏保护区,并应满足安全距离的要求,使人不可能越过或绕过防护装置接触危险。

(3)活动防护装置或防护装置的活动体打开时,尽可能与被防护的机械借助铰链或导链保持连接,防止挪开的防护装置或活动体丢失或难以复原而使防护装置丧失安全功能。

(4)活动联锁式防护装置出现丧失安全功能的故障时,被其"抑制"的危险机器功能不可能执行或停止执行,装置失效不得导致意外启动。

(5)防护装置应设置在进入危险区的唯一通道上。

(6)防护装置结构体应有足够的强度和刚度,能有效抵御飞出物的打击或外力的作用,避免产生不应有的变形。

(7)可调式防护装置的可调或活动部分的调整件,在特定操作期间内应保持固定、自锁状态,不得因为机械振动而移位或脱落。

(四)安全装置

通过自身的结构功能限制或防止机械的某种危险,或限制运动速度、压力等危险因素。常见的有联锁装置、双手操作式装置、自动停机装置、限位装置等。

1.安全装置的技术特征

(1)安全装置零部件的可靠性应作为其安全功能的基础,在规定的使用期限内,不会因零部件失效使安全装置丧失主要安全功能。

(2)安全装置应能在危险事件即将发生时停止危险过程。

(3)重新启动的功能,即当安全装置动作第一次停机后,只有再次重新启动,机械才能开始工作。

(4)光电式、感应式安全装置应具有自检功能,当安全装置出现故障时,应使危险的机械功能不能执行或停止执行,并触发报警器。

(5)安全装置必须与控制系统一起操作并与其形成一个整体,安全装置的性能水平应与之相适应。

(6)安全装置的设计应采用"定向失效模式"的部件或系统,考虑关键件的加倍冗余,必要时还应考虑采用自动监控。

2.安全装置的种类

按功能不同,安全装置可大致分为以下几类:

（1）联锁装置

联锁装置是防止机械零部件在特定条件下（一般只要防护装置不关闭）运转的装置。可以是机械的、电动的、液压的或气动的。

（2）使动装置

使动装置是一种附加手动操纵装置，当机械启动后，只有操纵该使动装置，才能使机械执行预定功能。

（3）止—动操作装置

止—动操作装置是一种手动操纵装置，只有当手对操纵器作用时，机械才能启动并保持运转；当手放开操纵器时，该操作装置能自动回复到停止位置。

（4）双手操纵装置

双手操纵装置是两个手动操纵器同时动作的操纵装置。只有两手同时对操纵器作用，才能启动并保持机械或机械的一部分运转。这种操纵装置可以强制操作者在机器运转期间，双手没有机会进入机器的危险区。

（5）自动停机装置

自动停机装置是指当人或人体的某一部分超越安全限度，就使机械或其零部件停止运转（或保持其他的安全状态）的装置。自动停机装置可以是机械驱动的，如触发线、可伸缩探头、压敏装置等；也可以是非机械驱动的，如光电装置、电容装置、超声装置等。

（6）机械抑制装置

机械抑制装置是一种机械障碍（如楔、支柱、撑杆、止转棒等）装置。该装置靠其自身强度支撑在机构中，用来防止某种危险运动发生。

（7）限制装置

限制装置是防止机械或机械要素超过设计限度（如空间限度、速度限度、压力限度等）的装置。

（8）有限运动控制装置

也称为行程限制装置，只允许机械零部件在有限的行程范围内动作，而不能进一步向危险的方向运动。

（9）排除阻挡装置

通过机械方式，在机械的危险行程期间，将处于危险中的人体部分从危险区排除；或通过提供自由进入的障碍，减小进入危险区的概率。

四、安全信息的使用

(一)安全信息概述

1.安全信息的功能

(1)明确机械的预定用途。安全信息应具备保证安全和正确使用机械所需的各项说明。

(2)规定和说明机械的合理使用方法。安全信息中应说明安全使用机器的程序和操作模式,对不按要求而采用其他方式操作机械的潜在风险提出适当警告。

(3)通知和警告遗留风险。对于通过设计和采用安全防护技术均无效或不完全有效的那些遗留风险,通过提供信息通知和警告使用者,以便采用其他的补救安全措施。

应当注意的是,安全信息只起提醒和警告的作用,不能在实质意义上避免风险。因此,安全信息不可用于弥补设计的缺陷,不能代替应该由设计解决的安全技术措施。

2.安全信息的类别

(1)信号和警告装置等。

(2)标志、符号(象形图)、安全色、文字警告等。

(3)随机文件,如操作手册、说明书等。

3.信息的使用原则

(1)根据风险的大小和危险的性质,可依次采用安全色、安全标志、警告信号和警报器。

(2)根据需要信息的时间。提示操作要求的信息应采用简洁形式,长期固定在所需的机械部位附近;显示状态的信息应尽量与工序顺序一致,与机械运行同步出现;警告超载的信息应在负载接近额定值时提前发出警告信息;危险紧急状态的信息应即时发出,持续的时间应与危险存在的时间一致,持续到操作者干预为止或信号随危险状态解除而消失。

(3)根据机械结构和操作的复杂程度。对于简单机械,一般只须提供有关安全标志和使用操作说明书;对于结构复杂的机械,特别是有一定危险性的大型设备,除了配备各种安全标志和使用说明书(或操作手册)外,还应配备有关负载安全的图表、运行状态信号,必要时提供报警装置等。

(4)根据信息内容和对人视觉的作用采用不同的安全色。为了使人们对存在不安全因素的环境、设备引起注意和警惕,需要涂以醒目的安全色。需要强调的是,安全色的使用不能取代防范事故的其他安全措施。

(5)应满足安全人机工程学的原则。采用安全信息的方式和使用的方法应与操作人员或暴露在危险区的人员能力相符合。只要可能,应使用视觉信号;在可能有人感觉缺陷的场所,例如,盲区、色盲区、耳聋区或使用个人保护装备而导致出现盲区的地方,应配备感知有关安全信息的其他信号(如声音、触摸、振动等信号)。

(二)安全色的颜色含义

安全色是用以传递含义的颜色,包括红、蓝、黄、绿四种颜色。

(1)红色。表示禁止和停止、消防和危险。凡是禁止、停止和有危险的器件、设备或环境,均应涂以红色标志;红色闪光是警告操作者情况紧急,应迅速采取行动。

(2)蓝色。表示需要执行的指令性、必须遵守的规定或应采用防范措施等。

(3)黄色。表示注意、警告。凡是警告注意的器件、设备或环境,均应涂以黄色标志。

(4)绿色。表示通行、安全和正常工作状态。凡是在可以通行或安全的情况下,均应涂以绿色标志。

(三)信号和警告装置

1.信号和警告装置的类别

(1)视觉信号

特点是占用空间小、视距远,可采用亮度高于背景的稳定光和闪烁光。根据险情对人危害的紧急程度和可能后果,险情视觉信号分为警告视觉信号(显示须采取适当措施予以消除或控制险情发生的可能性和先兆的信号)和紧急视觉信号(显示涉及人身伤害风险的险情开始或确已发生并须采取措施的信号)两类。

(2)听觉信号

利用人的听觉反应快的特性,用声音传递信息。听觉信号的特点是可不受照明和物体障碍的限制,强迫人们注意。常见的有蜂鸣器、铃、报警器等,其声级应明显高于环境噪声的级别。

(3)视听组合信号

其特点是光、声信号共同作用,用以强化危险和紧急状态的警告功能。

2.信号和警告装置的安全要求

在信号的察觉性、可分辨性和含义明确性方面,险情视觉信号必须优于其他一切视觉信号;紧急视觉信号必须优于所有的警告视觉信号。

(1)险情视觉信号应在危险事件出现前或危险事件出现时即发出,在信号接收区内任何人都应能察觉、辨认信号,并对信号做出反应。

(2)信号和警告的含义确切,一种信号只能有一种特定的含义。

(3)信号能被明确地察觉和识别,并与其他用途信号明显相区别。

(4)防止视觉或听觉信号过多引起混乱,或显示频繁导致"敏感度"降低而丧失应有的作用。

(四)安全标志

1.安全标志的功能分类

安全标志分为禁止标志、警告标志、指令标志和提示标志四类。

(1)禁止标志。禁止人们不安全行为的图形标志。

(2)警告标志。提醒人们对周围环境引起注意,以避免可能发生危险的图形标志。

(3)指令标志。强制人们必须做出某种动作或采用防范措施的图形标志。

(4)提示标志。向人们提供某种信息(如标明安全设施或场所等)的图形标志。

2.安全标志的基本特征

安全标志由安全色、图形符号和几何图形构成,有时附以简短的文字警告说明,用以表达特定的安全信息。安全标志和辅助标志的组合形式、颜色和尺寸以及使用范围应符合安全标准规定。

3.安全标志应满足的要求

(1)含义明确无误

在预期使用条件下,安全标志要明显可见,易从复杂背景中识别;图形符号应由尽可能少的关键要素构成,简单、明晰,合乎逻辑;文字应释义明确无误,不使人费解或误会;使用图形符号应优先于文字警告,文字警告应采用机械设备使用国家的语言;标志必须符合公认的标准。

(2)内容具体,有针对性

符号或文字警告应表示危险类别,具体且有针对性,不能笼统写"危险";可附有简单的文字警告或简要说明防止危险的措施。

(3)标志的设置位置

机械设备易发生危险的部位,必须有安全标志。标志牌应设置在醒目、与安全有关的地方,并使人们看到后有足够的时间来注意它所表示的内容。不宜设在门、窗、架或可移动的物体上。

(4)标志检查与维修

标志在整个机械寿命内应保持连接牢固、字迹清楚、颜色鲜明、清晰、持久,抗环境因素(如液体、气体、气候、盐雾、温度、光等)引起的损坏,耐磨损且尺寸稳定。应半年至一年检查一次,发现变形、破损或图形符号脱落以及变色等影响效果的情况,应及时修整、更换或重涂,以保证标志正确、醒目。

第三章 木工机械安全技术

◀◀◀◀◀◀◀◀◀

第一节　木工机械的危险和有害因素

　　木工机械是指使用切削、成型、接合装配和涂布等方法用于加工木材、人造板及其类似材料,使之获得所要求的几何形状、尺寸精度和表面质量的机器。木工机械的加工对象是天然生长的木材及其半成品,由于其本身的特性以及木工机械刀具运动的高速度,发生伤害事故概率远高于金属切削机床。增设和改进设备的安全防护装置,采用机械化或自动化送料器等提高木工机械的安全性能是减少或杜绝人身伤害事故的有效途径,应予以足够的重视。

一、木工机械的种类

　　木工机械是指在木材加工工艺中,将木材加工的半成品加工成为木制品的一类木工机床,包括所有将原木锯剖、加工成木制品过程中的一切切削加工设备,如木工锯机、木工刨床、木工车床、木工铣床、木工钻床、开榫机、木工砂光机,以及修整、刃磨木工刀具的辅机等。

(一)按加工行业分类

1.原木加工机械

　　对原木进行初道加工处理的机械,如锯切、去木皮、除湿等,如大型圆锯机、皮带锯、旋切机等。

2.板材制造机械

　　实木板及人造板(胶合板、中密度板、刨花板等材料)的制造机械,并对板材的表面进行处理,以供家具加工所用板材的前道加工程序用的机械,如拼板机、齿接机、冷热压机、覆面机、表面涂装设备等。

3.家具制造机械

　　包括板式家具、办公家具、实木家具、橱柜、木门等从锯切、成型、仿形、钻孔、开榫槽、拼接组合、涂胶、上漆到包装等各方面,均可由相应机械来加工完成。

4.地板、墙裙板、墙板的生产设备

主要机械设备有单片锯、四面刨、双头铣床、砂光机、滚涂机、UV 干燥机等。

(二)按加工功能分类

(1)锯切类,主要设备有:圆盘锯、皮带锯、单片纵锯、多片锯、推台锯、开料锯、双头锯等。

(2)旋切类,主要设备有:有卡旋切机、无卡旋切机、木材剥皮机等。

(3)车床类,有普通车床、仿形车床、背刀车床、数控车床等。

(4)刨床类,包括普通平刨、斜口平刨、自动平刨等。

(5)铣床类,有立轴铣、立式镂铣机、吊镂机、气动吊镂机、修边机、双头铣、梳齿机、开样机、数控雕刻机等。

(6)砂光类,有普通砂带机、立卧砂带机、振荡砂带机、砂边机、砂光机、重型砂光机、底漆砂光机、高架砂光机、异型砂光机、盘式砂光机、推台砂光机等。

(7)钻孔类,有立式台钻、卧式台钻、立式排钻、卧式排钻、立式多孔钻、单排钻、多排钻、铰链专用钻等。

(8)压力胶合类,有冷压机、热压机、气动组装机、电动组装机、液压组装机、接长机、拼板机、涂胶机等。

(9)表面处理类,有贴纸机、封边机、热转印机、真空覆膜机等。

(10)油漆涂装类,有底漆砂光机、喷涂机、静电喷涂机、滚涂机、UV 干燥机、淋幕机、粉尘清除机、皮带流水线、烤漆箱等。

(11)木材处理类,有木材烤干机、木材调节湿度机、补板机、木材测湿仪等。

(三)常见木工机械

(1)木工圆锯机:以圆锯片为刀具对木材进行锯切加工的木工机器。

(2)木工带锯机:以带锯为刀具对木材进行锯切加工的木工机器。

(3)木工刨床:使用刨刀去除材料的方法加工工件表面的木工机器。

(4)木工开样机:使用铣削头、圆锯片对工件进行非圆柱形表面加工的木工机器。

(5)木工榫槽机:使用凿刀、榫槽链或镂铣刀对工件进行非圆柱形孔加工的木工机器,且全部进给运动都在一个平面上进行。

(6)木工铣床:由旋转成型切削刀具,用去除材料的方法对工件进行成型切削加工的木工机器。

(7)木工车床:使用既不旋转也不转动的切削刀具对旋转着的工件进行加工的木工

机器。

(8)木工镂铣机:使用镂铣刀去除材料的方法加工工件表面的木工机器。

(9)木工磨光机:使用磨具或磨料改善工件表面质量或尺寸精度的木工机器。

(10)木工联合机(木工多用机床):由几种木工机器组合而成的,每当改变加工工序时,仍须手工辅助的木工机器。

(11)木工刀具修磨机:使用磨具或磨料改善木工刀具切削刃表面质量或尺寸精度的机器。

二、木工机械使用中的主要危险有害因素

木工机械设备属于危险性较大的机械设备,在使用过程中易于发生人身伤害事故。这些事故集中发生在圆锯、带锯和木工刨床的操作中,这类事故往往伤害操作人员的上肢、手掌和手指,伤害程度比一般机械事故严重得多,许多受伤者成为永久性致残。

(一)木工机械的危险因素

1.木工机床上的零件或刀具飞出的危险

意外情况造成机床上的零件破裂而飞出会造成人身伤害。例如,锯机上断裂的锯条,磨锯机上破裂的砂轮碎片,木工刨床上未夹紧的刀片等。

2.加工时与工件接触的危险

木工机械多采用手工送料,当手推压木料送进时,遇到节疤、弯曲或其他缺陷,手会不自觉地与刃口接触,造成割伤甚至断指。在木工车床上,被加工的高速回转的棒料缠住衣物造成人身伤害;在进给辊进给工件的机床上,会发生人手被工件牵连,又被拉入进给辊与工件之间的夹口而造成伤害。

3.操作人员违反操作规程带来的危险

操作者不熟悉木工机械的性能和安全操作技术,或不按照安全操作规程作业,加之木工机械设备没有安装安全防护装置或安全防护装置失灵,易造成伤害事故。

4.接触高速转动刀具的危险

木工机械的工作刀轴转速很高,一般都要达到 2 500r/min 以上,最高可达到 10 000r/min,因而转动惯性很大,操作者常因不慎使手与转动的锋利刀具相接触而造成伤害。

5.木屑飞出的危险

当圆锯机没有装设防护罩或防护罩有缺陷,锯料锯下的木屑或碎木块可能会以较大的速度飞向操作者的脸部,给操作者造成严重伤害。

6.木材或木粉发生燃烧及爆炸的危险

木材是可燃物,木屑、刨花更易着火。加工时产生的木粉在空气中达到一定的浓度范围时(软木粉为 $44\sim59g/m^3$),会形成爆炸性混合物,遇点火源会发生粉尘爆炸事故。

7.由于制造原因产生的危险

与其他机械相比,大多数木工机械制造精度低,又缺乏必要的安全防护装置,或防护装置失灵,再加上手工操作居多,容易发生事故。

8.触电的危险

木工机床的电动机多使用 380V 或 220V 交流电,一旦绝缘损坏易于造成触电事故。

9.电动机停转后手与转动刀具接触的危险

操作人员在电动机停转后,往往习惯用手或木棒去制动木工机床,致使手与转动刀具相接触而造成伤害。

10.工件伤人的危险

在没有设置止逆器的多锯片木工圆锯机上,存在工件回弹伤人的危险。

(二)木工机械的有害因素

1.噪声

木工机械转速高、送进快,木质软硬不均,又加之木材传运快,所以,加工时产生的噪声较大,操作人员长时间在此环境中工作,劳动强度大,易产生疲劳和烦躁,影响健康且易使操作者产生失误发生工伤事故。

2.粉尘

木工机械在操作时,产生的木屑高速飞扬,微小的粉尘大量悬浮于空气中,极易被人吸入,长期下去会对人的身体健康带来不良影响。

3.振动

在手动进给机床上料时,会引起较强的局部振动。尤其当木质不均匀时,如手工推料遇到节疤、弯曲或其他缺陷时更易产生振动。

4.大强度劳动

木材加工多用手工上料,有时木料重达 $30\sim50kg$,在传送、堆放、运输和搬运时,常常需要高强度的劳动作业。

5.湿度及高温

一般来讲,在木材加工的工作区湿度都比较大,而给木材进行干燥的设备又会产生高温,这些都会给人带来不利的影响。

三、木工机械的主要事故

木材加工生产中广泛使用的木工圆锯、木工平刨和木工铣床是事故最为多发的三类设备。

(一)圆锯事故

木工圆锯用于锯材的截断、锯材剖分和各种人造板板材的开料加工等。它是木材加工企业配料工段不可缺少的一类设备。按其结构和用途的不同,圆锯机可分为横截圆锯、纵截圆锯、万能圆锯以及板锯机等。圆锯事故造成的人体伤害部位主要有手、胸和眼。

与圆锯伤手事故相关的危险事件主要有四种:第一,剖分断面尺寸较小的木料时,手过分靠近锯片;第二,发生夹锯时,不切断电源就进行处理;第三,徒手清除工作锯片附近的废料;第四,进料时速度过快,用力过猛。

在所有圆锯事故中,板锯机占的比重最大。在板锯机上发生最多的一类事故是移动工作台伤手。这类事故都是在推动工作台时手指扣入锯活动台前端的挡板内,手指被挡板与滑槽挤压而造成。

2.平刨事故

方材零件的基准面加工离不开平刨。这类设备的刀轴转速高,切削惯性大,而且多数为手工进料。刨削小料和薄料时,肇发事故的危险性极大。平刨发生的工伤事故位居第二,其中平刨伤手事故占90%,伤眼事故占10%。导致事故的主要致害物有刨刀、加工工件以及飞散的木屑。

与刨刀伤手事故相关的主要危险事件有以下几种:

(1)刨削材料的断面尺寸较小。木料刨削时,除需要一定的推力外,还须在材料上方施加一定的压紧力,才能保证刨切平面达到应有的平整度。当材料断面尺寸较小时,手工进给刨切过程中,手指非常贴近刀头,容易出现伤手事故。

(2)木料材质坚硬,而刨刀又不够锋利。有多起伤手事故是由于工件在刨削过程中突然出现强烈振动而引起的。在木材刨削过程中,产生一定的振动是不可避免的。但是,如果刨切过程中工件突然产生强烈振动,或者是发生持久的强烈振动,则非常危险。振动强度与木料的硬度以及刨刀的锋利程度有关。刨削硬质木材时产生的振动相比软质木材要大得多,在刨削过程中若遇到大节子则会产生强烈振动,此外,当刨刀变钝时,刨削产生的振动也明显增大。

(3)木材刨切表面有胶层。当刨刀遇到胶层时,易发生打滑,若操作者缺少这方面的经验和准备,遇到胶层时,就容易发生事故。

（4）经过初次刨削的木料须取回进行再次刨削时,手提木料直接从刨刀上方拖过。这种情况下手极容易被刀头碰伤,是一种十分危险的操作行为。

（5）在不停车的情况下,调整靠栅和清理刨花。

3.铣床事故

木工铣床是一种用途非常广泛的设备,型面加工、榫槽加工、线条加工等都需要用到铣床。按其结构可分为上轴铣和下轴铣两类。按刀头数可分为单刀头和双刀头铣床。其中,下轴单头铣床是应用最广的一类,刀轴转速通常都在 4 000~7 500r/min。铣削作业时多数采用手工进料,因此,肇发事故的危险性极大,尤其是在铣削小料工件时。

与铣床事故相关的危险事件主要有四种:第一,铣刀紧固不良,铣削时刀具飞出;第二,当样模进料时,工件在样模上夹紧不够;第三,加工硬料或有大节子的大工件时,进料速度过快;第四,反行程铣削木料。

第二节　木工机械安全的基本要求

一、木工机械的通用安全要求

《木工机械安全使用要求》对木工机械提出了如下的通用安全要求:

（一）电气

1.电源开关

（1）每台机器控制系统应有总电源开关,总电源开关应能切断机器的所有电源。电源开关只能有一个"断开"位置和一个"接通"位置。在断开位置时,应有能够锁住的机构。电源开关应安装在机器上或接近机器的位置,并且易于识别和接近。

（2）大型机器(如自动线)有多个独立的工作区,当每个工作区均有其自己的电气设备时,则每个工作区应设置各自的电源切断开关和联锁装置,实现每一个工作区的电源切断开关能将总电源切断。

（3）检修时须用的照明电路、专门连接检修工具(如手电钻)的插销电路、欠压脱扣电路(它只在电源故障时用来自动跳闸)等不须经过电源开关,但必须在电源开关附近给出提示,引起注意。对这些电路应设置自己的切断开关。

2.启动

机器电动机应设置启动按钮,还要按照《机械安全防止意外启动》的规定设置防止电动机意外启动的装置。

3.正常停止

(1)机器应设置使机器所有传动能够正常停止的停止装置。

(2)机器进给运动的断开应不迟于主运动的断开。

(3)机器或它的危险零件被停止后,其传动的能量供应必须切断。

(4)机器设置的急停操纵装置应符合《机械安全急停设计原则》的规定。

(5)机器在停电或驱动电源断路时,要处于自动断开状态,当恢复供电或驱动电源接通时,应有防止再启动的装置。

4.其他要求

(1)机器电气设备的电击防护、保护接地电路和绝缘电阻,应符合《机械电气安全机械电气设备第1部分:通用技术条件》的规定。

(2)1kW以上的、连续工作的电动机应具有过载保护。

(3)加工木材的木工机械电气设备外壳的防护等级应为IP54,电动机的防护等级应不低于IP44,推荐优先采用IP54。木工机械辅助用机器,如磨刀、磨锯等辅机,电气设备外壳的防护等级为IP43。防止粉尘和木屑的木工机械电气控制装置外壳的防护等级为IP65。

(4)电气设备、电气控制装置应按《安全标志及其使用导则》的规定设置安全标志。

(二)刀具、刀体和刀夹

(1)机器上安装的切削刀具、刀体和刀夹应有紧固和防松脱措施,确保当启动、运转和制动时不会松脱。

(2)机器上的切削刀具除必要的外露部分外,其余不得外露,否则要安装防护罩或接触预防装置。

(3)不应使用有明显变形、裂纹、崩刃等缺陷的影响使用安全的切削刀具。

(4)切削刀具使用磨钝后应及时修磨,经多次刃磨后切削部分的主要参数应能保持基本不变。旋转刀具修磨后应按《木工机床安全通则》的规定进行静平衡或动平衡试验。

(三)制动系统

若刀具主轴停机后由于惯性运动存在人与刀具接触的危险时,机器上应设置自动制动器,使刀具主轴在足够短的时间内停止运动。足够短的时间是指小于10s;或者小于启动时间,但不得超过具体机器标准中规定的时间(对于启动时间大于10s的刀具主轴)。

（四）工件的支承和导向

对于手推工件进给的机器,工件的加工应通过工作台、工件安全进给导向板来支承和把持。

（五）防护装置

（1）裸露的传动装置(如带和带轮、链和链轮、变速齿轮等)应设置防护装置;若操作者须伸手进入这一防护区域工作时,则可使用活动式防护装置。使用活动式防护装置时,防护装置开启应与机器启动联锁。

（2）手推工件进给的机器应设置防止与切削刀具接触的接触预防装置。

（3）防护装置应能抵御由机器部件、工件、折断的工具、喷射物料的冲击,以及由操作者等引起的冲击。

（4）机器上切削刀具的防护罩应按《安全标志及其使用导则》(GB 2894—2008)的规定设置安全标志。

二、木工机械的特殊安全要求

《木工机械安全使用要求》对木工机械提出了特殊的安全要求。

（一）木工圆锯机

（1）木工圆锯机上的旋转圆锯片应设置防护罩。

（2）因特殊原因,锯片不能设置防护罩时,应在锯片前上方设置安全挡板(或挡帘),或者采取保证操作者安全的其他防护措施。

（3）吊截圆锯机、万能摇臂圆锯机应设置能罩住锯片上部和锯轴端部的防护装置,并应能控制锯屑不往操作者方向排出,锯片下部暴露部分不应大于加工件厚度 10mm。在可能情况下,该防护装置应能随加工件厚度的变化而自动调整。

（4）具有纵剖功能的手动进料圆锯机应设置分料刀。自动进料圆锯机应设置止逆器、压料装置和侧向防护挡板。

（5）具有横截功能圆锯机应设置压紧或夹持锯切工件的装置。应设置限制锯片移动的装置,锯片向操作人员一边移动时,不得超出工作台范围。圆锯机应保证能使锯片强制回位,并稳定在原始位置上。

（6）自动进给纵剖木工圆锯机的开启锯轴和锯片部分的防护罩应与机器启动联锁。

（7）木工圆锯机应按规定设置分料刀和止逆器。

(8)机器必须设有急停操纵装置。

(二)木工带锯机及锯条

(1)木工带锯机的锯轮和锯条应设置防护罩。机器上锯轮处于最高位置时,其上端与防护罩内衬之间的间隙不小于100mm。锯条的防护罩要能同锯卡一起升降,除锯卡与工作台之间的锯条部分外,锯条的其余部分都应封闭。

(2)机器上锯轮机动升降操纵机构应与锯机启动操纵机构联锁。

(3)机器下锯轮上应设置制动装置,制动持续时间不得超过25s。

(4)机器上应设置清除黏着在锯轮和带锯条上的锯屑、树脂等黏着物的装置。

(5)带锯条的厚度应根据带轮的直径规格来选择,不应小轮径选用大厚度的锯条。

(6)带锯条接头焊接应牢固平整,焊接接头不得超过3个,接头与接头之间的长度应为总长的1/5以上。接头厚度应与锯条厚度基本保持一致。锯条接头对接时,接缝应在齿距中央。锯条接头搭接时搭接宽度应视锯条的宽度和厚度而定,一般为9~11mm。

(7)机器必须设有急停操纵装置。

(三)木工刨床

1.木工平刨床

(1)机器应设置支承工件安全加工的工作台和导向工件安全进给的导向板。

(2)手动进给木工平刨床的刀具在导向板前面,应设置固定在机器上的可调式或自调式的防护装置来防护。防护装置的类型可选择桥式防护装置或扇形板式防护装置。

(3)手动进给木工平刨床的刀具从导向板后面进入刀轴,应设置固定在导向板上或是固定在导向板支承上的防护装置来防护。防护装置应设置为:随导向板移动能覆盖刀体的全长和直径。

(4)刀具的传动机构应设置固定式防护罩。

(5)必须设置一个在前进给端操作者操作的位置可触及的急停操纵装置。

2.单面木工压刨床

(1)机器应设置支承工件安全加工的工作台和常闭式结构的指形止逆器;机器的工件输入端应设置限制机器安全加工最大切削深度的深度限位器。

(2)机械进给的机器应设置防护装置,使得当从机器侧面进入运动零部件的区域时得到防护;当进入设置在切削深度限位器上方的运动零部件区域时,应通过固定式的防护装置或在打开位置固定的联锁活动式防护装置得到防护。

(3)刀具传动机构应设置固定式的防护装置。若操作者须伸手进入这一防护区域进行维修或调整工作时,则可使用活动式防护装置,使用活动式防护装置时,防护装置开启应与机器启动联锁。

(4)必须设置一个在前进给端操作者的操作位置可触达的急停操纵装置。

3.护指键式和护罩式木工平刨床

(1)机器上旋转刀轴应设置防护罩。

(2)护指键式结构:相邻护指键的间距不得大于8mm。切削时仅打开与工件宽度相应的部分,其余的护指键仍留原位。留在原位的护指键应能自锁或已被锁紧。打开的切削通道的宽度大于工件宽度8mm时,允许用导向板将侧隙调至8mm以下。

(3)内护罩式结构:不参与切削的刀轴部分应由其他形式的辅助防护装置(如护板)盖住,且辅助的防护装置应始终与工件接触,不能接触的边缘距离在工作台开口区内应小于8mm。

(4)必须设有一个从前进给端操作者的操作位置可达的急停操纵装置。

4.二、三、四面木工刨床和铣床

(1)水平刀轴、立刀轴、送料机构、链传动、带传动等装置的外露旋转件应设置防护罩。

(2)二面木工刨床应设置切削深度限位器。

(3)机器的进给一端应设置止逆器等防止工件回弹装置(进给机构压紧可靠的机器除外)。

(4)机器上的刀具不参与切削部分应设置与加工工件宽度相适应的可调式防护罩完全罩住。

(5)机器必须设置急停操纵装置。

(四)木工开榫机(木工榫槽机)

(1)机器传动装置应设置防护装置。

(2)开榫机的铣削头和圆锯片应设置防护罩将不参加切削的圆周完全罩住。手动进料开棒机应在定位夹具上装有紧固或压紧装置。

(3)榫槽机的工件夹紧机构的螺钉头不得外露。

(4)机器必须设置急停操纵装置。

(五)木工铣床

(1)机器传动装置应设置固定式防护装置。

(2)机器上的铣刀头应设置防护罩,并覆盖住除切削工件所需部分以外的刃口。

(3)机器应设置工件安全进给的导向板。导向板的高度必须大于机器上所能安装刀具的最大高度,其长度之和应不小于工作台长度的 3/4(辅助导向板的长度之和不应比工作台长度小 100mm 以上)。

(4)机器应设置主轴制动装置,并应确保切断动力后制动持续时间小于 10s。

(5)机器应设置固定主轴的止动装置,该装置必须与主轴启动操纵联锁。

(六)木工车床

(1)利用顶尖带动棒料的木工车床应在棒料上方设置活动式防护罩,防护罩应为透明材料制成。

(2)无小刀架的木工车床应装有长直线导板,不允许车刀悬空作业。

(3)圆棒机的切削头及棒料坯都应设置防护罩及挡板。

(4)端面木工车床的回转盘应有牢固的锁紧装置。

(5)机器必须设置急停操纵装置。

(七)木工镂铣机

(1)机器工作台应能可靠地在任意位置上固定,并且在意外情况下不产生倾斜或升降。

(2)机器工作台应能可靠地安装仿形销轴和工件安全进给的导向板。

(3)机器上刀具的防护罩应能罩住切削刃除切削工件必需部分以外的 1/2 以上(操作者一侧)的圆周表面。防护罩应为透明材料制成。

(4)机器必须设置急停操纵装置。

(5)机器上应设置切断动力后使主轴立即停止转动的可靠的制动装置,制动持续时间不得超过 10s。

(八)木工磨光机

盘式、筒式木工磨光机除盘、筒的工作部分外,其余部分(包括其他旋转件)应设置防护装置完全罩住。盘、筒与工作台的边缘之间应保持最小的距离。

(九)木工联合机

有多个独立工作区的机器,应在每个独立工作区根据该工作区的机器功能或种类设置防护装置,且应在机器每个独立工作区的作业点设置单独的启动和停止装置,以及联锁的急停操纵装置。

（十）木工刀具修磨机

（1）机器沿手工送料的一侧应设置护挡，防止手误入危险区。如采用脚踏开关，应采用 U 形防护罩罩住。

（2）机器磨头进给装置和装载工件的工作台进给装置，应设置限位开关、固定撞块等限位装置。

（3）机器必须设置急停操纵装置。

三、工艺过程的要求

（1）原木、锯材以及成品的运输、储存和操作均应实现机械化，尚未实现机械化的生产过程，必须采取一定的保护措施。

（2）在木工机床的危险部位如外露的皮带盘、转盘、转轴等，都必须加设安全可靠的封闭型防护罩，在旋转件的防护罩上应有单向转动的标志。

（3）加工木材过程中，凡有条件的地方，对所有的木工机械均应安装自动给进装置。条件不许可也应使用各种类型的安全夹具等，操作者不应用手直接推木料。在搬运原木和锯材时，也应使用专用工具，如吊钩、钩杆等，操作者的双手不应和木材直接接触。

（4）木工机床上应有刀轴定位的止动机构，或刀轴和电器的联锁装置，以供装拆刀具时使用。避免装拆和更换刀具时，误触电源按钮而使刀具旋转，造成伤害。

（5）各种木工机械均应设置有效的制动装置、安全防护装置，在切断电源后，制动装置应保证刀轴在规定的时间内停止转动。例如，刨床宽度大于等于 300mm 时，制动停止时间应不超过 10s；刨床宽度小于 300mm 时，制动停止时间应不超过 5s。

（6）木工机床必须设有吸尘装置和排屑通道。并保证作业场所的粉尘浓度不超过 10mg/m³，吸尘装置应能保证在连续工作 8h 后，防护装置不因木屑粉尘的堆积而失灵。排屑通道要保持畅通。吸尘口、排屑通道与电气元件的安装处不得有通孔，以防电气元件失灵或起火。

（7）木工机床使用的动力源为非全封闭式的电动机时，在电动机上必须加装防火、防尘隔离罩。

（8）锯末和粉尘的料斗、通风系统中的管道和旋风分离器等应该和木工机床一样，进行防静电的接地处理。

（9）木工机械设备在使用过程中，必须保证在任何切削速度下使用任何刀具时都不会产生有危险性的振动，装在刀轴和心轴上的轴承高速转动，其轴向游隙不应过大，以免操作时发生危险。

四、作业场所的要求

（1）凡使用有毒的、刺激性的以及易燃物质的工艺过程应放在单独的厂房中，或安放在厂房内专门隔出的地段上，并配备个人防护用品和消防器材。

（2）车间里运送原木、锯材、备料的通道应设置消除穿堂风的设施，如走廊、门庭、门帘、帘幕等，以及防止火灾蔓延的设施，如自动防火门、防火防烟挡板、水幕等。

（3）在车间内需要安全地到达设备上方的工作岗位时，应安装带防护杆和楼梯的天桥。厂房地面和天桥通道应敷设防滑地面。

（4）常用的人行通道上不应有设备和管线，其宽度不小于 1m。

（5）地面以下的传送带要用盖板或栅格状防护板盖上。金属盖板表面应防滑。栅格防护板的缝隙宽度不超过 30mm。

（6）锯末和废料储槽应安放在厂房外。

（7）凡噪声级超过国家标准规定时，应在建筑、布局上采取降噪措施。

①高度达 6m 的大厂房内应安装吸声材料的天花板（矿渣棉吸声板）。又高又长的厂房，如宽度小于高度，则两旁墙亦应安装吸声板。

②厂房高度超过 6m 时，在靠近木工机床的上方安装吸声的吊顶天花板。

③如果厂房内所装木工机床的噪声级很高，而又允许进行远距离操作时，操作人员可在隔声室内工作。

④根据木工机床的不同噪声强度，适当布置各个设备，也能达到降低噪声级的目的。噪声最大的设备如刨床、圆锯、带锯应与其他设备分开布置。在空转条件下，机床的噪声最大声压级不得超过 90dB（A）。

（8）厂房内使用电介质加热炉的木材干燥工段，其高频辐射电磁场应符合有关规定。

（9）厂房内凡对工人有危险的地段，应设安全标志。

（10）工作岗位、通道不应被坯料、成品和废料所阻塞。应在车间内划出专门的场地或在地面上用颜色标出其范围存放上述材料。

（11）木工机械应配备局部通风和粉尘接收器。抽风装置应安装在易于维修的地方。

①工作时会产生大量木屑的机床，应设置有效的排屑口。

②配有单独吸尘装置的机床，工作时在操作者周围的粉尘浓度值应小于 $10mg/m^3$。

③工作区产生的粉尘浓度超过 $10mg/m^3$ 的机床，必须设置合理有效的吸尘罩或吸尘口，并在机床说明书中表明风压、风量参数的要求，以确保机床工作区的粉尘符合规定。

④吸尘罩的设计和制造应考虑防火、防爆，若具有吸尘和防护刀具的双重作用，还应符合安全防护装置的有关规定。

⑤若因结构和工艺原因不能满足设置排屑口、吸尘罩或吸尘口的规定时,则应在机床说明书中说明木屑和粉尘的排除方法。

(12)采取有效措施,降低机床的振动,使其符合相关标准的要求。

第三节　木工机械安全防护装置

一、木工机械防护装置的基本类型

(一)防护罩

防护罩是机械设备最常使用的安全装置,它能够使人体不能直接进入危险区而保护操作者人身安全,它对可能造成的各种危险能起到防护作用,除防止机械运转时的绞碾、挤压、夹伤、碰伤触及的危险外,还能防止意外情况下转动部件脱落、崩裂等造成的飞溅物块对人的伤害。

(二)双手控制按钮

有些作业者习惯于一只手放在按钮上准备启动机器,另一只手仍在工作台面上调整工件。为了避免在开机时,一只手仍在工作台面上,可采用双手控制按钮,即只有双手离开台面去按开关钮,机器才能启动,从而保证安全。

(三)感应控制器

当作业人员的身体部位(如手)经过感应区进入危险区时,感应区的感应器(红外线、超声波、光电信号等各种感应器)就会发出停止机器工作的命令,保护作业者,以免受到意外伤害。

(四)示警装置

当作业者接近危险区时,通过某种手段,示警装置就会发出声光信号以提醒作业者注意。

(五)应急制动开关

在紧急状态下,停止机器设备的运转,以保证作业者的安全。

二、木工机械安全装置的配置原则

在设计时,就应使木工机械具有完善的安全装置,包括安全防护装置、安全控制装置和安全报警信号装置等。其配置原则如下:

(1)按照有轮必有罩、有轴必有套和锯片有罩、锯条有套、刨(剪)切有挡,安全器送料的要求,对各种木工机械配置相应的安全防护装置,尤其徒手操作所接触的危险部位一定要有安全防护措施。

(2)对产生噪声、木粉尘或挥发性有害气体的机械设备,要配置与其机械运转相连接的消声、吸尘或通风装置,以消除或减轻职业危害。

(3)木工机械的刀轴与电器应有安全联控装置,在装卸或更换刀具及维修时,能切断电源并保持在"断开"位置以防误触电源开关,或突然供电启动机械,造成人身伤害事故。

(4)针对木材加工作业中的木料反弹危险,应采用安全送料装置或设置分离刀、防反弹安全屏护装置,保障人身安全。

(5)在装设正常启动和停机操纵装置的同时,还应专门设置紧急停机的安全控制装置。

三、常见木工机械的防护装置

(一)木工圆锯机的安全防护装置

1.分离刀和制动爪

为了防止木料反击,操作时应用力压住送进的木料。操作工应站在锯片的旁侧,以防击伤,从机械设备上根除木料反击的危险,是在圆锯机上设置防止回弹反击装置,即安装分离刀和制动爪。分离刀的尺寸根据锯片直径选取。使用中随着锯片直径变小,分离刀的安装位置亦应调整。分离刀是由高速钢制成的弧形刀片,安装在圆锯片同一直线的后方。分离刀厚度要比锯片厚10%,超出锯片露出工作台面高度25mm。分离刀的弧线应大于锯片的最大周边,刚度大,分离刀的内弧距锯片外缘不小于12mm,安装要牢固。

为了防止木料反击,还应在防护罩两侧或进料口前安装制动爪。制动片顺木料送进方向抬升,木料可顺利通过,一旦发生反击木料退回时,制动爪卡住木料。用制动爪片承受强烈冲击力,制动爪和支承轴的材料必须有足够的抗冲击强度。制动爪长度应在100mm以上,长度不足100mm时会增加接触负荷。制动爪的爪角保持在30°~60°,与工件的接触角保持在65°~80°之间,爪片厚度在8mm以上。

圆锯片直径在350mm以上时,防止反击采用一组制动爪,防止跳动采用二组制动爪。圆锯片直径小于350mm时,防止跳动应配置二组以上制动爪,其中一组用于防止反击。

2.防护罩

圆锯机防护罩因受到加工木料的撞击和压挤,罩壳、支承架、弹簧等都应有足够的强度和刚度,罩壳一般采用 3mm 厚钢板焊成。防护罩遮住露出工作台面的锯片,保持与工作台面距离 8mm,使人手无法进入罩内。锯切时罩壳被木料抬起,留出相应的高度使木料通过。锯切完毕后罩壳自动落到工作台面上,起封闭和防护锯片的作用。有些防护罩在罩壳两侧开有缝隙,与车间排尘净化系统连接,用以吸尘排屑。图 3-1 所示为有机玻璃防护罩,可清楚地看到工作状况,适用于锯切精度要求高的板材,如层压板、成品件等。

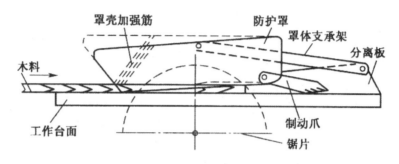

图 3-1　有机玻璃防护罩的使用情况

(1)圆锯机简易防护罩。适用于锯截厚度相对固定的板料,如三夹板、人造刨花板等。防护板制成弧形,装在顶架旁侧,可上下升降,分离刀支承在顶架上。

(2)安装在截锯机工作台支架上的防护罩。未工作时,防护罩由于平衡配重的作用自动抬起,使锯截的木料通过工作台。锯截木料时,用手将防护罩前端压下,使之紧贴木板表面。锯片安装在工作台下部,放好木料后用脚踏或气动装置使锯片提升到工作台上面而进行锯截。锯截完毕松开手,防护罩在平衡配重作用下重新抬起,为下次锯截做好准备。

(3)升降式防护罩。在圆锯机工作台上装有门式架子,可转动 180°,架上吊装活动的防护罩和防护网板。防护罩两侧均装有制动爪,用以防止木料跳动。防护网板下端也装有制动爪,用以防止木料反击。工作时防护网板抬起相应的高度,沿门架两侧的管柱轨道带动活动防护罩上升,此时罩体上和网板上的制动爪正贴在木料表面上,有效地防止木料反击弹出。它适用于锯片直径 100~600mm 的圆锯机,防护罩能上下移动,适应不同厚度的木料。

(4)用于手提式圆锯机的防护罩。由固定罩和活动罩两部分组成。固定罩遮住非工作部分的锯片。活动罩可灵活启闭,随锯切木料的外形和尺寸而露出锯片,以便锯切。锯切深度可通过平板来调节。

(二)木工铣床的安全防护装置

在铣床上可以进行各种不同的加工,主要对零部件进行曲线、直线外形或平面铣削加工。采用专门的模具可以对零件进行外轮廓曲线、内封闭曲线轮廓的仿形铣削加工。此外，还可用作锯切、开样加工。铣床可分为手动进给和机械进给的铣床；按主轴数目可分为单轴和双轴铣床；按主轴布局可分为上轴铣床和下轴铣床、立式铣床和卧式铣床等。

木工铣床在对不同的工件进行加工时，其加工安全性要求不同，所以针对不同的加工情况，需要采取不同的安全预防措施。

1.直线型工件的加工

在直线型工件上进行裁口时，可将裁口铣刀装在工件下方，进料时工件将铣刀覆盖，可避免刀刃伤手。对工件铣槽加工时，采用副导尺，副导尺固定在铣床导尺上，将导尺后面的槽铣刀（锯片）和主轴封闭，只让切削刀刃部分外露，并在工件台面上配置台环，尺量使工作台上的刀洞减少，这样工件在进料时则不易掉进刀洞或被刀洞边缘卡住。

也可设计适当的安全防护罩，用防护罩罩住外露的铣刀和刀轴，并将防护罩与吸尘装置的排屑口相连。

当加工大批量直线形工件时，最好使用机械类进料装置，当工件过长、手工进料不便时，必须配置辅助工作台，当加工短小工件时也可采用隧道式防护罩，采用辅助推杆送料。

2.曲线形工件的加工

木工铣床在加工曲线形工件时，需要卸下铣床上的导尺，这时整个饨刀和刀轴全部暴露在外，为了保证加工的安全性，必须设计出相应的防护罩将外露的刀轴和多余的铁刀罩住，并采用相应的样模夹具，加工件装夹在样模夹具上，在刀轴上安装导向挡环，夹具上的导板沿导向挡环移动将夹具上的曲线形工件铣削成需要的曲线形，待加工工件在样模夹具上夹紧固定，也可使用专用夹紧器，这种专用夹紧器使用起来非常方便安全。在进行曲线型工件加工时，为了保证铣削质量和安全，应尽量避免逆木纹铣削，所以有条件的话应尽可能使用双轴木工铣床加工。

(三) 锯刨两用机床的防护装置

在锯刨两用木工机床上，圆盘刀锯与平刨刀通常设计在同一轴上，可以设计防护装置，如采用圆盘刀锯的防护罩。这种方法比较简单，但防护罩易被木屑堵塞，须经常除屑，不方便使用，生产效率低。可以通过改变多用木工机床内部传动结构，将两把刀具设计在两根轴上，使刨刀、圆盘刀具不能同时转动，具体方法如下：

1.滑动齿轮控制法

如图 3-2 所示，将两把刀具分别安放在两个轴上（1 和 8 轴），电动机带动最下方的 4 轴，中间的 3 轴和 6 轴是通过 4 轴滑动齿轮把动力分别传到刨刀 1 轴和圆盘刀具 8 轴上，1 轴和 3 轴、6 轴和 8 轴之间的动力传递可以采用齿轮传动、链式传动和带式传动。

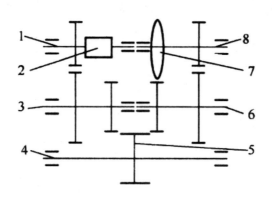

图 3-2　内部传动结构原理图

1—刨刀轴;2—刨刀;3、4、6—传动轴;5—滑动齿轮;7—圆盘刀;8—圆盘刀轴。

2.摩擦式离合器法

这种方法只需要两根轴,电动机直接带动装摩擦式离合器的刨刀轴,通过摩擦式离合器的离、合,分别控制刨刀轴和圆盘刀锯轴的转动,即在刨刀工作时,圆盘刀具不转动,而当使用圆盘刀具时,刨刀轴与其一起转动,消除了圆盘刀锯的隐患。

(四)带锯机

带锯机是进行木料加工时最常用的设备之一,也是木工机床中较为危险的机器。其伤人事故通常有两种:一种是操作者接触到运行中的锯条而受到伤害;另一种是锯条断裂飞出伤人。因此,带锯机的安全防护装置必须做到:首先将锯条和传动部分用防护罩防护起来;其次应对锯条进行经常性的检查,以防锯条突然断裂。

(五)木工钻床

木工钻床是用钻头(即木工刀具)在工件上加工通孔或盲孔的木工机床。木工钻床有卧式和立式、单轴和多轴之分,主要用于木料钻孔、加工圆榫孔和修补节疤等。立式单轴木工钻床与切削金属的立式钻床结构相似,钻头夹持在主轴下端的钻夹上,由电动机带动旋转,工件放在工作台上,可用手动或自动进给。

第四节 木工机械安全使用和管理

一、木工机械安全使用

(一)木工机械的作业环境和条件

(1)木工机械使用场所的空气温度高于35℃时应采取防暑降温措施,空气温度低于12℃时应采取局部的防寒保暖措施。

(2)生产中产生大量粉尘时,应设置单机吸尘或集中吸尘设备;生产中产生有毒有害气体时,应设置抽吸有毒有害气体并进行处理的设备。

(3)木工机械使用场所工作空间的照明应达到《木工(材)车间安全生产通则》规定的最低照度值。

(4)木工机械使用场所的噪声超过90dB(A)时,应采取降噪措施或个体防护措施。

(二)木工机械的平面布置和安装

(1)木工机械的布置应考虑生产活动对相邻设备的操作人员不会构成意外的伤害。

(2)木工机械的外露移动件的行程达到极限位置的距离,其边缘距相邻的设备和厂房构件不得小于800mm。

(3)木工带锯机不能布置在电气走线的下方。

(4)木工机械安装应牢靠固定,以防止翻倒和意外位移。

(三)木工机械的操作安全

(1)木工机械操作者必须严格遵守木工机械的安全操作规程,并按照木工机械使用说明书和相关安全操作规定使用木工机械。

(2)木工机械操作者在工作前应仔细检查工位是否布置妥当、工作区域有无异物,经确认无误后方可启动木工机械。

(3)木工机械操作者在工作前,应将机器空运转3~5min。

(4)木工机械操作者操作之前应检查被加工木材是否有钉子或其他硬物夹入。禁止加工胶合未完全干的木材。

(5)不准在木工机械运转中或已切断电源但其仍在惯性运转时,将手伸到刀具刃部位,进行取木材、清理机器、剔除木屑木块等操作。

（6）木工机械在启动和运行时需要多人辅助或同时操作的辅助设备，在每天工作开始、换班启动及停机后重新启动时，应在机器启动前发启动信号。

（7）木工机械有多人操作时，必须使用多人操作按钮进行工作。

（8）木工机械在检修和刀具调整、拆换时，必须切断电源，在机器启动开关处挂告示牌，并用醒目字体标注"危险、禁止启动"等字样。必要时，应有专人监护启动开关。

二、木工机械安全管理

（一）运行安全

（1）木工机械在运行时应禁止非操作人员或非维修人员接触机器。

（2）不准拆除相关安全标准规定设置的安全防护装置。

（3）操作过程中，操作者应注意木工机械的工作状态。发现机器出现异常情况，应立即停机检查并停机修理。

（4）在对木工机械进行维护、检查和修理过程中，发现机器可能导致人身事故的危险时，必须立即停机检查并排除故障。

（二）检查和修理

（1）使用中的木工机械应进行定期安全检查。经过检查的木工机械，应在机器明显处设置检查状态标志，并标明检查日期。

（2）木工机械定期的安全检查应由经过相应培训的检查人员进行。检查中若发现异常情况，应立即停机修理。应保存定期安全检查和修理记录。

第四章 压力加工机械安全技术

第一节 压力加工的危险有害因素

冲压是指靠压力机和模具对板材、带材、管材和型材等施加外力,使之产生塑性变形或分离,从而获得所需形状和尺寸的工件成形加工方法。冲压和锻造同属塑性加工(或称压力加工),合称锻压。本章中所指的压力加工就是这种冷冲压加工方式,其使用的设备主要有机械压力机、液压机、弯板机和剪板机等。压力加工是一种无切削的加工方法,材料利用率高,操作简便,制件尺寸稳定、精度较高、互换性好,因而在现代工业生产中占有十分重要的地位。然而,冲压也是一种危险性较大的加工方法,在冲床上出现的人身事故比一般机械行业高3倍。为此,对于压力加工机械设备的安全防护必须给予充分的重视。

一、冲压机械作业方式及其危险性

压力加工生产作业中存在的主要危险因素是机械伤害,主要危害因素是振动和噪声。造成机械伤害的主要原因在于:冲压作业多采用人工操作,用手或脚去启动设备,用手工甚至用手直接伸进模具内进行上下料、定料作业,极易发生失误动作而造成伤手事故。冲压作业一般分为送料、定料、操纵设备、出件、清理废料等工序,这些工序都存在着发生机械伤害的可能性。

(一)送料

将坯料送入模内的操作称为送料。一般操作者的送料动作节奏与滑块能够协调一致。操作者不须用手在模区内操作,这时是安全的。但当进行尾件加工时或手持坯件入模进料时,手要进入模区,这时具有较大的危险性,因此,要重点进行保护。

(二)定料

将坯料限制在某一固定位置上的操作称为定料。定料操作是在送料操作完成后进行的,它处在滑块即将下滑的时刻,因此比送料更具危险性。由于定料的方便程度直接影响到作业的安全,所以决定定位方式时要考虑其安全程度。

（三）出件

出件是指从冲模内取出制件的操作。出件是在滑块回程期间完成的。对行程次数少的压机来说,滑块处在安全区内,不易直接伤手;而对行程次数较多的开式压机,则仍具有较大危险。

（四）清除废料

清除废料是指清除模区内的冲压废料。废料是分离工序中不可避免的。如果在操作过程中不能及时清理,就会影响作业正常进行,甚至会出现复冲和叠冲,有时也会发生废料、模片飞弹伤人的现象。

（五）操纵

操纵是指操纵者控制冲压设备动作的方式。常用的操纵方式有两种,即:按钮开关和脚踏开关。当单人操作按钮开关时,一般不易发生危险。但多人操作时,会因照顾不周或配合不当,造成伤害事故。因此多人作业时,必须采取相应的安全措施。脚踏开关虽然容易操作,但也容易引起手脚配合失调,发生失误,造成事故。

二、冲压事故原因分析

从冲压事故统计资料来看,绝大多数事故是发生在冲压作业的正常操作过程中,从受伤部位看,多发生在手部(右手稍多),其次是面部和脚(工件或加工余料的崩伤或砸伤),很少发生在其他部位。从后果上看,死亡事件少,而局部永久残疾率高。

在冲压作业中,冲压机械设备、模具、作业方式对安全影响很大。冲压事故有可能发生在冲压设备的各个危险部位,但发生在模具行程间的占绝大多数,且伤害部位主要是作业者的手部,当操作者的手处于模具行程之间时模块下落,就会造成冲手事故。导致冲压事故发生的原因主要有:人的因素、物的因素、环境因素和安全管理因素。

（一）人的因素

由于操作人员对冲压作业的危险性认识不足,对安全操作规程了解掌握不够,再加上身体上的原因,如带病工作、疲劳等,极易发生事故。大型机床一般由多人共同操作,如果彼此配合不当,也容易发生事故。另外,冲压生产是连续、单调、重复性作业,操作者需要配合冲压频率,手频繁地进出模口区操作,每班操作次数可达成百上千次,精力和体力消耗极大,极易造成机体和精神疲劳,导致注意力不能集中,动作失调,而易于发生事故。

(二)物的因素之一——冲压模具

模具直接关系到操作人员的人身安全、设备安全以及冲压生产的正常进行。模具担负着使工件加工成型的主要功能,是整个系统能量的集中释放部位。由于模具设计不合理,或有缺陷,没有考虑到作业人员在使用时的安全,在操作时手就要直接或经常性地伸进模具才能完成作业,就增加了受伤的可能。有缺陷的模具则可能因磨损、变形或损坏等原因在正常运行条件下发生意外而导致事故。

(三)物的因素之二——冲压设备

造成冲压安全事故多发的客观原因是冲压所用的设备多为曲柄压力机和剪切机,其离合器、制动器及安全装置容易发生故障,从而出现离合器、制动器不够灵敏可靠,电器控制结构突然失控而发生连冲等现象。另外,对于小型冲床来说,其运动速度远远大于人的反应速度,这也是造成冲压事故多发的重要原因。

(四)环境因素

工作环境直接影响到人的操作稳定性。由于人的行为具有不确定性,易受周围环境的影响,不良的环境容易使人产生较多的失误。

(五)安全管理因素

目前,企业中现行的冲压工艺规程中大多没有明确注明安全要求和安全技术措施等有关规定,更没有针对具体零件的不同特点而有针对性地标明安全技术措施,使安全管理流于形式,操作者忽视使用安全装置和工具而冒险作业,从而酿成事故。此外,安全生产规章制度不严、模具管理不善、设备事故隐患多、组织生产不合理、违章指挥等,也是造成事故多发的原因。

第二节　冲压车间的安全要求

一、平面布置

(一)一般要求

(1)车间工艺设备平面布置除满足工艺要求外,还应符合有关安全、卫生和环境保护标准规定。

(2)有害物质的发生源,应布置在机械通风或自然通风的下风侧。酸洗间应与主厂房分开一段距离,如必须位于主厂房内,则必须用隔墙将其封闭。不得在主厂房内套建酸洗间。

(3)产生强烈噪声的设备(如通风设备和清理滚筒等),如不能采取有效的消噪措施,应将其布置在离主要生产区较远的地方。

(4)布置压力机时,应留有宽敞的通道和充足的出料空间,并应考虑操作时材料的摆放。设备工作场地必须畅通无阻和便于存放材料、半成品、成品和废料。设备和工作场地必须适合于产品特点,使操作者的动作不致干扰别人。

(5)不允许压力机和其他工艺设备的控制台(操纵台)遮住机器和工作场地的重要部位。

(6)在使用起重机的厂房,压力机的布置必须使操作者和起重机司机易于彼此相望。

(7)车间工艺流程应顺畅,各部门之间应以区域线分开。区域线应用白色或黄色涂料或其他材料涂覆或镶嵌在车间地坪上。区域线的宽度必须在50~100mm范围之内。

(二)压力机和冲压线的布置

(1)压力机和其他工艺设备,最大工作范围的边缘距建筑物的墙壁、支柱和通道壁至少为800mm,这个工作范围不包括工位器具、模具、箱柜、挂物架和类似可以移动的物体。

(2)压力机的基础和厂房构件基础或其他埋地构件的平面投影不应重叠,并至少保持200mm的间距。

(3)生产线上大型压力机的排列间距,压力机与厂房构件的距离,应满足《冲压车间安全生产通则》的要求。

（三）模具库

（1）车间所有模具（含冲模和夹具）应整齐有序地存放在模具库（或固定的存放地）中。模具入库前必须清理干净，并在有关工作面上、活动或滑动部分加注润滑和防锈油脂。

（2）大型模具应垛放在楞木或垫铁上，每垛不得超过 3 层，垛高不应超过 2.3m。楞木或垫铁应平整、坚固，承载后不允许产生变形和破裂。

（3）小型冲模应存放在专用模架上，模架应用金属制造，结构必须坚固、稳定。模架底层平面离地间隙以 100mm 为宜。在无起重设备时，模架最上一层平面不应高于 1.7m。模架及其各个摊位应有编号，并有明显的标记。冲模存放时应对号入座。模架之间应有 0.8m 宽的通道。

（4）中型冲模视其体积和质量，分别按照大型和小型冲模存放方法和要求进行存放。但垛放高度不应超过 2m。

（5）运送总质量超过 50kg 的模具，应采用起重运输设备。

（四）材料库

（1）材料（包括卷料和带料）应按品种、规格分别存放于材料库。存放的有效载荷不得超过地坪设计规定的数值。材料库地坪必须平坦，并有一定荷载能力，钢板垛放时，应垫以楞木或垫铁。楞木或垫铁必须平整，并具有足够的强度。

（2）成包的板料应堆垛存放。垛间应有通道。当垛高不超过 2m 时，通道宽度至少应为 0.8m；当垛高超过 2m 时，通道宽度至少应为 1m。采用起重机并用钢丝绳起吊垛包时，存放高度不应超过 2.3m。

（3）散装的板料。应每隔 100~200mm 垫以垫木。板料长度在 2m 以下者，每层垫以两根垫木；板料长度在 2~3m 之间者，每层垫以 3 根垫木；板料长度大于 3m 者，每层垫以 4 根垫木。垫木间距应相等，并均匀地支承钢板。垛堆上下垫木的投影应重合。

垫木的厚度不小于 50mm，长度应与板料宽度相等。垫木应平整、坚固，承载时不应变形和破裂。

（4）成包和散装的板料垛堆，其错位和倾斜不得超过以下允许范围：当垛高在 2m 以下时，沿长度方向最大为 1∶25，沿宽度方向最大为 1∶20；当垛高超过 2m 时，沿长度方向最大为 1∶30，沿宽度方向最大为 1∶25。

二、作业条件和环境

(一)照度

(1)车间工作空间应有良好的照度,一般工作面不应低于150lx。

(2)采用自然光照明时,不允许太阳光直接照射工作空间。

(3)采用人工照明时,不得干扰光电保护装置,并应防止产生频闪效应。除安全灯和指示灯外,不应采用有色光源照明。

(4)在室内照度不足的情况下,应采用局部照明。

(5)与采光和照明无关的发光体(如电弧焊、气焊光及燃烧火焰等)不得直接或经反射进入压力机操作者的视野。

(二)温度

(1)室内工作地点的冬季空气温度应符合下列要求:轻作业(指8h工作日平均耗能值为3 550kJ/人以下的工作)不低于15℃;中作业(指8h工作日平均耗能值为3 550~5 500kJ/人的工作)不低于12℃;轻作业与中作业交混的车间,不低于15℃。

(2)室内工作地点的夏季空气温度,一般不应超过32℃,当超过32℃时,应采取有效的降温措施。当超过35℃时,应有确保安全的措施才能让操作者继续工作。

(三)噪声

(1)车间噪声级应符合《工业企业噪声控制设计规范》中的规定。

(2)企业必须采取有效措施消减车间噪声。车间内的加工机械,空转时的噪声值不得超过90dB(A);应避免加工时产生强烈振动和噪声;采取措施,减少噪声源及其传播。

(3)噪声级超过90dB(A)的工作场所,应采取措施加以改造。在改造之前,企业应为操作者配备耳塞或其他护耳器。

(四)通风

(1)室内工作地点必须有良好的空气循环。

(2)经常有人通行的地道应有自然通风或机械通风设施,地道内不得敷设有害气体(包括易燃气体)管道。

(3)当发现加工机械基础内有损害健康的气体时,必须在操作者(如检修时)进入之前进行通风。

（4）车间内有烟雾、粉尘和其他污秽空气时,应在污染源处装设有效的局部通风装置,必要时加以净化处理。对加热、清洗、烘干设备,应装备通风装置。车间空气中有害物质的浓度不得超过《工业企业设计卫生标准》的规定。

（五）工作地面

（1）车间各部分工作地面(包括通道)必须保持平整、整洁,地面必须坚固并能承受规定的荷载。

（2）工件附近的地面上,不允许存放与生产无关的障碍物,不允许有黄油、油液和水存在。经常有液体的地面,不应渗水,并坡向排泄系统。

（3）加工机械基础应有液体储存器收集由管路泄漏的液体,储存器可以专门制作,也可以与基础底部连成一体形成坑或槽,其底部应有一定坡度以便排除废液。

（4）车间工作地面必须防滑。加工机械基础或地坑的盖板,必须是花纹钢板,或在平板上焊以防滑筋。

第三节　机械压力机、模具的安全防护装置及手用安全工具

在每分钟生产数十、数百件冲压件的情况下,在短暂时间内完成送料、冲压、出件、排废料等工序,常常发生人身和设备损坏事故。因此,冲压中的安全生产是一个非常重要的问题。实现冲压安全的主要措施是:第一,实现机械化、自动化进出料。第二,设置机械防护装置,防止伤手。应用模具防护罩、自动退料装置和手工工具进出料。第三,设置电气保护、断电装置。设置光电或气幕保护开关、双手或多手串联启动开关、防误操作装置等。第四,改进离合器和制动结构,在危险信号发出后,压力机的曲轴、连杆、冲头能立即停止。

一、模具的自身安全结构设计和安全防护装置

（一）冲压模自身安全结构的设计

1.模具导向结构设计
（1）导柱导套防护套的合理设计
根据《机械压力机安全技术要求》对闭合模具的要求,闭合模具应是本质安全的,相关间距应满足《机械安全防止上下肢触及危险区的安全距离》的要求,并且模具开口不超过6mm,闭合模具外部任何能够造成挤伤的区域应按照《机械安全避免人体各部位挤压的最小

间距》中的要求进行防护。在导柱导套防护套设计时应采用刚性防护套,具体结构如图4-1所示。在模具工作状态时防护套成为压缩状态结构,在模具开启状态时,滑动护套在自身的重力作用下,逐层随设备的行程而下降,保证导柱导套不脱离,从而保证模具的安全。

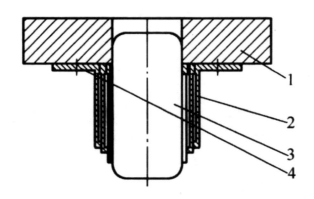

图4-1 导柱导套防护套

1—上模体;2—护套;3—导柱;4—螺钉

(2)压型模具导向装置的布局设计

160t以下小型压型模具导向装置采用导柱、导套分布在模具两侧中心进行导向的方式;160t以上大型压型模具导向装置采用导向块分布在模具两侧中心进行导向的方式,从而保证模具上下料时的安全,导向装置远离操作者。具体结构如图4-2所示。压型模具应尽可能设计成两个导柱或4个导向块的设计方式。

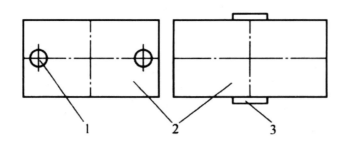

图4-2 压型模导向装置

1—导柱;2—模体;3—导向块

2.冲孔落料模高度限制器和侧向平衡块的布局设计

由于高度限制器在压型模具使用时处于接触贴合状态,即使在冲孔切断模上使用其间隙也仅为2~4mm,一旦操作者手不小心进入其内,极易造成安全事故。侧向平衡块是平衡模具存在侧向力的装置,其工作状态是无间隙滑动,位置不合理,距离操作者近,易造成安全事故的发生。高度限制器和侧向平衡块两者可以统一设计,其合理布局如图4-3所示。

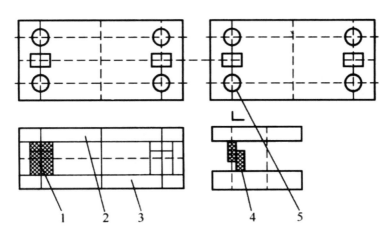

图 4-3 高度限制器和侧向平衡块的合理布局

1—高度限制器;2—上模体;3—下模体;4—侧向平衡块;5—导柱导套

3.模具操作安全空间的布局设计

模具操作安全空间的设计如图 4-4 所示,尺寸 M 是刚性卸料板与凸模固定板间距,应大于正常人手掌厚度的 1.2 倍,即 30mm;尺寸 H 是从下模体上平面到上模体下平面的最小距离,能够保证操作者具有良好的视线。凹模的上平面到刚性卸料板的下平面的距离应不小于料厚加上 3mm。

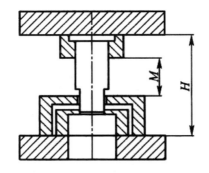

图 4-4 模具操作安全空间的设计

4.模具运输维修的安全性

模具应设置铭牌,铭牌上应包括闭合高度和质量等数据。闭合高度是操作者进行模具安装调试的依据,也为避免模具发生顶死安全事故提供参考;质量是选择运输工具的依据,可避免模具运输超重,同时在模具吊运和运输过程中采用大型模具运输螺栓,可防止运输和模具维修翻转时钢丝绳脱钩。

5.模具结构设计

大型模具上下料相应部位模体应开设开口槽,如图 4-5 所示,以避免零件和模体挤伤手等部位。

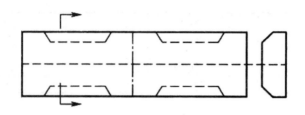

图 4-5　大型模具上设开口槽

6.卸料板的结构设计

卸料板开设空手槽,如图 4-6 所示,空手槽的宽度尺寸应大于手掌的宽度。

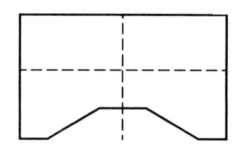

图 4-6　卸料板上开设空手槽

(二)模具的安全防护装置

1.设置模具防护罩(板)

在模具周围设置防护(板)是为了防止将手伸入模内,是实行安全区操作的一种措施。可用于板形坯料且不须从上下模之间取件和清废的冲压工序。模具防护罩或防护板的形式很多,有固定式、折叠式、弹簧式等。

(1)固定式防护板

防护挡板固定在下模上,物料从侧面防护板下方的条缝中送入,而将手挡在模外。

(2)折叠式防护罩

折叠式防护罩装在凸模上,在滑块处于上死点时,环形叠片与下模之间仅留出可供坯料进出的间隙,滑块下行时,防护罩轻轻压在坯料上面,并使塔形环片依次折叠起来。

(3)固定式防护栅栏

防护栅栏固定在凹模上,由钢丝网或圆钢管或开缝的金属板制成,从正面和两侧面将模具的危险区封闭起来。栅栏的缝必须竖直开设,在栅栏的两侧或前侧开有供进出料用的间隙,以增加操作者的可见度。

(4)弹簧式防护罩

锥形弹簧作为防护栅栏,固定在下模上,在上止点时,在自由状态下相邻弹簧两圈的间隙小于 8mm,手指进不去,滑块下行时,弹簧被压缩,这样既关闭了危险区,又防止了弹簧压伤手指的危险。

2.模具上设置进出料机构

为了改良冲压作业的操作条件,通常在一些中小型且外形简单的模具上增设简单的进出料装置。

(1)简易手工送料装置

图 4-7 所示的是冲制碗形零件采用的手工简易送料装置。将凹模的上立体切成宽度稍大于坯料直径、浅度为 2mm 的送料槽,并加装固定导板,导板长度上可置 2~3 个坯料。操作时,只有用手推动坯料,使坯料沿着导板滑入凹模,达到送料目的,除此送料装置外,还可采用如图 4-8 所示的滑板式送料装置。

图 4-7　简易手工送料装置

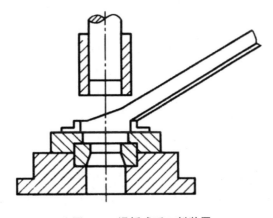

图 4-8　滑板式手工料装置

上述两种送料装置结构简单,操作方便,安全可靠,适用于某些漏模出件的模具。

（2）机械送料装置

①活动模送料装置

如图4-9所示，操作时将冲制坯料装入凹模（此时凹模位置在凸模的外侧）踩动脚踏开关时，先由汽缸的活塞杆把凹模拉进凸模下方，接着凸模下降，即行冲制。

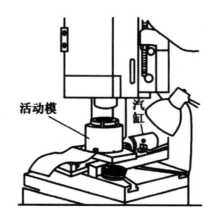

图4-9　活动模具装置

放开开关，冲头回程，凹模立即由活塞杆推出，取下冲制件，如此反复操作。凹模也可采取旋转式，将凹模旋转到安全地点，装入坯料后再旋转到工作位置进行冲压。

②杠杆式送料装置

如图4-10所示，在模具前设置储料槽（斗），利用滑块动力将坯件送进模内。这种装置机构简单、使用方便，适用于厚度大于1.5mm以上的平整、无毛刺的坯件。采用楔铁机构时，楔铁不宜间接推进滑杆送料，预防因强迫推动而造成机构破坏。

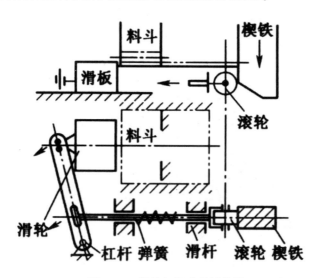

图4-10　楔铁杠杆式送料装置

（3）机械出料装置

①滑板式出料装置

如图4-11所示，它由曲柄、滑板、连杆等组成，接料斗焊在滑板上，滑板上有两个通孔，套在两根滑动杆上，可做往返运动。自由状况时，由拉簧将机构停滞在图示位置，该凸模下移时，固定在凸模上的触杆随之一起向下，并压动曲柄，使其做顺时针回转，从而使接料斗向左挪动，分开凸模工作位置，滑块回程回升至起点时，出料机械复位。

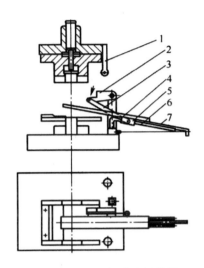

图4-11　滑板式出料装置

1—触杆；2—曲柄；3—连杆；4—滑板；5—滑套；6—滑动杆；7—接料斗

②气动推杆式出件装置

如图4-12所示，气动推杆式出件装置适用于大型拉延件。

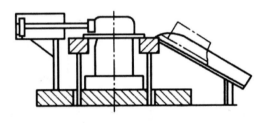

图4-12　气动推杆式出件装置

③弹击出件装置

如图4-13所示，滑块在上止点时，由楔铁紧缩拉板端部的弹簧，滑块回升到预定高度时，楔铁穿离滑板，在弹簧力的突然作用下快速拉动，将冲制件弹出。机械进出料装置结构简单，动作准确，操作方便。

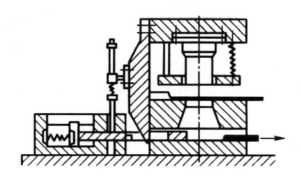

图 4-13　弹击出件装置

二、冲压设备(压力机)的防护装置

《机械压力机安全技术要求》指出,设计者、制造者、供应商在考虑压力机以及辅助上下料装置的严重危险和操作模式的基础上,应选择尽可能减少风险的安全防护措施,并且《压力机用安全防护装置技术要求》对安全防护装置提出了具体的技术要求。由于冲压设备(压力机)类型较多,冲压设备的防护装置也形式多样。按其结构可分为机械式、控制式、接触式。

(一)机械式防护装置

机械式防护装置主要有推手式、摆杆式、拉手式、翻板式等。一般而言,机械式防护装置结构简单,制造方便、价格低廉,但对操作人员的操作有不同程度的影响。主要适用于单人操作的速度较慢的中小型冲床上。

1.推手式保护装置

如图 4-14 所示,它是一种与滑块连动的机械式保护装置。当滑块向下运动时,固定在曲轴上的挡板由里向外运动,挡住下模口的危险区,若此时手还在危险区内,则手被推出。

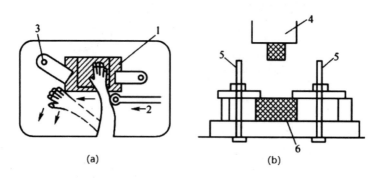

图 4-14　推手式保护装置示意图

(a)右手操作示意图;(b)下模固定方法

1—下模;2—推手运动方向;3—下模固定螺栓;4—上模;5—需要截去高出固定压板的螺栓部分;6—下模

该装置适用于 630kN 以下的各种小型开式压机。它结构简单、制造安装方便、安全可靠、不影响生产,对某些零件还可作为简易退料装置使用。但缺点是由于小型压力机的滑块运动次数在 60 次/min 以上,挡板的晃动频率高,容易使眼睛疲劳,且易击痛手。

2.拉手安全装置

如图 4-15 所示,它是一种用滑轮、杠杆、绳索将操作者的手动作与滑块运动联动的装置。

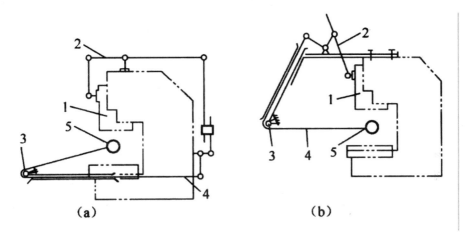

图 4-15 拉手安全装置示意图

(a)侧拉式;(b)背拉式

1—滑块;2—杠杆;3—滑轮;4—拉索;5—手腕带

压力机工作时,滑块下行,固定在滑块上的拉杆 2 将杠杆 3 拉下,杠杆的另一端同时将软绳往上拉动,软绳的另一端套在操作者的手臂上。因此,软绳能自动将手拉出模具危险区。

该装置通用性强,结构简单,适用于双手送料的操作,安全可靠,调整方便,不影响生产效率,可用于行程次数不太高的各种压力机。本装置的缺陷是手臂活动规模小,对操作动作幅度较大的作业或常常需要离机操作的作业(如搬料等)不宜使用。

3.摆杆式拨手装置

拨手装置是在冲压时,将操作者的手强制性脱离危险区的一种安全保护装置,它通过一个带有橡皮的杆子,在滑块下行,将手推出或拨出危险区。其动力来源主要是由滑块或曲轴直接带动。

4.翻板式护手装置

图 4-16 为一种翻板式护手装置。当压力机滑块向下运动时,安装在滑块上的齿条下行,驱动齿轮逆时针方向转动,同时带动翻板转动到垂直位置,将手推出冲模外。翻板可用有机玻璃制作,也可用开小缝的金属材料制成。

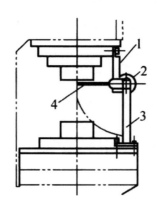

图 4-16　摆杆式拨手装置

1—床身;2—拉杆;3—摆杆;4—滑块

(二)控制式安全装置

控制式安全装置是用电气联锁的方式来控制滑块的启动,其应用的前提条件是用电气操作的冲床。控制式安全装置有双手按钮式、光电式、感应式、磁控式、电容式等。

1.双手按钮式保护装置

这是一种只有操作者的双手同时按下两个按钮时,滑块才运动,当滑块达到下止点前,若中途放开任意一个开关,滑块就会停止运动的保护装置。

2.光电式安全装置

如图 4-17 所示,光电式安全装置的原理是用投光器和受光器形成一束或多束光栅,将操作者与危险区隔离开来,若操作者身体的一部分进入危险区时,光线被遮断,发出电信号,此电信号经放大后与滑块控制线路相联锁,使滑块停止运行,防止操作人员在生产过程中身体的任何部位进入设备行程之间。

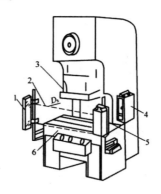

图 4-17　压力机上的光电式安全保护装置

1—反射板;2—光幕;3—滑块;4—控制器;5—传感器;6—工作台垫板

光电式安全装置现在一般都是采用调制式红外发光二极管做光源,在大型冲床上则采用红外激光二极管。其电路具有可靠的自检自保功能。

光电保护装置的优点是操作人员无障碍感,无约束感,使用寿命长。

3.电容式保护装置

电容式保护装置又称人体感应保护装置,它是在危险区与操作者之间设置一个敏感元件,这一敏感元件对人体有敏感性,利用电容变化发出信号,以断开压力机的控制线路实现停车。

如图 4-18 所示,电容式保护装置由振荡器、放大器和控制电路三部分组成,其敏感元件对地面构成一个有一定电容量的电容,一旦手进入或停留在危险区,电容量随之改变(电容量的改变随着人体靠近敏感元件的距离而定),使振荡器振幅立即减弱或停止振荡,经过放大电路控制继电器的触点动作而使压力机停机。

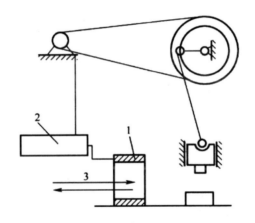

图 4-18 电容式保护装置示意

1—敏感元件;2—控制器;3—操作空间

该装置结构简单、装卸方便、防振性好、牢固耐用。但由于它的功效主要靠人体为导体与地形成电容,其电容量大小因人而异。因此,影响它的因素较多,调整复杂、可靠性差,目前已很少采用。

4.电视式安全防护装置

这种装置由摄像机监视器或控制器构成。它利用在摄像机和监视器之间的控制器,在垂直、水平位置需要控制的地方重叠成控制回路,使监视器上显示图像,又把信号送到摄像机。控制区域内如果有物体进入,控制器就把摄像机的图像信号的变化接收过来,控制回路输出信号,使压力机的滑块不能启动或立即停止运动。

这种防护装置安全防护性好,它不仅可用于冲压机械,也可用于其他机械。

5.感应式安全防护装置

它是用感应幕将压力机上的工作危险区包围起来,当操作者的手或身体的一部分伸进感应幕之后,该装置能检测出感应幕的变化量,并输出信号控制压力机的滑块不能运动或立即停止运动。

感应式安全防护装置的感应元件由一定电容的电容器所组成,这些电容器构成一定的保护长度和保护高度的矩形感应幕。当操作者的手送进或取出工件时,必须通过感应幕,从而使电容器的电容量发生变化,于是使与其相连的振荡器的振幅减弱或停止振荡,再通过放大器和继电器控制压力机的离合器,以达到安全防护之目的。

感应式安全防护装置的保护高度为 50~400mm,感应幕宽度在 50mm 以下,具有反应灵敏,耐振动和冲击,使用寿命长的优点。

感应式安全防护装置的功能与光电式安全防护装置相同,但与光电式安全防护装置相比,其灵敏度受尘埃、油和水以及操作者穿着等外界因素的影响较大。

6.气幕式安全防护装置

如图 4-19 所示,在危险区和操作者之间用气幕隔开,压缩空气由气射器上的数个小孔射向装在滑块上的接受器而形成气幕,并使常开触点(串联在压力机的启动控制电路中)接通,在操作者的手或其他物件挡住气幕时,发出信号,接受器靠自重断开触点,使压力机的滑块停止运动。这种装置的保护区域是可调的。在接受器随滑块一起运动到与气射器相距 200mm 以下时,气射器才开始射气,由此到下死点的区域为保护区。控制线路通过用凸轮控制压缩空气的放气和闭锁启动来实现控制。

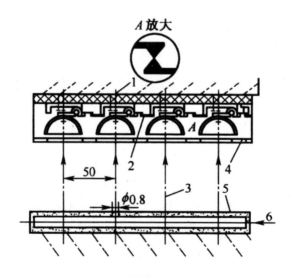

图 4-19　气幕式安全防护装置

1—滑块;2—常开触点;3—气流;4—接受器;5—气射器;6—压缩空气

7.刚性离合器附加急停安全装置

该装置是在转键式刚性离合器压力机上附加一对齿轮及摩擦片等,当手或物遮住红外监控装置光线时,通过电磁吸铁、摩擦片及齿轮能使转键与曲轴迅速分离,起紧急制动作用,达到任意位置停车。该急停装置响应时间很短,能够满足压力机安全技术条件的要求。

(三)接触式保护装置

它是利用触杆这一接触传感元件去控制滑块运动。触杆位置在滑块上并随滑块一起运动。当操作者手臂留在模内或滑块下行中人手进入危险区时,撞动触杆,使控制电路改变电信号,电磁铁动作,实现滑块制动。接触式保护装置有常闭式和常开式两种。

1.常闭式接触保护装置

如图4-20所示,触杆由有机玻璃制成,其内装有导线,与调节杆下触点接触,保持闭合。滑块正常运转时,控制电路为常通。为防止压机运行时产生振动影响,触杆与触点接触,两端用弹簧压松触杆,避免因接触不良造成动作失调。调节杆可根据模具尺寸和操作时的防护要求调整其安装位置。

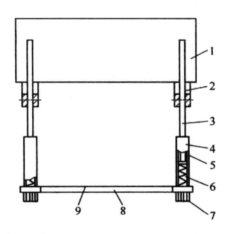

图4-20 常闭式接触保护装置结构示意图

1—滑块;2—收架座;3—调节杆;4—收架;5—橡胶垫;6—弹簧;7—触点;8—触杆;9—导线

2.常开式接触保护装置

滑块正常运转时,触杆内电路呈分断状态,当触杆触碰手臂后,电路闭合,发出信号,使滑块停车。如图4-21所示,在支架上外伸一根金属杆,杆外缠有螺旋金属丝,两者之间绝缘,引线用插销与保护控制电路接通。当人手碰到螺旋金属丝使其与金属杆接触时,它发出信号,于是电路闭合滑块制动。

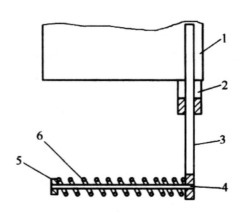

图 4-21　常开式接触保护装置结构示意图

1—滑块；2—支架座；3—调节杆；4—金属杆；5—绝缘体；6—螺旋弹簧

三、手用安全工具

目前的各种安全装置均有其局限性，尤其是在广泛使用的小型刚性离合器冲床上，可用的安全装置还很少。所以，为了避免用手直接伸入上下模口之间装拆制件和清理废料，必须使用手用安全工具。采用手用防护工具，可以代替人手完成送料、卸料及取件的功能，不使操作者的手伸入模具的危险区。

设计和选用手用工具时必须注意的是，手用工具的工作部位，必须与一定形状的坯料相符，并能迅速地钳（或吸）住坯件，能顺利、准确地把坯件放入下模中；手用工具应尽可能采用软性、弹性材料制作，以防造成冲床的设备事故；手持柄部应适合操作者握持，并有防止手柄向前握或向前滑移的措施。手用工具基本上有夹子、镊子、钳子、安全钩、磁力吸盘、真空吸盘等。

第四节　剪切机械和联合冲剪机械的安全装置

一、剪切机械的安全装置

剪切机一般分为机械剪切机和液压剪切机两种，是用于剪切钢板、型材、钢坯、纸制材料以及类似材料的专用机械。《剪切机械安全规程》对剪切机械的主要结构和部件、电气控制、气动和液压系统、安全装置等方面提出了具体的要求。

（一）安全装置应符合的条件

剪切机的安全装置至少应符合下列条件之一：

（1）在设备运转过程中，使操作者的身体任一部分不可能接近运转中的可动零部件及进入危险界限。

（2）在刀架动作过程中，当手脱离操纵刀架用的按钮或操纵杆后，直到进入危险界限之前，刀架应能停止动作。

（3）在刀架动作过程中，当手一旦接近危险界限时，刀架能够停止动作。

（二）遮挡式安全防护装置

对剪切机刀架和压料装置的危险部位应设置防护栅栏、防护挡板、防护罩、防护网之类的遮挡式防护装置。遮挡式防护装置的结构形式可分为：固定式、活动式、可调式和局部式等。

（1）遮挡式防护装置必须符合下列要求：能防止手或手指从装置的周边或者穿过装置进入操纵危险区；装置互相搭接必须可靠，并不与设备运转部位相触碰；用不易被操作者拆卸的紧固件组装；要便于观察、检修，并不得成为新的危险源。

（2）固定式遮挡装置在刀架和其他运动部分运行时不得开启，必须牢固、耐用。

（3）活动式遮挡装置必须设计成只有关闭装置后刀架才能运动，打开时刀架即停止运动的联锁结构。

（4）可调式遮挡装置，根据需要可以调整下部缝隙。

（5）局部式遮挡装置，可防止操作者由工作台两侧或喉口部进入危险区，并能便于剪切比刀片更长的板料。

（6）遮挡式安全防护装置上控制刀架的限位开关，不准与人体、材料以及该装置以外的其他任何物件相接触。

（7）防护装置的防护长度，一般可按该剪切机的工作台面的长度进行设计。

（8）采用金属网做防护装置时，其网眼不大于30mm，如采用透明材料做防护装置时，可选用3~6mm厚的有机玻璃。

（三）光线式安全控制装置

（1）光线式安全控制装置必须符合以下规定：对操作者无任何危险；所采用的线路及电子元器件，应能确保安全装置的功能、强度及寿命；照明源或其他环境因素的变化都不能影响控制装置；具有完善的监控功能；当人体的某一部分遮断光线并向危险区域接近时，能使刀架立即停止动作。

（2）投光器与受光器组成的光轴数超过两条以上时,其光轴间的距离应不大于50mm。

（3）若干光轴所组成的垂直平面,距工作危险界限的距离超过500mm时,光轴间的距离应不大于70mm。

（4）在刀架行程的范围内,投光器和受光器应保证在操作时能有效地动作。

（5）凡采用光线式安全控制装置的剪切机,应采取适当的消振措施。

（6）投光器内使用白炽灯做光源时,其受光器应对在离光轴50mm以上的位置,用100W的白炽灯照射时,安全装置的工作不受影响。

（7）凡是不使用白炽灯做投光器光源时,其受光器必须对来自投光器以外的光线不发生感应。

（8）光线式安全控制装置不允许用作剪切机的启动或停止刀架运行的操作机构。

（9）允许设计成剪切机的刀架向下运行时起作用,向上运行时不起作用。

（四）双手操作式安全控制装置

（1）双手操作式安全控制装置应具备一次行程一次停止的机构。

（2）只有在双手同时操作两个控制按钮或两个操纵杆时,刀架才能动作。

（3）在每一行程中,只有操作者的双手都离开控制按钮或操纵杆,剪切机才能进行再次启动。

（4）双手操作式安全装置的两个控制按钮或两个操纵杆的内侧之间的最短距离,应不小于300mm,最大不大于600mm。

（5）双手操作式安全控制装置的两个控制按钮,应装设在开关箱/按钮盒内。其按钮的顶端不应凸出于该开关箱/按钮盒的表面。

（五）安全距离

双手操作按钮（或光电、红外投射所形成的感应区）与工作危险区的安全距离,应不小于下式计算的数值:

$$D_s = 1.6(T_1 + T_2) \tag{4-1}$$

式中 D_s ——安全距离（mm）;

1.6——手的伸进速度（m/s）;

T_1 ——双手放开按钮（或者手与身体遮断感应响应区）到电磁控制装置动作时的时间（ms）;

T_2 ——从制运器开始制动到刀架停止运动的时间（ms）。

二、联合冲剪机的安全装置

联合冲剪机械包括但不限于冲压、剪切、模剪、成型金属或者其他材料工件的多功能组合机器,其主要特点是在不同的工位同时完成单项或者多项工作,包括剪切、冲孔、模剪成型。

《联合冲剪机安全要求》对安全防护装置、工作危险区域的防护等提出了具体的要求。

(一)安全防护装置的类型

《联合冲剪机安全要求》规定的主要安全防护装置有以下几种形式:第一,固定式防护装置;第二,联锁式防护装置;第三,可调式防护装置(适应工作需要,可以调节开口尺寸);第四,可调式限制装置;第五,光电保护装置;第六,感应式安全装置。

(二)安全防护装置的技术要求

(1)能阻止手(手指)从防护装置的周围或者穿过该防护装置进入到工作危险区。

(2)安全防护装置不应与运动部件产生挤压、触碰现象。

(3)安全防护装置不应妨碍观察、操作和维修。

(4)安全防护装置的安装应正确、牢固,其与送料台之间许可的安全开口与危险区距离应符合相关规定。

(5)采用网状结构的安全防护装置,应使操作者不能通过网孔进入到危险区,网孔尺寸应小于 16mm×16mm。

(6)采用栅栏结构的安全防护装置,操作者不能通过网孔进入到工作危险区,栅栏间距不应超过 32mm。

(7)可调节护栏的设计在自由悬挂时的最大无限制进口为 6mm,当材料厚度超过 6mm时,限制进口要求护栏可动部分运动抬起,可动部分应借助于自身的重力与伸进的材料接触,使得手指因无间隙而不能伸进;固定部分应不易为操作者拆卸。

(8)可调节限制装置应阻止操作者的手、手指进入到操作区,当可调节限制装置不能完全防止进入到操作区时,应运用警告符号,警示不准将手、手指伸入该区域和使用手动工具。

第五章 焊接和切割安全

第一节 焊接和切割作业的危险和有害因素

焊接和切割是现代工业生产中的重要加工工艺,被广泛应用于机械、船舶、航空航天等工业领域。在焊接和切割作业过程中,存在着许多危险因素,诸如火灾爆炸、触电、烫伤、急性中毒,以及烟尘等危害因素。这些危险和有害因素不仅危害作业人员的安全与健康,而且还会使企业财产遭受严重损失。因此,必须注重焊接与切割作业中的安全,加强焊接与切割作业的安全和职业健康防护,防止意外事故的发生。

一、焊接和切割的原理

焊接是通过适当的物理化学方法,使两个分离的固体(金属或非金属)产生原子间的结合力,从而实现连接的一种工艺方法。

在焊接过程中,必须对需要结合的地方通过加热使之熔化,或者通过加压(或者先加热到塑性状态后再加压),使之造成原子或分子间的结合与扩散,从而达到不可拆卸的连接。换句话说,焊接是通过加热或加压,或者两者并用,采用或不采用填充材料,使工件达到原子间结合的一种加工方法。

切割是焊接生产备料工序的重要加工方法,包括冷、热切割两类。冷切割是在常温下利用机械方法使材料分离,如剪切、锯切等;热切割是利用热能使材料分离,现代焊接生产中钢材的切割主要采用热切割,本章所针对的主要是热切割安全技术。

二、焊接和切割的分类

(一)焊接的分类

根据母材是否熔化或加压,人们将焊接方法分成熔焊、压力焊和钎焊三大类。还可以根据加热方式、工艺特点或其他特征进行下一层次的分类。

1.熔化焊

利用一定的热源,使构件的待连接部位局部熔化成液体,然后再冷却结晶成为一体的方法称为熔焊。常见的熔焊方法有:焊条电弧焊、埋弧焊、电渣焊、惰性气体保护焊、等离子弧焊、电子束焊等。

2.压力焊

利用摩擦、扩散和加压等物理作用,克服两个连接表面的不平度,除去氧化膜及其他污染物,使两个连接表面上的原子相互接近到晶格距离,从而在固态条件下实现连接的方法。常见的压力焊方法有:电阻焊、扩散焊、超声波焊、冷压焊、摩擦焊等。

3.钎焊

采用熔点比母材低的材料做钎料,将焊件和钎料加热至高于钎料熔点,但低于母材熔点的温度,利用毛细作用使液态钎料充满接头间隙,熔化钎料润湿母材表面,冷却后结晶形成冶金结合。常见的钎焊方法有:火焰钎焊、感应钎焊、炉中钎焊、盐浴钎焊、电子束焊等。

(二)切割方法和分类

现代工程材料的切割有很多种方法,大致可归纳为冷切割和热切割两大类。冷切割是在常温下利用机械方法使材料分离,目前使用较多的冷切割有剪切、锯切、铣切和水射流切割等;热切割是利用热能使材料分离,现代焊接生产中钢材的切割主要采用热切割,按照热切割过程中加热方法的不同可分为火焰切割、电弧切割。

1.火焰切割

按加热气源的不同,分为以下几种:

(1)氧乙炔切割

利用氧气和乙炔预热火焰使金属在纯氧气流中剧烈燃烧,生成熔渣和放出大量热量的原理而进行的切割。

(2)液化石油气切割

液化石油气切割的原理与氧乙炔切割相同,不同的是液化石油气的燃烧特性与乙炔气不同,所使用的割炬有所不同。

(3)氢氧源切割

利用水电解氢氧发生器,用直流电将水电解成氢气和氧气,利用其燃烧火焰加热,温度可达 $2800\sim3000℃$。

(4)氧熔剂切割

氧熔剂切割是在切割氧流中加入纯铁粉或其他熔剂,利用它们的燃烧热和废渣作用实现切割的方法。

2.电弧切割

电弧切割按生成电弧的不同可分为：

（1）等离子弧切割

等离子弧切割是利用高温高速的等离子射流,将待切割金属部分熔化并随即吹除、形成狭窄的切口而完成切割的方法。

（2）碳弧气割

碳弧气割是使用碳棒与工件之间产生的电弧将金属熔化,并用压缩空气将其吹除,实现切割的方法。

三、焊接和切割所用能源

（一）电能

电能可以转变成实现焊接和切割的电弧热、电阻热、辐射热、感应热和电子束等,是应用最广泛的焊接和切割能源。

（二）化学能

化学能是通过两种或两种以上物质发生化学反应而放出的能量。如气焊、气割、铝热焊、爆炸焊、氧熔剂切割等。

（三）光能

可用作焊接切割能源的光能主要有激光、红外光等,激光焊、激光切割和钎焊均是采用光能作为其能源。

（四）机械能

锻焊、摩擦焊、冷压焊及扩散焊等利用机械能进行焊接,通过顶压、锻击、摩擦等手段,使工件的结合部位发生塑性流变,破坏结合面上的金属氧化膜,并在外力作用下将氧化物挤出,实现金属之间的连接。此外如剪切、锯切、铣切等冷切割利用的也是机械能。

（五）超声波能

超声波是由电能通过转换器转换而来的,在静压力及超声波的作用下,使两金属间以超声频率进行摩擦,消除金属接触面的表面氧化膜,并使连接表面发生塑性变形,摩擦作用还使接触面上产生一定的热量。在外压力及热量作用下,工件在固态下实现连接。

此外,有些切割方法兼用两种能源,如电弧——氧切割法,既利用电弧热,又利用氧化反应热。氧做辅助气体的激光切割,既利用了光能,也利用化学反应热。

四、焊接和切割作业中的危险和有害因素

由于焊接与切割的常用能源是电能和化学能,所以作业过程中经常与电气设备、易燃易爆气体、压力容器等接触,易于发生事故,常见的危险因素有火灾爆炸、灼烫、触电、高处坠落、中毒窒息、机械伤害等,有害因素主要是作业中产生的电焊烟尘、电弧光辐射、毒害性气体、高频电磁辐射、噪声和热辐射等。这些危险和有害因素危害作业人员的安全与健康,使企业财产遭受严重损失,影响生产的顺利进行。

（一）火灾与爆炸

在焊割作业中,常使用乙炔和液化石油气,它们均具有燃爆特性;一些焊割设备属于压力容器,如乙炔气瓶、液化石油气瓶和氧气瓶等,这些设备、气瓶的安全装置存在缺陷或由于操作人员违反操作规程容易引起火灾爆炸事故。在焊割作业中会产生炽热的火花,作业地点属于散发火花地点,这可能成为火灾事故的引火源。

（二）灼烫

焊接与热切割作业过程中,在焊接火焰、电弧高温、切割氧射流等的作用下,会使熔渣和火花飞溅,若焊工没有穿戴好个人防护用品,很容易造成灼烫。

（三）触电

电焊机通常使用 220V 或者 380V 交流电,焊弧电源的空载电压一般在 60V 以上,已经超过了安全电压限值;电焊设备和电缆由于超载运行,或日晒、雨淋、腐蚀性蒸气或粉尘的环境下,绝缘材料易老化而使绝缘性能降低或失效,容易发生触电事故。

（四）高处坠落

设备的安装和检修经常需要登高进行焊接与切割作业,当从事登高焊割作业时,若违反高处作业安全操作规程或没有穿戴好个人防护用品等,存在高处坠落的危险。

（五）中毒和窒息

在焊割作业时会产生毒害性气体和金属烟尘,特别是在受限空间或是通风不良的车间、

锅炉、半封闭容器、船舱等作业场所,由于毒害性气体和金属烟尘的浓度较高,容易引起中毒和窒息事故。

(六)机械伤害

在焊割过程中,常需要移动和翻转笨重的焊件与切割件,或者躺卧在金属结构、机器设备下面进行仰焊操作,或者在虽已停止运转但尚未切断电源的机器里面进行焊接,容易导致压、挤、砸等机械伤害事故。

(七)有害因素和职业危害

焊割过程中产生的有害因素,可分为物理性与化学性有害因素两大类。其中,物理性有害因素有电焊弧光、高频电磁辐射、热辐射、噪声及放射线等;化学性有害因素主要是焊接烟尘和有害气体。

1.焊接烟尘

在焊接过程中要产生烟和粉尘。被焊材料和焊接材料熔融时产生的蒸气在空气中迅速氧化和冷凝,从而形成金属及其化合物的微粒。直径小于 $0.1\mu m$ 的微粒称为烟,直径在 $0.1 \sim 10\mu m$ 之间的微粒称为粉尘。这些微粒飘浮在空气中就形成了烟尘。焊接烟尘的主要成分与焊接材料和焊条的型号有关,主要是氧化铁、二氧化硅、硅酸盐、锰、铁、铬及其氧化物。焊工长期接触焊接烟尘,特别是在通风不良且防护不当条件下,可引起职业危害,主要有焊工尘肺、锰中毒和焊工金属烟热。

2.有毒气体

焊接过程中产生的有害气体主要是臭氧、氮氧化物、一氧化碳和氟化氢等。长期接触高浓度的焊接废气对呼吸系统危害很大。其中,一氧化碳是一种毒性气体,它对人体的毒性作用是使氧在体内的运输或组织利用氧的功能发生障碍,表现出缺氧的一系列症状和体征。

3.电焊弧光

电焊弧光是电弧区的阳离子与电子复合时放出的强烈紫外线、红外线和可见光,其中,对人体危害最大的是紫外线和红外线。电弧光辐射所发出的紫外线能强烈地刺激和损害眼睛、皮肤,造成电光性眼炎、电光性皮炎。电弧光辐射发出的红外线热辐射,会使眼球晶体混浊,严重的可导致白内障。

4.高频电磁辐射

非熔化极电弧焊接和切割(包括钨极惰性气体保护焊、等离子弧焊、等离子弧切割等)中,在引弧时用到高频振荡电流,在工作区产生高频电磁场。人体长时间受高频电磁场的作用,会导致神经系统紊乱、神经衰弱等疾病。

5.噪声

在焊割过程中产生的噪声较大,如等离子弧焊接的噪声可高达100dB(A)以上,人员会受到噪声危害。长期连续的噪声可引起听力损伤,使听觉变得迟钝、敏感度降低等。

6.热辐射

焊接电弧和气焊热切割火焰均为高温热源,会产生很强的热辐射,会对人体造成一定的危害。

7.放射性物质

在钨极惰性气体保护焊、等离子弧焊接与热切割中使用的钍钨极、铈钨极都存在放射性,虽然放射剂量不足以对人体造成危害,但是若长时间使用或接触破损的皮肤,会对人体生理机能造成一定的危害。

第二节　电焊安全

电焊是将电能转变为热能来进行焊接,相对于气焊来说,它的主要特点是不使用可燃气体,可以大大提高焊接的安全性,而且便于实现气体保护和焊接机械化及自动化。电焊主要包括有电弧焊、电阻焊、电子束焊等。

作为利用电弧热对金属进行切割和刨削的碳弧气刨法,是焊接结构生产时广泛采用的切割方法,在碳弧气刨操作过程中存在着烟尘、有害气体、噪声等多种危害,因此,本节将碳弧气刨与焊条电弧焊的安全技术一起进行介绍。

一、焊条电弧焊与碳弧气刨安全

(一)焊条电弧焊安全

焊条电弧焊是用手工操作焊条进行焊接的电弧焊方法。焊条电弧焊具有操作灵活、设备简单、适应性强的优点,迄今应用仍很广泛,因此也应作为焊接劳动卫生工作的一个重点。由于焊条电弧焊利用的能源是电,焊接过程中产生高温和弧光,焊条药皮在高温下产生气体和烟尘,因此,在焊条电弧焊作业过程中存在着触电、烟尘、有害气体、弧光、灼烫、火灾和爆炸危险有害因素。

1.焊条电弧焊机

根据所用电源的种类,焊条电焊机分为交流弧焊机和直流弧焊机,而直流弧焊机又分为整流式直流弧焊机(包括逆变弧焊电源)和旋转式直流弧焊机。

（1）对焊条电弧焊机的一般安全要求

①所有使用的电焊机必须符合焊机标准规定的安全要求。

②焊条电弧焊机应装设焊机自动断电装置，避免焊机的空载电压高于焊机标准规定的限值，防止发生触电事故。即当焊接引弧时电源开关自动闭合，停止焊接和更换焊条时，电源开关自动断开。

③电焊机的工作环境应与焊机技术说明书上的规定相符。在特殊环境条件下（如室外的雨雪中；温度、湿度、气压超出正常范围或具有腐蚀、爆炸危险的环境），应使用适合特殊环境条件性能的电焊机，或者采取防护措施以保证其正常的工作性能。

④应防止电焊机受到碰撞或剧烈振动，特别是整流式电焊机。室外使用的电焊机必须有防雨雪的防护设施。为防止触电，电焊机外露的带电部分应设有完好的防护装置，电焊裸露的接线柱必须设有防护罩。

⑤电焊机应装设独立的专用电源开关，其容量应符合要求。当焊机超负荷时，应能自动切断电源。禁止多台焊机共用一个电源开关。电源控制装置应装在电焊机附近人手便于操作的地方，周围留有安全通道。采用启动器启动的电焊机，必须先合上电源，再启动电焊机。焊机的一次电源线不宜超过 2~3m，当有临时任务需要较长的电源线时，应采取间隔安全措施，即应离地面 2.5m 以上，沿墙或用立柱/瓷瓶隔离布设。严禁将电源线拖在工作现场地面上。

⑥使用插头插座连接的焊机，插销孔的接线端应用绝缘板隔离，并装在绝缘板平面内。

⑦禁止连接建筑物金属构架和设备等作为焊接电源回路。

⑧电焊机的电源输入线及二次输出线的接线柱必须要有完好的隔离防护罩等，且接线柱应牢固不松动。

（2）电焊机的接地

各种电焊机的设备或外壳、电气控制箱、焊机组等，都应按《交流电气装置的接地设计规范》的要求接地，以防止触电事故。

所有交流、直流电焊机的外壳，均必须装设保护性接地或接零装置，且焊机的接地装置必须保持连接良好，定期检测接地系统的电气性能。

①电焊机组或集装箱式电焊设备都应装接地装置。专用的焊接工作平台应与接地装置连接。

②弧焊变压器的二次线圈与焊件，不应同时存在接地或接零装置。

③所有电焊设备的接地或接零线，不得串联接入接地体或零线干线。

④焊机的接地装置可以广泛利用自然接地体，但是严禁利用氧气和乙炔管道以及其他可燃易燃物品容器和管道作为自然接地体，防止由于产生电阻热或引弧时冲击电流的作用

而产生火花,引起易燃物品爆炸。

2.焊接电缆

(1)焊接电缆应具备良好的导电能力和绝缘外层。电缆应轻便柔软、能任意弯曲和扭转、便于操作,因此,必须用由多股细铜线组成的软电缆线,其截面应根据焊接需要载流量和长度来选用。

(2)电缆外皮必须完整、绝缘良好、柔软,绝缘电阻不得小于1MΩ,电缆外皮破损时应及时修补好。

(3)焊机和焊钳(枪)连接导线的长度,应根据工作时的具体情况决定,太长会增大电压降,太短则不便于操作,一般宜为20~30m。焊机的电缆应使用整根导线,中间不应有连接接头。当工作需要接长导线时,应使用接头连接器牢固连接,连接处应保持绝缘良好,且接头不要超过两个。

(4)焊接电缆线要横过通道或马路时,必须采用保护套等保护措施,严禁搭在气瓶、乙炔发生器上。

(5)严禁利用厂房的金属结构、轨道、管道、暖气设施或其他金属物搭接起来作为焊接导线电缆使用。

(6)不应将焊接电缆放在电弧附近,或炽热的焊缝金属旁,避免高温烧坏绝缘层。禁止焊接电缆与油脂等易燃物接触。

(7)焊接电缆的绝缘应定期进行检查。

3.电焊钳

(1)电焊钳必须有良好的绝缘性与隔热能力,手柄要有良好的绝缘层。

(2)焊钳的导电部分应采用紫铜材料制成。焊钳与电焊电缆的连接应简便牢靠,接触良好。

(3)焊条在位于水平45°、90°等方向时焊钳应都能夹紧焊条,并保证更换焊条安全方便。

(4)电焊钳应轻便易于操作,质量不超过600g。

(5)焊接过程中,禁止将过热的电焊钳放入水中冷却后继续使用。

(6)禁止使用绝缘损坏或没有绝缘的电焊钳。

4.焊条电弧焊的安全措施及安全操作要点

为了预防电弧焊焊接过程中触电、弧光辐射、火灾爆炸等危害的发生,应做好以下防护措施:

(1)防触电

焊接时,焊工要穿绝缘鞋,带电焊手套。在锅炉、压力容器、管道、狭小潮湿的地沟内焊接时,要有绝缘垫,并有人在外监护。使用手提照明灯时,电压不超过安全电压36V。高空作业时,在接近高压线 5m 或离低压线 2.5m 以内作业,必须停电,并在电闸上挂警告牌,设人监护。电焊设备安装、修理、检查由电工进行,不得擅自拆修或更换保险丝。

（2）防止弧光辐射

焊接时,必须使用自带弧焊护目镜片的面罩,并穿工作服,戴电焊手套。多人焊接作业时,要注意避免相互影响,宜设置弧光防护屏或采取其他措施,避免弧光辐射的交叉影响。

（3）防金属烟尘和有毒气体中毒

为了预防焊接过程中产生的金属烟尘和有毒气体对操作人员造成职业伤害,应根据不同的焊接工艺及场所选择合理的防护用品,根据具体情况采取全面通风换气、局部通风、小型电焊排烟机等通风除尘措施。采取的防尘防毒技术应满足《焊接工艺防尘防毒技术规范》的规定。

（4）预防火灾爆炸事故

在焊接作业点火源 10m 以内、高空作业下方和焊接火星所及范围内,应彻底清除有机物和易燃易爆物品,如有不能撤离的易燃物品,应采取可靠的安全措施。对盛装易燃易爆物品容器补焊前,要将其盛装的易燃易爆物品放尽,并用水、水蒸气或氮气置换,清洗干净,并检测分析爆炸性气体的浓度。

室外 6 级以上大风时,没有采取有效的安全措施时,不能进行露天焊接作业和高空焊接作业。焊接作业现场附近应有消防设施。电焊作业完毕应拉闸,并及时清理现场,彻底清除火种。

（二）碳弧气刨安全

1.碳弧气刨的工作原理及危害特点

碳弧气刨主要用于生产中的清焊根、开坡口、清除焊缝中的缺陷以及铸件的毛边、飞刺、浇铸口和缺陷。碳弧气刨是利用在碳棒与工件之间产生的电弧热将金属熔化,同时用压缩空气将这些熔化金属吹掉,从而在金属上刨削出沟槽的一种热加工工艺。

碳弧气刨系统由电源、气刨枪、碳棒、电缆气管和压缩空气源等组成,如图 5-1 所示。

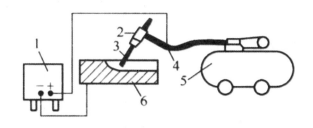

图 5-1   碳弧气刨系统示意图

1—电源;2—气刨枪;3—碳棒;4—电缆气管;5—空气压缩机;6—工件

由碳弧气刨的工作原理可知,压缩空气的作用是将碳极电弧高温加热而熔化的金属吹掉,这样还可以对碳棒电极起冷却作用,以减少碳棒的烧损。正是由于用压缩空气吹除已经熔化的金属和熔渣,使碳弧气刨作业产生粉尘较多。吹渣时会造成大量的熔化金属和烟雾四处喷射,容易发生灼烫事故。操作过程中有强烈的弧光辐射、压缩空气高速喷射产生的噪声。镀铜碳极在作业过程中的烧损,使烟尘中除含有大量氧化铁和其他合金元素的蒸气外,还含有铜的蒸气,以及碳极的黏结剂(沥青),使烟尘的毒性较大。

2.碳弧气刨安全防护措施

在碳弧气刨作业过程中应注意防止烟尘、有害气体、噪声、弧光辐射和电击等危害,除应采取焊条电弧焊作业过程中的安全措施以外,碳弧气刨操作过程中还须特别注意以下几点:

(1)由于使用压缩空气,露天作业时,应尽可能顺风操作,防止吹散的熔渣烧坏操作人员的工作服和灼伤皮肤,并注意场地防火。

(2)碳弧气刨时会产生氧化物、臭氧、一氧化氮和二氧化氮等烟尘和有害气体,必须通过排风系统将其排出,以保证气刨操作者呼吸区内有毒物质的浓度符合要求;特别是在容器或舱室内部操作时,必须加强通风及排烟除尘措施。

(3)碳弧气刨产生的噪声会对操作人员的听力产生伤害,因此,操作人员应在碳弧气刨操作中注意防止噪声危害,如佩戴个人防护用品等。

(4)应选用专用的碳弧气刨的碳棒。

二、气体保护电弧焊安全

气体保护电弧焊是用外加气体作为保护介质的一种电弧焊方法,简称气体保护焊。其优点是电弧和熔池可见性好,操作方便,无须焊后清渣。

根据焊接过程中电极是否熔化,气体保护焊可分为非熔化极气体保护焊(TIG)和熔化极气体保护焊(GMAW)。熔化极气体保护焊包括惰性气体保护焊(MIG)、氧化性混合气体保护焊(MAG)、CO_2气体保护焊、管状焊丝气体保护焊(FCAW)。

(一)气体保护电弧焊的危害特点:

(1)气体保护电弧焊采用保护气体代替焊药和焊剂,所以不像焊条电弧焊那样在电弧周围充满药皮、焊剂和焊材的烟气。但是由于气体保护电弧焊的电流密度大,弧温很高,弧光很强,所以在短波紫外线的高温作用下,可产生较高浓度的有害气体。例如,氩弧焊时产生大量的臭氧和氮氧化物,其浓度分别是焊条电弧焊的 4.4 倍和 7 倍。

(2)气体保护电弧焊的弧光辐射强度高于焊条电弧焊,例如紫外线的相对强度,焊条电弧焊为 0.06,氩弧焊为 1.0。强烈的紫外线会损害焊工的皮肤、眼睛和棉织工作服。

（3）钨极氩弧焊使用钍钨棒时，钍是放射性物质，特别是在棒端磨尖时，灰尘中存在较多放射性粒子，会给操作者带来放射性辐射。

（4）气体保护电弧焊都使用压缩气体钢瓶，在运输、储存、使用时，存在着引起气瓶爆炸的危险性。

（二）气体保护电弧焊设备安全

1.焊接电源安全

（1）熔化极气体保护焊的焊接电源，通常采用直流电流。钨极氩弧焊要求不同的电流种类和极性。铝、镁及其合金一般选用交流，而其他金属焊接均采用直流，通常以直流正接法为主。

（2）为了达到钨极氩弧焊的电子发射能力，钨极氩弧焊使用钍棒作为电极材料，但是由于针是放射性物质，存在放射性危害，因此，从本质安全性考虑应用放射性低的物质代替钍，如铈钨电极，钍钨电极的放射性剂量极低，而且比钍钨棒烧损率下降了 5%~50%，最大许用电流密度增加 5%~8%。

（3）钨极氩弧焊使用交流电源时，通常采用高频振荡器，其输出电压为 2 000~3 000V，频率为 150~260kHz，因此，应做好气体保护电弧焊电源的保护性接地与接零。

2.气瓶安全

（1）运输装卸气瓶时，必须盖好瓶帽，轻装轻卸。

（2）吊装时，严禁使用电磁吸盘和链绳。

（3）夏季运输防晒措施，避免暴晒。

（4）气瓶装车后，应妥善固定。摆放时头部应朝向一方，垛高不得超过车厢高度，且不得超过 5 层。

（5）气瓶使用时不得靠近热源，应距 10m 以上。在室外使用气瓶时，应有防烈日暴晒措施。

（6）气瓶立放时要有防倾倒措施。

（7）每种气瓶要用专用减压器。

（8）气瓶内应留有余气，以防其他气体或杂质混入。

3.安全操作要点

（1）焊接电源使用前应先检查供气、供水系统是否畅通，确认正常后方可进行焊接作业。禁止在漏气、漏水情况下启动电源和运行。

（2）焊枪应放置在工具箱内。使用中的焊枪应有专门的挂置部位，严禁把焊枪放置在工件和地上。

（3）开启气瓶时应缓慢拧开减压器,以防止发生绝热压缩,引起事故。开启瓶阀时,操作者应站在阀口侧面。

（4）作业场所应通风良好,操作地点应装设局部排烟罩。

三、其他电焊安全

（一）等离子弧焊接与切割安全

等离子弧是利用等离子枪将阴极（如钨极）和阳极之间的自由电弧压缩成高温、高电离度、高能量密度及高焰流速度的电弧。等离子弧可用于焊接、喷涂、堆焊及切割,本节只介绍等离子弧焊与切割。根据等离子弧的用途离子枪可分为焊枪及割枪。

1.焊割设备及危害特点

等离子弧焊与钨极氩弧焊一样,按照操作方式,等离子弧焊设备可分为手工焊和自动焊两类:手工焊设备有焊接电源、焊枪、控制电路、气路和水路等部分组成;自动焊设备则由焊接电源、焊枪、焊接小车（或转动夹具）、控制电路、气路及水路等部分组成。

等离子弧焊和切割过程除了触电危险外,等离子弧温度高达万摄氏度以上,由于高温和强烈的弧光辐射作用而产生的臭氧、氮氧化物等有毒气体和金属烟尘的浓度,均比氩弧焊高得多。波长（2 600~2 900）×10^{-10}m 的紫外线辐射相对强度,氩弧焊为 1.0,等离子弧焊和切割为 2.2。有毒气体和紫外线辐射是主要有害因素。等离子弧焰流的速度可达 10 000m/min,产生噪声较大。此外,等离子弧焊在操作过程中,还有高频电磁场、热辐射、放射性等有害因素。

2.等离子弧焊接与切割安全防护措施

（1）防触电

与其他弧焊相比,等离子弧焊接和切割用电源的空载电压较高,尤其是手工操作时,所以,等离子弧焊接与切割较其他电弧焊方法发生电击的可能性也高,应特别注意防电击措施。电源使用时必须可靠接地,焊枪或割枪枪体与手触摸部分必须可靠绝缘。可以采用较低电压引燃非转移弧后再接通较高电压的转移弧回路。如果启动开关装在手把上,必须对外露开关套上绝缘橡胶套管,避免手直接接触开关,等离子弧焊接与切割作业人员应穿戴好个人防护用品。尽可能采用自动操作方法。

（2）防电弧光辐射

等离子弧较其他电弧的光辐射强度更大,尤其是紫外线强度,故对皮肤损伤严重,操作者在焊接或切割时必须戴上面罩、手套,最好加上吸收紫外线的镜片。自动操作时,可在操作者与操作区设置防护屏。等离子弧切割时,可采用水中切割方法,利用水来吸收光辐射。

（3）防灰尘与烟气

等离子弧焊接与切割过程中伴随有大量气化的金属蒸气、臭氧、氮化物等。尤其切割时，由于气体流量大，致使工作场地上的灰尘飞扬，这些烟气与灰尘对操作工人的呼吸道、肺等产生严重影响。切割时，在栅格工作台下方还可以安置排风装置，也可以采取水中切割方法。

（4）防噪声

等离子弧会产生高强度、高频率的噪声，尤其采用大功率等离子弧切割时，其噪声更大，这对操作者的听觉系统和神经系统尤其有害。要求操作者必须戴耳塞。有条件时尽量采用自动化切割，使操作者在隔声良好的操作室内工作，也可以采取水中切割方法，利用水来吸收噪声。

（5）防高频电磁场

等离子弧焊接和切割采用高频振荡器引弧，高频对人体有一定的危害。引弧频率选择在 20Hz～60kHz 较为合适。还要求工件接地可靠，转移弧引燃后，应立即可靠地切断高频振荡器电源。

（二）埋弧焊安全

埋弧焊也是利用电弧作为热源的一种焊接方法，由于在焊接时其电弧被一层可熔化的颗粒状焊剂所覆盖，弧光不外露，肉眼看不到，因而称为埋弧焊。

埋弧焊有自动埋弧焊和半自动埋弧焊两种方式，半自动埋弧焊工人劳动强度大，目前国内已经很少应用。自动埋弧焊设备主要由自动埋弧焊机及焊接夹具、工件变位设备、焊接机头变位设备等辅助设备组成。而自动埋弧焊机又由弧焊电源、送丝机构、行走机构、焊接机头及控制系统组成，根据不同的工作需要，常见的自动埋弧焊机形式有焊车式、悬挂式、车床式、悬臂式和门架式。

触电是埋弧焊的主要危险。焊接过程中焊接电源和电缆的绝缘材料可能受损，以及焊接设备的保护性接地（或接零）不符合安全要求等，都可能造成触电事故。由于电弧是在焊剂层下燃烧，弧光辐射的危害性比焊条电弧焊得以改善，但当焊剂层铺设的厚度不均或操作不当时，仍会引起弧光外露。此外，还存在高温高热引起的灼烫、火灾和爆炸事故等危险性。

埋弧焊的安全防护措施如下：

（1）埋弧自动焊机的小车轮子、导线应绝缘良好，工作过程中应理顺导线，防止扭转及被熔渣烧坏。

（2）控制箱、弧焊电源以及辅助设备的壳体或机体应可靠接地，所有电缆的绝缘必须可靠，其接头必须接触良好且绝缘可靠。

(3)当出现焊缝偏离焊道等问题,需要调整工件及有关辅助设备时,应先切断电源,不得带电作业。

(4)操作人员应穿戴绝缘工作鞋等符合安全要求的防护用品,焊接过程中应注意防止焊剂突然停止供给而发生强烈弧光裸露灼伤眼睛,焊工作业时应戴防护眼镜。

(5)半自动埋弧焊的焊把应有固定放置处,以防短路。

(6)自动埋弧焊焊剂的成分里含有氧化锰等对人体有害的物质,焊接时虽不像焊条电弧焊那样产生大量可见烟雾或烟尘,但会产生一定量的有害气体和蒸气。所以,在工作地点应有局部的抽风或通风换气设备。

（三）电阻焊安全

电阻焊是将被焊工件压紧于两电极之间,并通以电流,利用电流流经工件接触面及邻近区域产生的电阻热将其加热到熔化或塑性状态,使之形成金属结合的一种方法。电阻焊方法主要有四种,即点焊、缝焊、凸焊和对焊,因此,电阻焊设备就分为点焊机、缝焊机、凸焊机和对焊机,有些场合还包括与这些焊接设备配套的控制箱。

电阻焊焊接过程中主要的危险有害因素有触电、压伤、灼伤和中毒等。由于电阻焊焊接电流强度大,绝缘防护容易老化失效,所以,触电是电阻焊的主要危险。点焊和凸焊等操作中,焊接设备的振动可能造成线路连接部位松动。闪光对焊时,火花四射,电阻焊过程中,有熔化金属溢出等,都有可能烧伤人体。因此,应做好以下安全防护措施:

(1)焊机必须可靠接地,检修控制箱中的高压部分必须切断电源,电容放电类焊机如采用高压电容,应装设开门自动断电联锁机构。

(2)为防止压伤事故的发生,脚踏开关必须装设安全防护装置以防焊机的意外启动。

(3)电阻焊工作时常有喷溅产生,尤其是闪光对焊时,火花可持续数秒至十多秒,因此,操作人员应穿防护服、戴防护镜,防止灼伤,在闪光产生区周围宜用黄铜防护罩罩住,以减少火花外溅。焊接时火花可飞溅 9~10m 高,故周围及上方均应无易燃物。

(4)电阻焊焊接镀层板时,会产生有毒的锌、铅烟尘,闪光对焊时有大量金属蒸气产生,因此必须采取通风措施。

第三节　气焊与气割安全

气焊是利用可燃气体与助燃气体混合燃烧后产生的气体火焰来加热并熔化母材和填充焊丝的一种焊接方法。气割是利用可燃气体与氧混合燃烧产生的热量将工件加热到燃点后,通过割炬喷嘴喷出的高压氧气流使金属剧烈燃烧并放出热量,同时将生成的熔渣迅速排除从而形成割缝的方法。

一、气焊与气割基本知识

气焊应用的设备及工具包括氧气瓶、乙炔瓶(或乙炔发生器)、回火防止器、焊炬、减压器及氧气输送管、乙炔输送管、气体汇流排等。气割时应用的设备器具除割炬外均与气焊相同。

(一)氧气瓶

常用的氧气瓶容量多为 40L,瓶内充装压力为 15MPa,瓶外表面涂成天蓝色。

(二)乙炔发生器

乙炔发生器是利用电石和水相互作用以制取乙炔的设备。乙炔发生器按所制取乙炔压力的不同,可分为低压式(乙炔压力在 0.007MPa 以下)和中压式(乙炔压力为 0.007 ~ 0.15MPa)两种,目前我国广泛采用的是排水式中压乙炔发生器。

(三)乙炔气瓶

乙炔瓶体外表面涂成白色,瓶内装有浸满丙酮的填料,充入的乙炔溶解于丙酮并分布在填料细小孔内,从而使乙炔在 1~5MPa 压力下安全地储存和使用。

(四)回火防止器

回火指的是可燃混合气体在焊炬、割炬内发生燃烧,并以很快的燃烧速度向可燃气体导管里蔓延扩散的一种现象,其结果可以引起气焊和气割设备燃烧爆炸。回火防止器是在气焊气割过程中一旦发生回火时能自动截断气源,有效的堵截火焰向气流方向回烧,防止乙炔发生器或溶解乙炔气瓶爆炸的安全装置。

(五)减压器

减压器是将气瓶中的气体压力降到气焊、气割所需工作压力的一种调节装置,它不但能够减小和调节压力,而且能使输出气体的压力保持稳定,不会因气瓶内气体压力的降低而降低。气焊、气割所用的减压器有氧气减压器、乙炔减压器和丙烷减压器等,不能相互混用。

（六）焊炬和割炬

①焊炬：焊炬又称焊枪，是将可燃气体和氧气按一定比例均匀地混合，以一定的速度从焊嘴喷出，形成适合焊接要求和稳定燃烧的火焰；②割炬：割炬的作用是使氧与可燃气体按比例进行混合形成预热火焰，并将高压纯氧喷射到被切割的工件上，使被切割金属在氧射流中燃烧，同时氧射流把燃烧生成的熔渣（氧化物）吹走而形成割缝。

（七）气体汇流排

气体汇流排适用那些消耗大量气体的场所，其作用是将瓶装气体输入汇流排总管，经减压、调节而输送至气焊与气割使用场所。气体汇流排有结构紧凑、管理方便，安全可靠等特点。

二、气焊与气割的危险有害因素

与其他焊接与切割方法相比，气焊与气割的主要危险是火灾与爆炸，因此，防火防爆是气焊和气割的主要任务。

气焊、气割所用的乙炔、液化石油气、氢气等都是易燃易爆气体，这些气瓶和乙炔发生器均属于压力容器。

在气焊火焰的作用下，尤其是气割时氧气射流的喷射，使熔珠、火星和熔渣四处飞溅，容易造成灼烫事故。火星等可飞溅到距操作点 5m 以外的地方，若存易燃易爆物品，容易引燃可燃易爆物品，从而发生火灾与爆炸事故。

气焊与气割的火焰温度高达 3 200℃ 以上，被焊金属在高温作用下蒸发成金属蒸气。在焊补操作中，还会产生其他有毒和有害气体，尤其是在密闭容器、管道内的气焊、气割操作等均会对焊接作业人员造成危害，也有可能造成焊工中毒。

三、气焊与气割常用气瓶安全

气焊和气割常常使用氧气、乙炔和液化石油气 3 种，这些气瓶均属于压力容器，若气瓶有缺陷、安全附件失效、未按操作规程操作均可引发火灾爆炸事故。

（一）气瓶结构

1.氧气瓶

（1）氧气瓶的构造

氧气瓶是储存和运输氧气的专用高压容器。头部装有瓶阀并配有瓶帽,瓶体外部装有两个防振胶圈,瓶体表面为天蓝色。为使氧气瓶平稳直立放置,制造时把瓶底挤压成凹弧面形状。氧气瓶在出厂前都要经过严格检验,并须对瓶体进行水压试验。试验压力应达到工作压力的 1.5 倍,即 22.5MPa。

(2)氧气瓶阀

氧气瓶阀是控制氧气瓶内氧气进出的阀门,国产的氧气阀门构造分为两种:一种是活瓣式;另一种是隔膜式。隔膜式阀门气密性好,但容易损坏,使用寿命短。因此,目前多采用活瓣式阀门。活瓣式瓶阀结构主要有阀体、密封垫圈、手轮、压紧螺母、阀杆、开关片、活门及安全装置等组成。

2.乙炔瓶

(1)乙炔气瓶的构造

乙炔气瓶是储存和运输乙炔气的钢瓶,瓶体表面涂白漆,为使气瓶能平稳直立地放置,在瓶底部装有底座,瓶阀装有瓶帽。为了保证安全使用,在靠近收口处装有易熔塞,一旦气瓶温度达到100℃左右时,易熔塞即熔化,使瓶内气体外逸,起到泄压作用。另外瓶体装有两道防振橡胶圈。

乙炔瓶的容积为 41L,一般乙炔瓶中能溶解 6.3~7kg 乙炔。使用乙炔时应控制排放量,不能任意排放,否则会连同丙酮一起喷出,造成危险。

(2)乙炔瓶阀

乙炔瓶阀是控制乙炔瓶内乙炔进出的阀门,它主要包括阀体、阀杆、密封垫圈、压紧螺母、活门和过滤件等几部分。乙炔阀门没有手轮,活门开启和关闭是靠方孔套筒扳手完成的,当方形套筒扳手按逆时针方向旋转阀杆上端的方形头时,活门向上移动开启阀门,反之则是关闭。乙炔瓶阀体是由低碳钢制成的,阀体下端加工成 $\varphi7.8\times14$ 牙/英寸螺纹的锥形尾,以使旋入瓶体上口。由于乙炔瓶阀的出气口处无螺纹,因此使用减压器时必须带有夹紧装置与瓶阀结合。

3.液化石油气瓶

液化石油气钢瓶主要有 10kg、15kg、50kg 等多种规格,气瓶的公称压力为 1.6MPa。瓶体外表面涂成银灰色。

(二)气瓶运输(含装卸)的安全要求

(1)气瓶必须佩戴好瓶帽(有防护罩的除外),并要拧紧,防止摔断瓶阀造成事故。

(2)瓶内气体相互接触能引起燃烧、爆炸,产生毒气的气瓶,不得同车(厢)运输;易燃、易爆、腐蚀性物品或与瓶内气体起化学反应的物品,不得与气瓶一起运输。

(3)夏季运输应有遮阳设施,适当覆盖,避免曝晒;应避免白天在城市的市区运输。

(4)严禁烟火。运输可燃气体气瓶时,应备有灭火器材。

四、气焊气割工作地点和安全操作要点

(一)工作地点的安全要求

(1)气焊和气割工作地点堆积有可能发生火灾和爆炸危险物质时,应禁止作业。

(2)气焊和气割工作地点必须有防灭火机具。

(3)易燃易爆物料距焊接切割地点 10m 以外。

(4)作业场所要注意加强通风排除有害气体、烟尘,避免发生中毒事故。

(二)安全操作要求

(1)每个减压器只准接一把焊炬或割炬。

(2)气焊与气割操作前应检查氧气管、乙炔管与焊炬或割炬的连接是否漏气,并检查焊嘴或割嘴有无堵塞现象。

(3)在狭窄和通风不良的管道、容器等密闭和半封闭场所进行气焊、气割工作时,应在地面上进行调试焊割炬混合气,禁止在工作地点调试和点火。

(4)对盛装过易燃易爆物、强氧化物,或者是有毒物质的容器、管道、设备进行气焊或气割时,必须经过彻底清洗后才能进行作业。

(5)在封闭容器、罐、桶等处进行气焊气割时,应先打开焊、割工作物的孔、洞,使内部空气流通,以防止发生中毒和窒息事故,必要时应有专人监护。工作完毕后,焊炬、割炬和胶管都应随人进出,禁止放在工作地点。

(6)禁止在带压容器、罐、管道上进行气焊和气割。如要进行焊割工作,应先释放压力,切断气源后才能进行作业。

(7)登高焊接作业应根据作业高度和环境条件划出危险区范围,禁止在作业下方及危险区内存放易燃易爆物品,且在该区域内不能停留人员。

(8)直接在水泥地面上切割金属材料,可能发生爆炸,应有防火花喷溅造成烫伤的安全措施。

(9)露天作业 6 级大风或下雨时,应停止焊割作业。

第四节　焊接与切割的职业卫生防护

焊接与切割过程中会产生大量的有毒气体、烟尘、弧光辐射、高频电磁辐射和噪声等有害因素,长期接触这些有害因素可导致职业病,如焊工尘肺、锰中毒、金属烟热等,因此,做好焊接与切割过程中的职业卫生防护措施是非常必要的。

一、通风除尘

通风除尘是预防焊接烟尘和有毒气体对人体危害的最主要防护措施。

(一)机械通风设施

凡是借助机械的动力迫使空气按照要求方向运动的,称为机械通风。有机械送风与机械排气两种方式。焊接与切割所采用的通风措施为机械排气,机械排气又以局部机械排风应用最广泛,使用效果好、方便、设备费用较少。

焊接切割通风技术措施的设计应符合下列要求:

第一,在车间内施焊时,必须保证将焊接过程中所产生的有害物质及时排出,以保证车间作业地带的空气条件良好、卫生。

第二,已被污染的空气原则上不应排放到车间内。对于密闭容器内施焊时所产生的有害气体,因条件限制只能排放到室内时,须经净化处理。

第三,有害气体、金属氧化物等抽排到室外大气之前,原则上应经净化,否则将对大气造成污染。

第四,设计时要考虑现场及工艺等具体条件,不得影响施焊或破坏环境。

第五,应便于拆卸和安装,满足定期清理与修配的需要。

1.全面通风

全面通风使用在专门的焊接车间或焊接量大、焊机集中的工作地点,可集中安装数台轴流式风机向外排风,使车间内经常更换新鲜空气。全面机械通风排烟主要有上抽排烟、下抽排烟和横向排烟三种方法,其中上抽排烟对作业空间仍有污染,适用于新建车间;下抽排烟对作业空间污染最小,但须考虑采暖问题,适用于新车间;横向排烟对作业空间仍有污染,适用于老厂房改造。由此可以看出全面通风的排烟效果不理想,因此除大型焊接车间外,一般情况下多采用局部通风措施。

2.局部通风

（1）局部送风

局部送风是把新鲜空气或经过净化的空气送入焊接切割工作地带。它用于送风面罩、口罩等,有良好的效果。目前,生产上仍采用电风扇直接吹散电焊烟尘和有毒气体的送风方法,尤其是夏天。这种局部送风方法只是暂时地将焊区的有害物质吹走,仅起到稀释作用,而且可造成整个车间的污染,达不到排气排污的目的。局部送风使焊工和前胸和腹部受电弧热辐射作用,后背受冷风吹袭,容易引发关节炎、腰腿痛等疾病,所以,这种通风方法不应采用。

（2）局部排风

局部排风是效果较好的焊接通风措施。根据生产条件的不同,局部机械排风装置有固定式、移动式和随机式 3 种。

①固定式排烟罩装置

固定式排烟罩有上抽、侧抽和下抽 3 种,固定式排烟罩适用于焊接地点固定、工件较小的情况。设置这种通风装置时,应符合以下要求:使排气途径合理,即有毒气体、粉尘等不经过操作者的呼吸地带,排出口的风速以 1m/s 为宜;风量应该自行调节;排出管的出口高度必须高出作业厂房顶部 1~2m。

②移动式排烟罩

它具有可以根据焊接地点的操作、位置的需要随意移动的特点。因而在密闭船舱和管道内施焊,或在大作业厂房非定点焊时,采用移动式排烟罩具有良好效果。图 5-2 为可移动式排烟罩在容器内施焊时的应用情况。

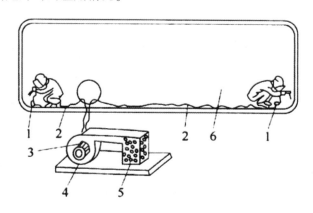

图 5-2　可移动式排烟罩

1—排烟罩;2—软管;3—电动机;4—风机;5—过滤器;6—容器

使用这种装置时,将吸头置于电弧附近,开动风机即能有效地把烟尘和毒气吸走。移动式排烟罩的排烟系统是由小型离心风机、通风软管、过滤器和排烟罩组成。目前,应用较多、效果良好的有净化器固定吸头移动型、风机及吸头移动型和轴流风机烟罩。

净化器固定吸头移动型,如图 5-3 所示。这种排烟罩用于大作业厂房非定点施焊比较适宜。其中的吸风头可随焊接操作地点移动。风机及吸头移动型,可调节吸风头与焊接电弧的距离从而改变抽风效果。

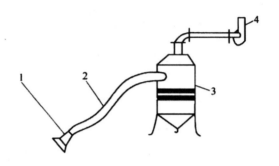

图 5-3　净化器固定吸头移动式排烟系统

1—吸风头;2—软管;3—过滤;4—风机

(二)除尘措施

除尘措施也是消除焊接粉尘、改善劳动条件的有力措施。可以通过在焊接工位等设置吸尘过滤设施来防止粉尘的危害。如电焊排烟除尘机组、手提式小型排烟除尘机组等。

二、弧光伤害防护措施

焊接所产生的弧光,主要包括强烈的可见光、红外线和紫外线,对人体皮肤、眼睛等会产生不同程度的伤害,其防护措施如下:

(1)为了保护焊接场所其他人员的眼睛,一般在小件焊接的固定场所和有条件的焊接工地都要设立不透光的防护屏,如图 5-4 所示,屏底距地面应留有不大于 300mm 的间隙。防护屏可用玻璃纤维布及薄铁板等制作,防护屏应涂刷灰色或黑色等无光漆。

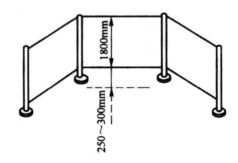

图 5-4　电焊防护屏示意图

（2）采用不反光而能吸光线的材料来做室内墙壁饰面。

（3）在工艺上采取措施。针对弧光强烈的等离子弧焊接等，采取密闭的独立工作间，并安装排风设施，这样既可以防止强烈的弧光的伤害，也可以排除有害气体和烟尘。

（4）加强个人防护，焊接时要穿防护服，戴焊接手套、配有特殊护目玻璃的面罩或专用手持式面罩；严禁在近处直接观看弧光，不得任意更换滤光镜片的色号。

三、热辐射防护措施

电弧是高温强辐射热源。焊接电弧可产生 3 000℃以上的高温，手工焊接时电弧总热量的 20%散发在周围空间。电弧产生的强光和红外线还对焊工造成强烈热辐射。红外线虽不能直接加热空气，但在被物体吸收后，辐射能转变为热能，使物体成为二次辐射热源。因此，焊接电弧是高温强辐射热源。

焊接工作场所加强通风设施（机械通风或自然通风）是防暑降温的重要技术措施，尤其是在锅炉、容器等狭小的空间进行焊割时，应向这些空间送风和排烟。

在夏天炎热季节，为补充人体内的水分，给焊工供给一定量的含盐清凉饮料，也是防暑的保健措施。

四、焊接噪声防护措施

（1）在保证工艺要求的条件下，应选择低噪声的工艺参数。

（2）采用与焊枪喷出口部位配套的小型消声器。

（3）作业人员佩戴隔声耳罩或耳塞等个人防护用品。

（4）在焊接车间屋顶结构或设备上采用吸声或隔声材料。采用密闭罩施焊时，可在屏蔽上衬以石棉等消声材料。

（5）远离噪声源，如采用人在远距离进行遥控操作的自动化系统。

五、个人防护措施

焊接与切割过程中操作人员应佩戴好符合要求的个人防护用品，如焊接护目镜、防护面罩、防护工作服、手套、工作鞋，登高作业要系好安全带，做好防护措施。

（1）焊接护目镜、眼罩和面罩。焊接护目镜、眼罩和面罩主要是用来防止焊接弧光对人眼的伤害和火花烫伤。焊接护目镜和面罩应符合《职业眼面部防护焊接防护第 1 部分：焊接防护具》所规定的性能和技术要求。

防护面罩分为手持式、头戴式和安全帽与面罩组合式。焊接防护面罩必须选用耐高低温、耐腐蚀、耐潮湿、阻燃，并具有一定强度的不透光材料制作。

（2）防护工作服。焊接防护服用来防护作业人员遭受熔融金属飞溅及其热伤害，常用白色帆布工作服或铝膜防护服。

（3）电焊手套和工作鞋。电焊手套宜采用牛绒面革或猪绒面革制作，以保证绝缘性能好和耐热不易燃烧。工作鞋为具有耐热、不易燃、耐磨和防滑性能的绝缘鞋，现在一般采用胶底翻毛皮鞋。

（4）防尘口罩。当采用通风除尘措施不能使烟尘浓度降到规范要求的标准以下时，应佩戴防尘口罩。

（5）安全带。焊工登高或在可能发生坠落的 2m 以上高处的场所进行焊接、切割作业时应系安全带。安全带应符合国家关于安全带的规范要求。

第六章 土石方施工机械

第一节 土石方机械

在工程建设中,对土石方或其他材料进行切削、挖掘、铲运、回填、平整及压实等施工作业的机械设备称为土石方施工机械。

在工程建设施工中,土石方工程是最基本,也是工程量大、施工周期长、施工条件复杂的分部分项工程。土石方工程所应用的机械设备,具有功率大、机型大、机动性大和类型复杂等特点。根据其在施工中的用途和功能不同,可将土石方机械分为推土机械、铲运机械、挖掘机械、装载机械、平地机械等。

目前,土石方工程施工的大部分工序都可使用土石方施工机械来完成。它不但可以节省劳动力,降低劳动强度,而且施工质量好,作业效率高,工程造价低,经济效益好,深受广大施工企业和工程业主的欢迎。

一、推土机

(一)推土机的用途

在工程建设中,推土机是处理土石方工程的主要机械之一,主要用于推运土石方、开挖基坑、平整场地、堆集散料、填沟压实等作业。它是一种结构简单、操作灵活、生产效率较高的土石方机械,被广泛应用于建筑、市政、水利、铁路、公路和矿山等工程施工中。

1.推土机的分类

(1)按行走机构分类

按行走机构可分为履带式和轮胎式两类。

①履带式推土机附着牵引力大、接地比压低、爬坡能力强,但行驶速度慢。

②轮胎式推土机行驶速度高,机动灵活,作业循环时间短,运输转移方便,但牵引力小。

（2）按传动方式分类

按传动方式可分为机械传动、液力机械传动、全液压传动和电气传动等。

①机械传动,具有制造简单、传动效率高、维修方便等特点,但牵引力不能随外阻力自动变化,换挡频繁,操作笨重,动载荷大,发动机容易熄火,作业效率低。

②液力机械传动,是将主离合器变为液力变矩器、机械变速器变为动力换挡变速器,车速和牵引力可随外阻力变化而自动变化,改善了牵引性能,具有操纵轻便、可不停车换挡、作业效率高等特点,但传动效率低,制造成本高,维修较困难。

③全液压传动,除工作装置采用液压操纵外,行走机构驱动也采用液压马达,具有燃油消耗低、作业效率高、操纵灵活、可原地转向、机动性强、结构紧凑、载荷分配合理、动载荷小等特点。

④电气传动,采用电动机驱动,具有结构简单、工作可靠、不污染环境、作业效率高等特点,但受电力和电缆的限制,电气传动式推土机的使用范围受到很大的限制,一般用于露天矿山开采或井下作业。

（3）按用途分类

按用途可分为普通型和专用型两类。其中,专用型推土机有浮体推土机、水陆两用推土机、深水推土机、湿地推土机、爆破推土机、低噪声推土机等。

（4）按推土机工作装置分类

按推土机工作装置可分为直铲式和角铲式。

①直铲式

铲刀与底盘的纵向轴线构成直角,铲刀切削角可调。因坚固性和制造的经济性,在大型和小型推土机上采用较多。

②角铲式

铲刀除了能调节切削角度外,还可在水平方向上回转一定角度（一般为±25°）,可实现侧向卸土,应用范围广。

（5）按功率等级分类

按功率等级可分为超轻型推土机（功率在 30kW 以下）、轻型推土机（功率在 30～70kW）、中型推土机（功率在 74～220kW）、大型推土机（功率在 220～520kW）、特大型推土机（功率在 520kW 以上）。

2.推土机的基本构造

推土机一般由基础车、推土装置及操纵机构三大部分组成。

（1）基础车通常是由履带式拖拉机改进或特制的轮胎式底盘制作而成。

（2）推土装置是基础车前端的一种可拆换的悬挂装置,通常由铲刀、推杆和相应的支撑三部分组成。

（3）操纵机构是用来控制铲刀的升降运动和推土机前进后退或转弯等动作的装置。

（二）推土机的安全使用要点

（1）推土机在坚硬土壤或多石土壤地带作业时，应先进行爆破或用松土器翻松。在沼泽地带作业时，应更换湿地专用湿地履带板。

（2）不得用推土机推石灰、烟灰等粉尘物料，不得进行碾碎石块的作业。

（3）牵引其他机构设备时，应有专人负责指挥。钢丝绳的连接应牢固可靠。在坡道或长距离牵引时，应采用牵引杆连接。

（4）作业前应重点检查下列项目，并应符合下列要求：

①各部件不得松动，应连接良好；

②燃油、润滑油、液压油等应符合规定；

③各系统管路不得有裂纹或泄漏；

④各操纵杆和制动踏板的行程、履带的松紧度或轮胎气压应符合要求。

（5）启动前，应将主离合器分离，各操纵杆放在空挡位置，不得用拖、顶方式启动。

（6）启动后，应检查各仪表指示值，液压系统应工作有效；当运转正常、水温达到55℃、机油温度达到45℃时，方可全载荷作业。

（7）推土机机械四周不得有障碍物，并确认安全后开动，工作时不得有人站在履带或刀片的支架上。

（8）采用主离合器传动的推土机接合应平稳，起步不得过猛，不得使离合器处于半接合状态下运转；液力传动的推土机，应先解除变速杆的锁紧状态，踏下减速器踏板，变速杆应在低挡位，然后缓慢释放减速踏板。

（9）在块石路面行驶时，应将履带张紧。当需要原地旋转或急转弯时，应采用低速挡。当行走机构夹入块石时，应采用正、反向往复行驶使块石排除。

（10）在浅水地带行驶或作业时，应查明水深，冷却风扇叶不得接触水面。下水前和出水后，应对行走装置加注润滑脂。

（11）推土机上、下坡或超过障碍物时应采用低速挡。推土机上坡坡度不得超过25°，下坡坡度不得大于35°，横向坡度不得大于10°。在25°以上陡坡上不得横向行驶，并不得急转弯。上坡时不得换挡，下坡时不得空挡滑行。当需要在陡坡上推土时，应先进行填挖，使机身保持平衡。

（12）在上坡途中，当内燃机突然熄灭时，应立即放下铲刀，并锁住制动踏板。在推土机停稳后，将主离合器脱开，把变速杆放到空挡位置，并应用木块将履带或轮胎揳死后，重新启动内燃机。

（13）下坡时,当推土机下行速度大于内燃机传动速度时,转向操纵的方向应与平地行走时操纵的方向相反,并不得使用制动器。

（14）填沟作业驶近边坡时,铲刀不得越出边缘。后退时,应先换挡,后提升铲刀进行倒车。

（15）在深沟、基坑或陡坡地区作业时,应有专人指挥,垂直边坡高度应小于2m。当大于2m时,应放出安全边坡,同时禁止用推土刀侧面推土。

（16）推土或松土作业时,不得超载,各项操作应缓慢平稳,不得损坏铲刀、推土架、松土器等装置;无液力变矩器装置的推土机,在作业中有超载趋势时,应稍微提升刀片或变换低速挡。

（17）不得顶推与地基基础连接的钢筋混凝土桩等建筑物。顶推树木等物体不得倒向推土机及高空架设物。

（18）两台以上推土机在同一地区作业时,前后距离应大于8.0m,左右距离应大于1.5m。在狭窄道路上行驶时,未经前机同意,后机不得超越。

（19）作业完毕后,宜将推土机开到平坦安全的地方落下铲刀,有松土器的,应将松土器爪落下。在坡道上停机时,应将变速杆挂低速挡,接合主离合器,锁住制动踏板,并将履带或轮胎揳住。

（20）停机时,应先降低内燃机转速,变速杆放在空挡,锁紧液力传动的变速杆,分开主离合器,踏下制动踏板并锁紧,待水温降到75℃以下、油温度降到90℃以下后,方可熄火。

（21）推土机长途转移工地时,应采用平板拖车装运。短途行走转移距离不宜超过10km,铲刀距地面宜为400mm,不得用高速挡行驶和进行急转弯,不得长距离倒退行驶。在行走过程中应经常检查润滑行走装置。

（22）在推土机下面检修时,内燃机必须熄火,铲刀应放下或垫稳。

二、铲运机

（一）铲运机的用途

铲运机是一种多功能的机械,它利用装在前后轮之间的铲斗能独立地完成铲、装、运、卸各工序,同时还兼有一定的压实和平地功能,因而具有较高的技术经济指标。它广泛地应用于各种建筑、市政、公路、铁路、矿山、农田、水利、机场、港口、工业厂房等工程的土石方填挖及场地平整中。

铲运机适用于在Ⅳ级以下的土壤工作,要求作业地区的土壤不含树根、大石块和过多的杂草。用于Ⅳ级以上的冻土或土壤时,必须事先预松土壤。链板装载式铲运机适用范围较大,除可装普通土壤外,还可铲装砂、砂砾石和小石渣等物料。

铲运机的经济运距与行驶道路、地面条件、坡度等有关。一般拖式铲运机(用履带式机械牵引)的经济运距在500m以内,而轮胎自行式铲运机的经济运距则为800~1 500m。

在工业发达国家中,土石方工程有一半的土石方量是由铲运机来完成的。因此,铲运机是土石方工程中应用最广泛的重要机种之一。

1.铲运机的分类

(1)按铲斗容积大小,铲运机可分为小型、中型、大型和特大型。

(2)按牵引车与铲运斗的组装方式可分为自行式和拖式等。

①自行式铲运机,其行驶速度快,工作率高,适用于200~300m的运距。

②拖式铲运机,其铲运斗由单独的牵引车拖挂进行工作。

(3)按牵引车行走装置形式,可分为履带式和轮胎式两类。

(4)按传动形式,可分为机械式、液力机械式、柴油-电力驱动式等。

(5)按发动机台数,可分为单发动机式、双发动机式、多发动机式等。

(6)按装载方式,可分为普通式和链板式两类。

①普通式。铲斗前部有斗门,在行进中,靠牵引力把刀片切割下来的土屑从斗门与刀片间的缝隙中挤出铲斗,装斗阻力较大。

②链板式。刀片切下来的土屑由链板升运机构装入铲斗,装土阻力比普通式铲运机约降低60%,能自装,不须助铲,用于1 000m运距内、行驶阻力较小的工程中,经济效益较高。

(7)按卸载方式可分为自由式、强制式和半强制式等。

①自由式。卸载时,将铲斗倾斜,土壤靠自重倒出,适用于小型铲运机。

②强制式。用可移的铲斗后壁将内土壤强制推出,卸载干净彻底,用得最多。

③半强制式。铲斗后壁与斗底为一整体,卸载时绕前边铰点向前旋转,将土倒出。

2.铲运机的基本构造

以自行式铲运机为例,铲运机通常由基础车与铲运斗共同组成。基础车为铲运机的动力牵引装置,由发动机、传动机系统、转向系统、车架和行走系统等部分组成。铲运斗是铲运机的主体。自行式铲运机铲斗容量和机型尺寸一般都较大,不宜自由卸土,故设计成强制卸土的形式。液压操纵的自行式铲运机,其铲运斗的升降、斗门的开启与关闭以及强制式卸土板的移动,都有各自的操纵油缸控制,这些操纵油缸分别安装在铲运机的前、后部及两侧。作业中为能有效制动,自行式铲运机还安装有制动四个车轮液(气)压制动系统。自行铲运机动力装置要求功率较大,常使用大型柴油机并将其安装在基础车的前部,用来驱动整机和铲运机各液压工作系统的油泵。

(二)铲运机的安全使用要点

1.自行式铲运机安全使用要点

(1)自行式铲运机的行驶道路应平整坚实,单行道宽度不宜小于5.5m。

(2)多台铲运机联合作业时,前后距离不得小于20m,左右距离不得小于2m。

(3)作业前,应检查铲运机的转向和制动系统,并确认灵敏可靠。

(4)铲土或在利用推土机助铲时,应随时微调转向盘,铲运机应始终保持直线前进。不得在转弯情况下铲土。

(5)下坡时,不得空挡滑行,应踩下制动踏板辅助内燃机制动,必要时可放下铲斗,以降低下滑速度。

(6)转弯时,应采用较大回转半径低速转向,操纵转向盘不得过猛;当重载行驶或在弯道上、下坡时,应缓慢转向。

(7)不得在大于15°的横坡上行驶,也不得在横坡上铲土。

(8)沿沟边或填方边坡作业时,轮胎离路肩不得小于0.7m,并应放低铲斗,降速缓行。

(9)在坡道上不得进行检修作业。遇在坡道上熄火时,应立即制动,下降铲斗,把变速杆放在空挡位置,然后方可启动内燃机。

(10)穿越泥泞或软地面时,铲运机应直线行驶,当一侧轮胎打滑时,可踏下差速器锁止踏板。当离开不良地面时,应停止使用差速器锁止踏板。不得在差速器锁止时转弯。

(11)夜间作业时,前后照明应齐全完好,前大灯应能照至30m;当对方来车时,应在100m以外将大灯光改为小灯光,并低速靠边行驶。非作业行驶时,铲斗应用锁紧链条挂牢在运输行驶位置上。

2.拖式铲运机的使用要点

(1)拖式铲运机牵引其他设备时,应有专人负责指挥。钢丝绳的连接应牢固可靠。在坡道上或长距离牵引时,应采用牵引杆连接。

(2)铲运机作业时,应先采用松土器翻松。铲运作业区内不得有树根、大石块和大量杂草等。

(3)铲运机行驶道路应平整结实,路面宽度应比铲运机宽度大2m。

(4)启动前,应检查钢丝绳、轮胎气压、铲土斗及卸土板回缩弹簧、拖把万向接头、撑架以及各部滑轮等,并确认处于正常工作状态;液压式铲运机铲斗与拖拉机连接叉座与牵引连接块应锁定,各液压管路连接应可靠。

(5)开动前,应使铲斗离开地面,机械周围不得有障碍物。

(6)作业中,严禁任何人上下机械、传递物件,以及在铲斗内、拖把或机架上坐立。

（7）多台铲运机联合作业时,各机之间前后距离应大于10m(铲土时应大于5m),左右距离应大于2m。行驶中,应遵守下坡让上坡、空载让重载、支线让干线的原则。

（8）在狭窄地段运行时,未经前机同意,后机不得超越。两机交会或超越平行时应减速,两机间距不得小于0.5m。

（9）铲运机上、下坡道时,应低速行驶,不得中途换挡,下坡时不得空挡滑行,行驶的横向坡度不得超过6°,坡宽应大于铲运机宽度2m。

（10）在新填筑的土堤上作业时,离堤坡边缘应大于1m。需要在斜坡横向作业时,应先将斜坡挖填平整,使机身保持平衡。

（11）在坡道上不得进行检修作业。在陡坡上不得转弯、倒车或停车。在坡上熄火时,应将铲斗落地、制动牢靠后再启动。下陡坡时,应将铲斗触地行驶,辅助制动。

（12）铲土时,铲土与机身应保持直线行驶。助铲时应有助铲装置,并应正确开启斗门,不得切土过深。两机动作应协调配合,平稳接触,等速助铲。

（13）在下陡坡铲土时,铲斗装满后,在铲斗后轮未达到缓坡地段前,不得将铲斗提离地面,应防铲斗快速下滑冲击主机。

（14）在不平地段行驶时,应放低铲斗,不得将铲斗提升到高位。

（15）拖拉陷车时,应有专人指挥,前后操作人员应协调,确认安全后起步。

（16）作业后,应将铲运机停放在平坦地面,并应将铲斗落在地面上。液压操纵的铲运机应将液压缸缩回,将操纵杆放在中间位置,进行清洁、润滑后,锁好门窗。

（17）非作业行驶时,铲斗应用锁紧链条挂牢在运输行驶位置上;拖式铲运机不得载人或装载易燃、易爆物品。

（18）修理斗门或在铲斗下检修作业时,必须将铲斗提起后用销子或锁紧链条固定,再用垫木将斗身顶住,并用木楔揳住轮胎。

三、装载机

（一）装载机的用途

装载机是用一个装在专用底盘或拖拉机底盘前端的铲斗,铲装、运输和倾卸散状物料、装抓木材和钢材,并能清理路面、平整场地及牵引作业的一种高效率的土石方工程机械。它被广泛应用于建筑、市政、公路、铁路、料场、矿山、水电、港口等工程中。装载机的作业对象是各种土壤、砂石料、灰料及其他筑路用散粒状物料等。

1.装载机的分类

（1）按行走装置不同分类

①履带式装载机

该机的重心低，稳定性好；接地比压低，通过性能好，在松软的地面运行附着性能好、不打滑；特别适合在潮湿、松软的地面工作。其工作量集中，适用于在不需要经常转移和地形复杂地区作业。如果作业运输距离超过30m，则作业成本有明显增加；转移时又需要平板车拖运，且行走装置修理技术要求高。

②轮胎式装载机

该型装载机具有自重轻、行走速度快、机动性能好、作业循环时间短、工作效率高等优点，且转移工地靠自身运行、不损伤路面、转移迅速，其修理费用也相对较低。

（2）按传动系统不同分类

①机械式传动装载机

其牵引力不能随外载荷的变化而自动变化，只能通过柴油机节气门（俗称油门）和变速器挡位的改变在一定的范围内变化，因此，只在部分履带式装载机上采用。

②液力机械传动装载机

其牵引力和车速变化范围大，随着外阻力的增加，车速可自动下降至零，而牵引力增加至最大。液力机械传动还可减少动荷载，保护机器。因此，无论是轮胎式装载机还是履带式装载机都普遍采用液力机械传动。

③液压传动装载机

它可以充分利用发动机的功率，降低燃油消耗，提高生产率。但车速变化范围窄，致使装载机车速偏低，目前只用于110kW以下的装载机上。

（3）按车架结构形式和转向方向不同分类

①铰接式装载机

这种装载机转弯半径小，机动灵活，可以在狭小的场地作业，作业循环时间短，生产效率高。其轴距一般较长，纵向稳定好，行走时纵向颠簸小。它的前后车架的铰销可以布置在轴重点，使前后轮的转弯半径相同，转向时后轮沿前轮压过的车辙滚动，可减少松软地面的滚动阻力，但铰接式装载机在转向和高速行驶时稳定性差。

②整体车架式装载机

其转向方式有后轮转向、前轮转向、全轮转向和差速转向，前三种属于偏转车轮转向。由于装载机的工作装置在前端，若用前轮转向则布置较困难。满载时前轮负载大，使得转向阻力大。因此，装载机一般不采用前轮转向。有的整体车架式装载机靠两侧车轮的速差来实现转向，称为差速转向，多用于小型全液压驱动装载机上。

（4）按卸料方式不同分类

①前卸式装载机

这种装卸机是前段铲装和卸载，是目前国内外生产的轮式装卸机中采用最多的一种形式。它具有结构简单、安全可靠、视野好、用途广等特点，但卸载时需要调车。

②回转式装载机

它的工作装置可相对于车架转动一定角度。这样，工作时装载机和运输车辆可成任意角度，装载机可以原地不动而靠回转卸料，作业效率高，可在狭窄的场地工作。但其结构复杂，维修费用高，侧向稳定性不好。

③后卸式装载机

这种装载机是前端装料，工作装置及大臂回转180°，到机器后端卸料。作业时装载机不须调车，原地作业就可直接向停在后面的运输车辆卸载，作业效率高。

（5）按铲斗额定装载量大小分类

按铲斗额定装载量大小可分为小型装载机、中型装载机、大型装载机、特大型装载机。

2.装载机的基本构造

装载机一般由车架、动力传动系统、行走装置、工作装置、转向制动系统、液压系统和操纵系统等组成。柴油机的动力经变矩器传给变速器，再由变速器把动力经传动轴（万向传动）分别传动到驱动桥，从而驱动车轮转动。柴油机动力还经过分动箱驱动油泵工作。工作装置由动力臂、铲斗、杠杆系统、动臂油缸和转斗油缸等组成。动臂一端铰接在车架上，另一端安装了铲斗，动臂的升降由动臂油缸来带动。铲斗的翻转由转斗油缸通过杠杆来实现。车架由前后两个部分组成，中间车架的铰接用铰销链接，依靠转向油缸可使前后车架绕铰销相对转动，以实现转向。

（二）装载机的安全使用要点

1.作业前的准备工作

（1）发动机部分按柴油机操作规程进行检查和准备。机械在发动前，先将变速杆置于空挡位置，各操纵杆置于停车位置，铲斗操作杆置于浮动位置，然后再启动发动机。

（2）作业前，应检查作业场地周围有无障碍物和危险品，并对施工场地进行平整，便于装载机和汽车的出入，作业前，装载机应先无负荷运转3~5min，检查各部件是否完好，确认一切正常后，再开始装载作业。

2.作业与行驶中的安全注意事项

（1）装载机与汽车配合装运作业时，自卸汽车的车厢容积应与装载机铲斗容量相匹配。

（2）装载机作业场地坡度应符合使用说明书的规定。作业区内不得有障碍物及无关人员。

（3）轮胎式装载机作业场地和行驶道路应平坦坚实。在石块场地作业时,应在轮胎上加装保护链条。

（4）作业前应重点检查下列项目,并应符合相应要求:

①照明、信号及警报装置等齐全有效;

②燃油、润滑油、液压油应符合规定;

③各铰链部分应连接可靠;

④液压系统不得有泄漏现象;

⑤轮胎气压应符合规定。

（5）装载机行驶前,应先鸣笛示意,铲斗宜提升离地 0.5m。装载机行驶过程中应测试制动器的可靠性。装载机搭乘人员应符合规定。装载机铲斗不得载人。

（6）装载机高速行驶时应采用前轮驱动;低速铲装时,应采用四轮驱动。铲斗装载后升起行驶时,不得急转弯或紧急制动。

（7）装载机下坡时不得空挡滑行。

（8）装载机的装载量应符合说明书的规定。装载机铲斗应从正面铲料,铲斗不得单边受力。装载机应低速缓慢举臂翻转铲斗卸料。

（9）装载机操纵手柄换向应平稳。装载机满载时,铲臂应缓慢下降。

（10）在松散不平的场地作业时,应把铲臂放在浮动位置,使铲斗平稳地推进;当推进阻力增大时,可稍微提升铲臂。

（11）当铲臂运行到上下最大限度时,应立即将操纵杆回到空挡位置。

（12）装载机运载物料时,铲臂下铰点宜保持地面 0.5m,并保持平稳行驶。铲斗提升到最高位置时,不得运输物料。

（13）铲装或挖掘时,铲斗不应偏载。铲斗装满后,应先举臂,再行走、转向、卸料。铲斗行走中不得收斗或举臂。

（14）当铲装阻力较大,出现轮胎打滑时,应立即停止铲装,排除过载后再铲装。

（15）在向汽车装料时,铲斗不得在汽车驾驶室上方越过。如汽车驾驶室顶无防护,驾驶室内不得有人。

（16）向汽车装料,宜降低铲斗高度,减小卸落冲击。汽车装料不得偏载、超载。

（17）装载机在坡、沟边卸料时,轮胎离边缘应保留安全距离,安全距离宜大于 1.5m;铲斗不宜伸出坡、沟边缘。在大于 3° 的坡面上,装载机不得朝下坡方向俯身卸料。

（18）作业时,装载机变矩器油温不得超过 110℃,超过时,应停机降温。

（19）作业后,装载机应停放在安全场地,铲斗应平放在地面上,操纵杆应置于中位,制动应锁定。

（20）装载机转向架未锁闭时，严禁站在前后车架之间进行检修保养。

（21）装载机铲臂升起后，在进行润滑或检修等作业时，应先装好安全销，或先采取其他措施支住铲臂。

（22）停车时，应使内燃机转速逐步降低，不得突然熄火，应防止液压油因惯性冲击而溢出油箱。

四、挖掘机械

（一）挖掘机

1.挖掘机的用途

挖掘机是土石方工程机械中一种用斗状工作装置挖取土壤、石块或其他材料，或用于剥离土层的机械，也是开挖土石方工程的主要机械设备。挖掘机广泛应用于建筑、市政、公路、铁路、水利、矿山等工程的施工中。据统计，一台斗容为 $1m^3$ 的单斗挖掘机，在挖掘Ⅳ级以下的土时，每个台班生产率大约相当于 $300 \sim 400$ 个工人一天的工作量；而一台日挖 20 万 m^3 的大型斗轮挖掘机，则可代替 5 万~6 万人一天的劳动。可见挖掘机的作用在现代化建设中是十分重要的。

挖掘机可进行工程建设中的基坑挖掘、疏通河道、修筑道路、清理废墟、挖掘水库和河道、剥离表土、开挖矿石等作业，如果与载重汽车等运输工具配合进行远距离的土石方转移，具有很高的生产效率

（1）挖掘机的分类

①按用途可分为通用型和专用型。一般中小型挖掘机（斗容量 $1.6m^3$ 以下）多为通用型，可以配有适用于挖掘各种轻、重质土壤和不同工作尺寸的多种形式可换工作装置。专用型挖掘机应用于大型的土石方工程，同时也应用于矿山采掘和装载作业。

②按工作装置特点可分为正铲、反铲、刨铲、刮铲、拉铲、抓斗、吊钩、打桩器、拔根器。

③按动力装置可分为电力驱动式、内燃机驱动式、混合动力装置等。

④按作业方式可分为循环作业式（单斗挖掘机）和连续作业式（多斗挖掘机）两大类。

⑤按动力传递和控制方式可分为机械式、机械液压式和全液压式三种。机械式挖掘机仅在矿用大型挖掘机上采用；机械液压式挖掘机的特点是工作装置、回转机构的动作由液压元件来完成，而行走机构则靠机械传动来完成；全液压式挖掘机，工作装置、回转机构、行走机构的动作均由液压元件来完成，是目前使用最广泛的一种机型。

⑥按行走方式可分为履带式、轮胎式、拖挂式三种。履带式挖掘机使用最为广泛，它有

良好的通过性能,特别适用于土建施工现场作业;轮胎式挖掘机多用于市政工程和国防工程,它的优点是行走时不破坏城市路面,行走速度快,机动性好,在中小型($0.6m^3$ 以下的斗容)工程中采用较多;拖挂式挖掘机本身不设行走驱动机构,移动时由牵引车牵引,最大的优点是结构简单、成本低,但很少采用。

(2)挖掘机的基本构造

单斗全液压正铲挖掘机主要由动力装置、工作装置、回转装置、传动系统、操纵系统及底座(机架)等部分组成。底座是全机的骨架,它支撑在行走装置上,其上面又装有回转装置联通回转平台,在回转平台上装有柴油机、液压传动系统、工作装置及操纵室等。工作时,回转平台可带着其上面所有的设备绕一中心立轴做 360°的回转(正、反两个方向)。工作装置包括动臂与带柄的正铲斗。动臂是支持铲斗工作的臂架,其下端铰装在回转平台的前缘,由动臂油缸来改变其倾斜度,从而改变其伸幅。工作时斗柄可由油缸使之绕动臂前端转动,铲斗本身也可由铲斗油缸执行转动。正铲挖掘机的铲斗口朝上,反铲挖掘机的铲斗口朝下,其他基本相同。工作装置除铲斗、拉铲、抓铲外,也可换成其他形式。

2.挖掘机的安全使用要点

(1)挖掘机作业前,必须查明施工场地内明、暗铺设的各类管线的设施,并应采用明显记号标志。严禁在离地下管线、承压管道 1m 距离内进行作业。

(2)挖掘机机械回转作业时,配合人员必须在机械回转半径外工作。当须在回转半径以内工作时,必须将机械停止回转并制动。

(3)单斗挖掘机的作业和行走场地应平整、坚实,松软地面应用枕木或垫板垫实,沼泽或淤泥场地应进行路基处理或更换专用湿地履带。

(4)轮胎式挖掘机使用前应支好支腿,并应保持水平位置,支腿应置于作业面的方向,转向驱动桥应置于作业面的后方。履带式挖掘机的驱动轮应置于作业面的后方。采用液压悬挂装置的挖掘机,应锁住两个悬挂液压缸。

(5)作业前应重点检查下列项目,并应符合相应要求:

①照明、信号及报警装置等应齐全有效;

②燃油、润滑油、液压油应符合规定;

③各铰接部分应连接可靠;

④液压系统不得有泄漏现象;

⑤轮胎气压应符合规定。

(6)启动前,应将主离合器分离,各操纵杆放在空挡位置,并应发出信号,确认安全后启动设备。

(7)启动后,应先使液压系统从低速到高速空载循环 10~20min,不得有吸空等不正常噪声,并应检查各仪表指示值,运转正常后接合主离合器,再进行空载运转,顺序操纵各工作机构并测试各制动器,确认正常后开始作业。

(8)作业时,挖掘机应保持水平位置,行走机构应制动,履带或轮胎应揳紧。

(9)平整场地时,不得用铲斗进行横扫或用铲斗对地面进行夯实。

(10)挖掘岩石时,应先进行爆破。挖掘冻土时,应采用破冰锤或爆破法使冻土层破碎。不得用铲斗破碎石块、冻土,或用单边斗齿硬啃。

(11)挖掘机最大开挖高度和深度,不应超过机械本身性能规定。在拉铲或反铲作业时,履带式挖掘机的履带与工作面边缘距应大于 1.0m,轮胎式挖掘机的轮胎与工作面边缘应大于 1.5m。

(12)在坑边进行挖掘作业,当发现有塌方危险时,应立即处理险情,或将挖掘机撤至安全地带。坑边不得留有伞状边沿及松动的大块石。

(13)挖掘机应停稳后再进行挖土作业,当铲斗未离开工作面时,不得做回转、行走等动作。应使用回转制动器进行回转制动,不得用转向离合器反转制动。

(14)作业时,各操纵过程应平稳,不宜紧急制动。铲斗升降不得过猛,下降时,不得撞碰车架或履带。

(15)斗臂在抬高及回转时,不得碰到坑、沟侧壁或其他物体。

(16)挖掘机向运土车辆装车时,应降低卸落高度,不得偏装或砸坏车厢。回转时,铲斗不得从运输车辆驾驶室顶上越过。

(17)作业中,当液压缸伸缩将达到极限位时,应动作平稳,不得冲撞极限块。

(18)作业中,当须制动时,应将变速阀置于低速挡位置。

(19)作业中,当发现挖掘力突然变化,应停机检查,不得在未查明原因前调整分配阀压力。

(20)作业中,不得打开压力表开关,且不得将工况选择阀的操纵手柄放在高速挡位置。

(21)挖掘机应停稳后再反铲作业,斗柄伸出长度应符合规定要求,提斗应平稳。

(22)作业中,履带式挖掘机做短距离行走时,主动轮应在后面,斗臂应在正前方与履带平行,并应制动回转机构,坡道坡度不得超过机械允许的最大坡度,下坡应慢速行驶。不得在坡道上变速和空挡滑行。

(23)轮胎式挖掘机行驶前,应收回支腿并固定可靠,监控仪表和报警信号灯应处于正常显示状态。轮胎气压应符合规定,工作装置应处于行驶方向,铲斗宜离地面 1m。长距离行驶时,应将回转制动板踩下,并应采用固定销锁定回转平台。

(24)挖掘机在坡道上行走时熄火,应立即制动,并应揳住履带或轮胎,重新发动后,再继续行走。

（25）作业后，挖掘机不得停放在高边坡附近和填方区，应停放在坚实、平坦、安全的位置，并应将铲斗收回平放在地面，所有操纵杆置于中位，关闭操纵室和机棚。

（26）履带式挖掘机转移工地应采用平板拖车装运。短距离自行转移时，应低速行走。

（27）保养或检修挖掘机时，应将内燃机熄火，并将液压系统卸荷，铲斗落地。

（28）利用铲斗将底盘顶起进行检修时，应使用垫木将抬起的履带或轮胎垫稳，用木楔将落地履带或轮胎搂牢，然后将液压系统卸荷，否则不得进入底盘下工作。

（二）水利工程常用的挖掘机械

1.正铲挖掘机

正铲挖掘机型号很多，在水利水电工程中使用很广，除采用建筑用的小型挖掘机外，常采用斗容量 $4m^3$ 以上的机械传动式正铲挖掘机，最大挖掘半径为 9m，最大挖掘高度为 10m，工作重量为 202t，可进行开挖基坑、装载爆破石渣和开采砂砾石、坚硬土壤等作业。一般与自卸汽车配合，也可以通过转换料斗与机车、皮带机配套使用。目前，先进的正铲挖掘机为液压传动式，已在大型工程中使用。

2.反铲挖掘机

反铲挖掘机型号很多，其中 CAT245 和 UH501 型可兼作正铲使用，均采用液压传动，结构灵巧，容易操作，并且有良好的工作性能，传动系统也比较简单，机械质量小。其功率为239kW，最大卸载高度 5.6m，最大卸载高度时伸出距离 6.3m，挖掘力为 4.2t。它适用于开挖沟槽和疏浚河道，开挖河滩砂卵石以及开挖基坑，装载爆破石渣和料场取土装车等作业，并可改换装置进行液压抓岩、液压冲击、液压振捣等工作。

3.拉铲挖掘机

拉铲的动臂为长度较大的钢桁架结构，通过操纵钢索，能使铲斗挖取远离挖掘机的土石方，又能将土卸到远处弃土堆上，也能直接装车，拉铲靠自重切土，可挖掘一般土壤和密实的砂砾、石渣。

4.抓铲挖掘机

抓铲是靠两根钢索同步升降，又可分别操作来实现其工作。在水电工地适合基坑、竖井的开挖，水下清基和开采砂砾料、散粒材料的提升等作业，在火车站、煤码头，可经常见到用其进行装煤、卸煤作业。

5.铲扬船

铲扬船的铲斗能伸入深水中挖取泥沙、砾石和水下爆破的石渣，向泥驳或岸边卸料。斗容 $4m^3$ 的铲扬船，可挖深 3~15m，卸料距离 12~23m，葛洲坝水电站曾用它开采长江中的砂砾石。

6.链斗式采砂船

链斗式采砂船是一种装在平底船上的多斗挖掘机,能循环转斗的链斗安装在链斗大梁上,大梁一端伸入河底挖取砂砾石并提出水面,上升到顶部倾翻卸料入沙驳运走,采砂船开挖方式有静水开挖、顺水开挖、逆水开按、斜向开挖等。水利工地常用它开采河道中的砂砾石作为混凝土的骨料使用,每小时生产能力为250m³的采砂船用得比较广泛。

7.斗轮式挖掘机

国产斗轮式挖掘机多以带式输送机和自卸汽车配合使用,连续生产效率高。适用于土石方工程量大,料场地形平坦、面积宽阔、地下水位低,并能保证把挖出的土石方运走,开挖的土壤或软岩都是容易挖掘的情况。在采矿中使用很广,每小时生产量可达2 000m³。

五、掘进机

(一)掘进机的基本结构

掘进机是由主机和配套系统两大部分组成。主机用于破岩、装载、转载;配套系统用于出渣、支护、衬砌、回填灌浆等。

主机由切割机构(刀盘)、传动系统、支承和掘进机构、机架、出渣运输机构和操作室组成。配套系统主要包括运渣运料系统、支护装置、激光导向系统、供电系统、安全装置、供水系统、通风防尘系统、排水系统、注浆系统等。

(二)掘进机的基本工作原理

根据破碎岩石的基本工作原理,掘进机可分为两类:

(1)滚压式,主要靠机械推动力,使装在刀盘上的滚刀旋转和顶推,用挤压和切割的联合作用破碎岩体。

(2)切削式,借助于安装在刀盘上若干个削刀的剪切作用破碎岩石。

(三)掘进机的分类

1.按围岩地质条件划分

(1)硬岩掘进机。硬岩掘进机也叫开敞式掘进机,掘进机的各种设备直接暴露在围岩当中。横向支撑作用于围岩上,岩壁提供前进的支撑力,依靠滚刀的滚压来破碎岩石,适用于比较完整的岩石。

(2)软岩掘进机。软岩掘进机适用于松软及含水地层,整个机器设备处在坚固的钢筒(护盾)和衬砌内。盾构机是典型的软岩掘进机。

（3）复合掘进机。由于长隧洞岩层地质条件比较复杂,要求掘进机既适应软岩,又适合硬岩,这种掘进机即复合掘进机,典型的就是双护盾掘进机。

2.按护盾形式划分

按护盾形式分为开敞式掘进机、单护盾掘进机、双护盾掘进机、多护盾掘进机、盾构掘进机。

3.按掘进机直径大小划分

按掘进机直径大小分为微型掘进机、小型掘进机、中型掘进机、大型掘进机。

4.按开挖断面形状划分

按开挖断面形状分为单圆形断面的掘进机、双圆形断面的掘进机、多圆形断面的掘进机、不规则断面的掘进机。

六、盾构机

（一）概述

盾构机,全名叫盾构隧道掘进机,是一种掘进隧道的专用工程机械。现代盾构掘进机集光、机、电、液、传感、信息技术于一体,具有开挖切削土体、输送土渣、拼装隧道衬砌、测量导向纠偏等功能,涉及地质、土木、机械、力学、液压、电气、控制、测量等多门学科技术,而且要按照不同的地质进行量体裁衣式的设计制造,可靠性要求极高。

盾构机问世至今已有百年的历史,其始于英国,发展于日本、德国。近30年来,通过对土压平衡式、泥水式盾构机中的关键技术,如盾构机的有效密封,确保开挖面的稳定、控制地表隆起及塌陷在规定范围之内,刀具的使用寿命以及在密封条件下的刀具更换,对一些恶劣地质如高水压条件的处理技术等方面的探索和研究,使盾构机有了很快的发展。

1.盾构机的用途及特点

盾构机已广泛用于铁路、公路、市政、水电等隧道工程。用盾构机进行隧洞施工具有自动化程度高、节省人力、施工速度快、一次成洞、不受气候影响、开挖时可控制地面沉降、减少对地面建筑物的影响和在水下开挖时不影响水面交通等特点,在隧洞洞线较长、埋深较大的情况下,用盾构机施工更为经济合理。

2.盾构机的分类

盾构机根据工作原理一般分为手掘式盾构、挤压式盾构、半机械式盾构(局部气压、全局气压)、机械式盾构(泥水加压盾构、土压平衡盾构、混合型盾构、异型盾构)等形式。目前,常用的是泥水式盾构机(泥水加压盾构机)和土压平衡式盾构机。

泥水式盾构机是通过加压泥水或泥浆(通常为膨润土悬浮液)来稳定开挖面,其刀盘后面有一个密封隔板,与开挖面之间形成泥水室,里面充满了泥浆,开挖土料与泥浆混合由泥浆泵输送到洞外分离厂,经分离后使泥浆重复使用。

土压平衡式盾构机是把土料(必要时添加泡沫、膨润土和高分子材料等对土壤进行改良)作为稳定开挖面的介质,刀盘后隔板与开挖面之间形成泥土室,刀盘旋转开挖使泥土料增加,再由螺旋输料器旋转将土料运出,泥土室内土压可由刀盘旋转开挖速度和螺旋输料器出土量(旋转速度)进行调节。

3.盾构机械的基本构造

盾构机主要由以下几部分组成:刀盘、盾体、刀盘主驱动、人闸、推进系统、管片拼装机、出渣系统、物料运输系统、壁后注浆系统、循环水系统、油脂密封系统、液压系统、后配套装置、控制系统、电气系统、测量系统和辅助设备。

根据盾构机分类的不同,其主要构造也有明显的区别,如泥水平衡式盾构机和土压平衡式盾构机的主要区别在于出渣系统的不同,泥水平衡式盾构机采用的是泵送出渣,使用泥浆将开挖的渣土利用泥浆泵和管道泵送到地面筛分处理,再将筛分出的泥浆重新泵送到盾构机开挖面循环利用;而土压平衡式盾构机采用的是利用螺旋输送机将开挖的渣土输送到皮带机上,再利用电瓶机车运输到井口。

以土压平衡式盾构机为例对各系统功能进行介绍。

(1)刀盘

刀盘是盾构机的核心部件,其结构形式、强度和整体刚度都直接影响到施工掘进的速度和成本,并且一旦出现故障维修处理困难。不同的地质情况和不同的制造厂家,刀盘的结构也不相同,其常见的结构有:平面圆角刀盘、平面斜角刀盘、平面直角刀盘、辐条刀盘、面板刀盘;按对地质的适应性分软岩刀盘和复合刀盘等。

(2)前体

前体又叫切口环,是开挖土仓和挡土部分,位于盾构的最前端,结构为圆筒形,前端设有刃口,以减少对底层的扰动。在圆筒垂直于轴线、约在其中段处焊有压力隔板,隔板上焊有安装主驱动、螺旋输送机及人员舱的法兰支座和4个搅拌棒,还设有螺旋机闸门机构及气压舱(根据需要)。此外,隔板上还开有安装5个土压传感器、通气通水等的孔口。不同开挖形式的盾构机前体结构也不相同。

(3)主驱动

主驱动装置安装在前体内部,由主轴承、驱动马达、减速器及主轴承密封组成,轴承外圈通过连接法兰用螺丝与前体固定,内(齿)圈用螺丝和刀盘连接,使用液压马达或者电动机驱动、减速器、轴承内齿圈直接驱动刀盘旋转。主轴承一般设置有三道唇形外密封和两道唇形内密封。外密封前两道采用永久性失脂润滑来阻止土仓内的渣土和泥浆渗入,后一道密封防止主轴承内的润滑油渗漏。内密封前一道阻止盾体内大气、尘土的侵入,后一道防止主轴承内润滑油的外渗。

(4)中体

中体又叫支承环,是盾构的主体结构。它承受作用于盾构上的全部载荷,是一个强度和刚性都很好的圆形结构。地层力、所有千斤顶的反作用力、刀盘正面阻力、盾尾铆接拉力及管片拼装时的施工载荷均由中体来承受。中体内圈周边布置有盾构千斤顶和铰接油缸,中间有管片拼装机和部分液压设备、动力设备、螺旋输送机支承及操作控制台。有的还有行人加、减压舱。中体盾壳上焊有带球阀的超前钻预留孔,也可用于加注膨润土等材料。

(5)推进油缸

盾构机的推进机构提供盾构向前推进的动力。推进机构包括推进油缸和推进液压泵站。推进油缸按照在圆周上的区域分为4组,每组7~8个油缸,通过调整每组油缸的不同推力来对盾构机进行纠偏和调向。油缸后端的球铰支座顶在管片上以提供盾构机前进的反力,球铰支座可使支座与管片之间的接触面密贴,以保护管片不被损坏。

(6)盾尾及盾尾密封

盾尾主要用于掩护隧道管片拼装工作及盾体尾部的密封,通过铰接油缸与中体(主动铰接与前体相连)相连,并装有预紧式铰接密封。铰接密封和盾尾密封装置作用是防止水、土及压注材料从盾尾进入盾构内。盾尾的长度必须根据管片的宽度和形状及盾尾密封的结构和盾尾刷道数来决定。另外,在盾尾壳体上合理地布置了盾尾油脂注入管和同步注浆管。盾尾密封一般采用效果较好的钢丝刷加钢片压板结构(盾尾刷),盾尾密封的道数要根据隧道埋深、水位高低来定,一般为2~4道。

(7)管片安装机

管片安装机由大梁、支承架、旋转架及拼装头组成。大梁以悬臂梁的形式安装在盾构中体的支承架上,支承架通过行走轮可纵向移动,旋转架通过大齿圈绕支承架回转,旋转架上装有两个提升油缸用以实现对拼装头的提升和横向摆动,拼装头以铰接的方式安装在旋转架的提升架上,安装头上装有两个油缸,用以控制安装头的水平和纵向两个方向上的摆动。管片安装机的控制方式有遥控和线控两种,均可对每个动作进行单独灵活的操作控制。管片安装机通过这些机构的协调动作把管片安装到准确的位置。

管片安装机由单独的液压系统提供动力,管片安装机通过液压马达和液压缸实现对管片前后、上下移动、旋转、俯仰等6个自由度的调整,且各动作的快慢可调,从而使管片拼装灵活,就位准确。

(8)拖车

盾构的拖车属门架结构,用以安放液压泵站、注浆泵、砂浆罐及电气设备注脂站等。拖车行走在钢轨上,拖车之间用拉杆相连,在拖车铺设有人员通过的通道,拖车和主机之间通过一个连接桥连接,拖车在盾构机主机的拖动下前行。

(9)液压系统

盾构的液压系统包括主驱动、推进系统(包括铰接系统)、螺旋输送机、管片安装机及辅助液压系统。

(10)注脂系统

注脂系统包括三大部分:主轴承密封系统、盾尾密封系统和主机润滑系统。这三部分都以压缩空气为动力源,靠油脂泵油缸的往复运动将油脂输送到各个部位。

主轴承密封可以通过控制系统设定油脂的注入量(次/分),并可以从外面检查密封系统是否正常。盾尾密封可以通过 PLC 系统按照压力模式或行程模式进行自动控制和手动控制,对盾尾密封的注脂次数及注脂压力均可以在控制面板上进行监控。

当油脂泵站的油脂用完后,油脂控制系统可以向操作室发出指示信号,并锁定操作系统,直到重新换上油脂。这样可以充分保证油脂系统的正常工作。

(二)盾构机的安全监控要点

(1)盾构机内工作和操作人员必须经过专业培训,并熟悉设备上的所有安全保障设施,上岗前要进行必要的培训和安全技术交底。

(2)盾构机施工人员必须佩戴安全帽,在特殊环境工作的人员须配备防护装备。

(3)盾构机施工人员应熟悉盾构机上的所有警示灯、报警器所表示的盾构设备的状态及可能发生的危险的含义,应熟悉设备内的联络系统,并经常检查以保证这些通信设备正常使用。

(4)应经常检查防火系统配备的完整性及功能可靠性,定期检查火灾报警系统,避免火灾隐患,防止火灾发生。

(5)应经常检查在盾构机上安装的测定有害气体浓度的检测装置。

(6)盾构机在施工过程中发生紧急故障或事故的状态下应立即按下紧急停止按钮,以防止或阻止事故的继续发生。任何时候只要按动盾构机内的紧急停止按钮(操作室、拼装机、上下触摸屏处),即可停止所有正在运转的设备,照明系统电源除外。

(7)必须保证备用内燃空压机随时处于可启动状态。内燃空压机每周运行半小时,以确保突然断电时可以立即启动,以保证压力仓所需压缩空气供应。

(8)严禁液压油泵、油脂泵、砂浆泵、加泥泵、泡沫泵、水泵等泵类设备空转。

(9)禁止移动、缠绕、损坏安全保障设备。

(10)禁止改变控制系统的程序。

（11）盾构机上所有表示安全和危险的标志必须完整，并容易识别。

（12）使用人仓时，应确保刀盘和螺旋输送机停止并关闭螺旋输送机所有闸门。

（13）进入土仓进行维修工作时，须经技术部门确认安全、报批后方准进入进行相关作业。

七、平地机

（一）平地机的用途

平地机是利用刮土铲刀进行土壤切割、刮送和整平作业的土石方机械。它可以进行砂（砾）石路面的维修、路基路面的整形、挖沟、草皮或表层土的剥离，以及修刮边坡等切削平整作业。它还可以完成材料的推移、混合、回填、铺平作业，如果配置推土铲、松土器、犁扬器、加长铲刀、扫雪器等工作装置，就能进一步提高其工作能力，扩大使用范围。因此，平地机是一种高效能、作业精度好、用途广的施工机械，被广泛用于公路、铁路、机场、停车场等大面积场地的整平作业，也被用于进行农田整地、路堤整形及林区道路的整修等作业。随着我国交通业的迅速发展，高等级公路将会越来越多，而修建高等级公路，对路面的平整度有很高的要求，这种高精度的大面积整平作业是由平地机来完成的。因此，在土石方施工作业中，平地机有着其他机械所不可替代的独特作用。

1.平地机的分类

（1）平地机按行走方式，分为拖式和自行式两类。前者因其机动性和操作性能差，在国内、外现已被淘汰。自行式平地机又分为机械操纵式和液压操纵式两种。机械操纵式结构复杂，操纵性能差，现已被淘汰；目前，平地机基本采用液压操纵式。

（2）按车轮数目，分为四轮与六轮两种。四轮平地机是前桥两轮、后桥两轮，用于轻型平地机。六轮平地机是前桥两轮、后桥四轮，后桥传动通过两侧平衡箱内的串联传动装置将动力传动到四个车轮。

（3）根据车轮驱动情况，分为后轮驱动和全轮驱动。由于刮刀位于前、后桥之间，在结构上给全轮驱动造成困难，因此目前多为后轮驱动。

（4）根据车轮转向情况，分为前轮转向和全轮转向两种。全轮转向指前轮和后轮都可以单独转向或同时转向。由于后轮由平衡箱驱动，很难使车轮单独偏转，故后轮转向是由油缸控制整个后桥箱相对于机架转动，一般转角不大，目前逐渐倾向于用车架铰接转向方式代替后轮转向方式。

（5）按车架的形式，分为整体式车架和铰接式车架。整体式车架是将后车架与弓形前车架焊为一体，这种车架整体性好。铰接式车架是将两者铰接，用液压缸控制其转动角，使机器获得更小的转弯半径和更好的作业适应性。

2.平地机的基本构造

(1)自行式平地机主要由发动机、传动系统、机架、前后桥、行走装置、工作装置和操纵系统组成。

(2)平地机的机架是连接前桥与后桥的弓形梁架,具有整体式和铰接式两种形式,目前平地机广泛采用铰接式机架。

(3)平地机的传动系统多采用液力机械传动和液压传动,而国外大多采用纯机械传动动力换挡变速器。液力机械传动系统一般由液力变矩器、变速器、后桥传动、平衡箱串联传动装置等组成。而液压传动系统省去了变矩器、变速器等大部分机械传动部件,使结构布置更为紧凑。

(4)驱动装置有后轮驱动型和全轮驱动型。全轮驱动时,后轮的动力由变速器输出,并由联轴器和传动轴或液压传动把动力传递至前桥。平地机的转向形式有前轮转向、全轮转向、后轮转向与铰接转向四种。前轮转向是前轮偏摆转向,主要用于整体式机械,转弯半径大;全轮转向时平地机的前后轮都是转向轮,四轮平地机的前后轮都采用车轮偏摆转向,六轮平地机采用前轮偏摆转向、后桥回转转向。目前,由于后轮转向结构复杂,转动角小,因此,后轮转向逐渐被铰接式转向取代。

(5)平地机的工作装置包括铲土铲刀、松土耙、前推土板和重型松土器等。工作装置大都采用液压操纵或电液自动控制。

(二)平地机的安全使用要点

(1)在平整不平度较大的地面时,应先用推土机推平,再用平地机平整。

(2)平地机作业区不得有树根、大石块等障碍物。

(3)作业前重点检查项目应符合下列要求:

①照明、音响装置齐全有效;

②燃油、润滑油、液压油等符合规定;

③各连接件无松动;

④液压系统无泄漏现象;

⑤轮胎气压符合规定。

(4)平地机不得用于拖拉其他机械。

(5)启动内燃机后,应检查各仪表指示值并应符合要求。

(6)开动平地机时,应鸣笛示意,并确认机械周围无障碍物及行人,用低速挡起步后,应测试并确认制动器灵敏有效。

（7）作业时,应先将刮刀下降到接近地面,起步后再下降刮刀铲土。铲土时,应根据铲土阻力大小,随时少量调整刮刀的切土深度。

（8）刮刀的回转、铲土角的调整以及向机外侧斜,应在停机时进行;刮刀左右端的升降动作,可在机械行驶中调整。

（9）刮刀角铲土和齿耙松地时,应采用一挡速度行驶;刮土和平整作业时,可用二、三挡速度行驶。

（10）土质坚实的地面应先用齿耙翻松,翻松时应缓慢下齿。

（11）使用平地机清除积雪时,应在轮胎上安装防滑链,并应探明工作面的深坑、沟槽位置。

（12）平地机在转弯或掉头时,应使用低速挡;在正常行驶时,应采用前轮转向,当场地特别狭小时,方可使用前、后轮同时转向。

（13）平地机行驶时,应将刮刀和齿耙升到最高位置,并将刮刀斜放,刮刀两端不得超出后轮外侧。行驶速度不得超过使用说明书规定。下坡时,不得空挡滑行。

（14）平地机作业中,变矩器的油温不得超过 120℃。

（15）作业后,平地机应停放在平坦、安全的场地,刮刀应落在地面上,手制动器应拉紧。

八、机动翻斗车

机动翻斗车的特点是结构简单、外形小巧、机动灵活、装卸方便,是实现施工水平运输机械化的高效运输机械。

（一）机动翻斗车的用途

机动翻斗车是水利水电工程施工中广泛使用的一种短距离运输机械,主要用来转运砂石散料、搅拌好的混凝土和灰浆,如配备适当的托运装置,还能搬运脚手架和管子等长料。

1.机动翻斗车的分类

目前,市场上主要有重力卸料翻斗车、后置重力卸料翻斗车、液压翻斗车、后置式液压翻斗车、后置式三面卸料液压翻斗车、回转卸料液压翻斗车、高位卸料液压翻斗车等。

2.机动翻斗车的基本构造

全国统一的机动翻斗车均由柴油机、胶带张紧装置、离合器、变速器、传动轴、驱动桥、转向桥、转向器、翻斗锁紧和回斗控制机等组成。

（二）机动翻斗车的安全使用要点

（1）机动翻斗车驾驶员应经考试合格,持有机动翻斗车专用驾驶证上岗。

（2）机动翻斗车行驶前，应检查锁紧装置，并应将料斗锁牢。

（3）机动翻斗车行驶时，不得用离合器处于半结合状态来控制车速。

（4）在路面不良状况行驶时，应低速缓行，车辆不得靠近路边或沟旁行驶，并应防止侧滑。

（5）在坑沟边缘卸料时，应设置安全挡块。车辆接近坑边时，应减速行驶，不得冲撞挡块。

（6）上坡时，应提前换入低挡行驶；下坡时，不得空挡滑行；转弯时，应先减速，急转弯时，应先换入低挡。机动翻斗车不宜紧急刹车，防止向前倾覆。

（7）机动翻斗车不得在卸料工况下行驶。

（8）机动翻斗车运转或料斗内有载荷时，不得在车底下进行作业。

（9）多台机动翻斗车纵队行驶时，前后车之间应保持安全距离。

第二节　压实机械

一、概述

（一）压实机械的用途

在建设道路、广场及各种坪地时，主要采用的道路建筑材料有沥青混凝土和水泥混凝土、稳定土（灰土、水泥加固稳定土和沥青加固稳定土等），以及其他筑路材料。为了使筑路材料颗粒处于较紧的状态和增加它们之间的内聚力，可以采用静力和动力作用的方法使其变得更为密实。这种密实过程对提高各种筑路材料和整体构筑物的强度有着实质性的影响。对于塑性水泥混凝土，材料的密实过程主要是依靠振动液化作用使材料颗粒之间的内摩擦力和内凝聚力降低，从而在自重的作用下下沉而变得更加密实；对于包括碾压混凝土在内的大多数筑路材料来说，它们都可以通过压实机械的压实作用来完成这种密实过程。

在筑路过程中，路基和路面压实效果的好坏，是直接影响工程质量优劣的重要因素。因此，在必须要采用专用的压实机械对路基和路面进行压实以提高它们的强度、不透水性和密实度，防止因受雨水风雪侵蚀而产生沉陷破坏。

（二）压实机械的分类

（1）按压实机械工作机构的作用原理，可分为以下几种：

①滚压压实机械。碾压滚轮沿被压材料滚动运行。这类压实机械包括各种型号的光轮压路机、轮胎压路机、羊脚碾压机及各种拖式压路滚等。

②振动压实机械。给材料短时间的连续脉冲冲击。这类机械包括各种拖式和自行式振动压路机。

③夯实压实机械。以压实构件对被压材料做周期撞击达到压实。这类机械包括各种内燃式和电动式夯土机等。

④振动夯实压实机械。除具有冲击夯实外,还有振动力同时作用于被压实层。这类机械包括振动平板夯和快速冲击夯等。

(2)按行走方式,分为拖式和自行式压实机械两类。

(3)按碾压轮的形状,可分为光轮、羊角轮和充气气胎等。光轮也可采用在其表面覆盖橡胶层的滚轮;常见的羊角轮也可采用凸块式碾轮。

二、压实机械

(一)羊角碾

羊脚碾的外形如图 6-1 所示,它是在碾的滚筒表面设有交错排列的截头圆锥体,状如羊脚。

图 6-1 羊脚碾外形图

1—羊脚;2—加载孔;3—碾滚筒;4—杠辕框架

钢铁空心滚筒侧面设有加载孔,加入滚筒内的载荷大小根据压实需要确定,加载物料有铸铁块和砂砾石等。羊脚的长度一般为碾滚直径的 1/7～1/6,随碾滚的重量增加而增加。若羊脚过长,其表面面积过大,压实阻力增加,羊脚端部的接触应力减小,会影响压实效果。重型羊脚碾碾重可达 30t,羊脚相应长 40 cm。羊脚碾压实原理如图 6-2 所示。碾压时,羊脚碾的羊脚插入土中,不仅使羊脚端部的土料受到压实,侧向土料也受到挤压,从而达到均匀压实的效果,在压实过程中,羊脚对表层土有翻松作用,无须刨毛就能保证土料良好的层间结合。

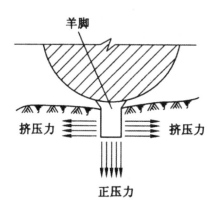

图 6-2 羊脚碾压实原图

羊脚碾的开行方式有两种:进退错距法和转圈套压法。前者操作简便,碾压、铺土和质检等工序协调,便于分段流水作业,压实质量容易保证,其开行方式如图 6-3(a)所示;后者要求开行的工作面较大,适合于多碾滚组合碾压。转圈套压法的优点是生产效率较高,但碾压中转弯套压交接处重压过多,容易超压;当转弯半径小时,容易引起土层扭曲,产生剪力破坏;在转弯的角部容易漏压,质量难以保证。转圈套压法的开行方式如图 6-3(b)所示。

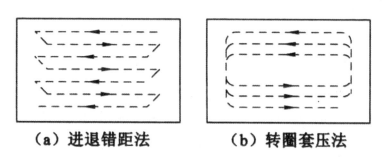

图 6-3 碾压机械开行方式

国内多采用进退错距法。用这种开行方式时,为避免漏压,可在碾压带的两侧先往复压够遍数后,再进行错距碾压。错距宽度。按下式计算:

$$b = B/n \qquad\qquad (6-1)$$

式中 B ——碾滚净宽,m;

     n ——现场试验确定的碾压遍数。

(二)振动碾

振动碾是一种具有静压和振动双重功能的复合型压实机械。常见的类型是振动平碾,也有振动变形碾(表面设凸块、肋形、羊脚等)。它是由起振柴油机带动碾滚内的偏心轴旋转,通过连接碾面的隔板,将振动力传至碾滚表面,然后以压力波的形式传入土体。非黏性土的颗粒比较粗,在这种小振幅、高频率的振动力的作用下,内摩擦力大大降低,由于颗粒不均匀,受惯性力大小不同而产生相对位移,细粒滑入粗粒空隙而使空隙体积减小,从而使土料密实。然而,黏性土颗粒间的黏结力是主要的,且土粒相对比较均匀,在振动作用下,不能取得像非黏性土那样的压实效果。

由于振动碾振动力的作用,土中的应力可提高 4~5 倍,压实层达 1m 以上,有的高达 2m,生产率很高。振动碾可以有效地压实堆石体、砂砾料和砾质土,也能压实黏性土,是土石坝砂壳、堆石坝碾压必不可少的工具,应用非常广泛。

(三)气胎碾

气胎碾利用充气轮胎作为碾子,在碾压土料时,气胎随土体的变形而变形。随着土体压实密度的增加,气胎的变形也相应增加,从而使气胎与土体的接触面积随之增大,始终能保持较为均匀的压实效果。它与刚性碾比较,气胎不仅对土体的接触压力分布均匀,而且作用时间长,压实效果好,压实土料厚度大,生产效率高。

气胎碾可根据压实土料的特性调整其内压力,使气胎对土体的压力始终保持在土料的极限强度内。通常气胎的内压力,对黏性土以 $(5\sim6)\times10^5\mathrm{Pa}$、非黏性土以 $(2\sim4)\times10^5\mathrm{Pa}$ 最好。

传统的平碾碾滚是刚性的,不能适应土体的变形,荷载过大就会使碾滚的接触应力超过土体极限强度,这就限制了这类碾朝重型方向发展。气胎碾却不然,随着荷载的增加,气胎与土体的接触面增大,接触应力仍不致超过土体的极限强度。所以,只要牵引力能满足要求,就不妨碍气胎碾朝重型高效方向发展,它既适用于黏性土的压实,也可以压实砂土、砂砾土、黏土与非黏性土的结合带等,能做到一机多用,有利于防渗土料与坝壳土料平起同时上升。与羊角碾联合作业效果更佳,如气胎碾压实,羊脚碾收面,有利于上下层结合;羊角碾碾压,气胎碾收面,有利于防雨。

三、夯实机械

(一)挖掘机夯板

挖掘机夯板是一种用起重机械或正铲挖掘机改装而成的夯实机械,其结构如图 6-4 所示。夯板一般做成圆形或方形,面积约 $1\mathrm{m}^2$,重量为 1~2t,提升高度为 3~4m。其主要优点是压实功能大,生产率高,有利于雨季、冬季施工。当被夯石块直径大于 50cm 时,工效大大降低,压实黏土料时,表层容易发生剪力破坏,目前有逐渐被振动碾取代之势。

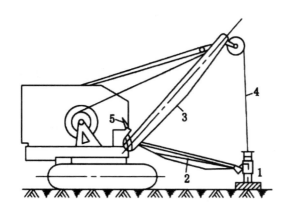

图 6-4 挖掘机夯板示意图

1—夯板；2—控制方向杆；3—支杆；4—起重索；5—定位杆

(二)强夯机

强夯机是一种发展很快的强力夯实机械。它由高架起重机和铸铁块或钢筋混凝土块做成的夯砣组成。夯砣的重量一般为 10~40t，由起重机提升 10~40m 高度后自由下落冲击土层，击实机理与一般的夯实有很大的不同，影响深度达 4~5m，击实效果好，生产率高，用于杂土填方、软基及水下地层。

(三)振动冲击夯

1.振动冲击夯概述

振动冲击夯又称快速冲击夯。它是 20 世纪 80 年代出现的一种小型夯实机械，不仅适用于压实砂、石等散状物料，也适用于压实黏性土，可广泛用于建筑、公路、铁路、堤坝、水库、水利、市政工程路基的夯实，以及各种回填土、条形基础、基坑及墙角等狭窄地带的土壤夯实工作。常用的振动冲击夯为内燃式冲击夯。

内燃式冲击夯俗称爆炸夯或火力夯，它直接利用燃料在机体(气缸)内燃烧产生的燃气压力，推动缸内活塞做无行程限制的运动，而使夯头产生冲击能量。其单位时间夯击土壤的次数比蛙式大。对于夯实沟槽、坑穴、墙边、墙角比较方便，尤其适用于电力供应困难的场所。

内燃式冲击夯由燃料供给系统、点火系统、配电机构、夯头和操纵机构等部分构成。

2.振动冲击夯的安全使用要点

(1)振动冲击夯适用于压实黏性土、砂及砾石等散状物料，不得在水泥路面和其他坚硬地面作业。

（2）内燃机冲击夯作业前,应检查并确认有足够的润滑油,油门控制器应转动灵活。

（3）内燃机冲击夯启动后,应逐渐加大油门,夯机跳动稳定后开始作业。

（4）振动冲击夯作业时,应正确掌握夯机,不得倾斜,手把不宜握得过紧,能控制夯机前进速度即可。

（5）正常作业时,不得使劲往下压手把,以免影响夯机跳起高度。夯实松软土或上坡时,可将手把稍向下压,并应能增加夯机前进速度。

（6）根据作业要求,内燃式冲击夯应通过调整油门的大小,在一定范围内改变夯机振动频率。

（7）内燃冲击夯不宜在高速下连续作业。

（8）当短距离转移时,应先将冲击夯手把稍向上抬起,将运转轮装入冲击夯的挂钩内,再压下手把,使重心后倾,然后推动手把转移冲击夯。

（四）蛙式夯实机

1.蛙式夯实机概述

蛙式夯实机是我国创制的夯实机械,由于它的构造简单、体积小、重量轻、维修方便、操作容易、压实效果好和生产率高,因此被广泛地应用于建筑、给排水工程、道路工程施工中,适用于压实面积小,无法使用大、中型压实机械的夯实灰土和素土地基、地坪及完成场地的平整工作等。目前工程上常用的有电动蛙式打夯机。

电动蛙式打夯机,在机械结构部分由托盘、传动系统、前轴装置、夯头架、操作手柄和润滑系统组成;电气控制部分有电动机、电气设备和输出电缆。

2.蛙式夯实机的安全使用要点

（1）蛙式夯实机适用于夯实灰土和素土。蛙式夯实机不得冒雨作业。

（2）作业前应重点检查下列项目,并应符合相应要求:

①漏电保护器应灵敏有效,接零或接地及电缆线接头应绝缘良好;

②传动皮带应松紧合适,皮带轮与偏心块应安装牢固;

③转动部分应安装防护装置,并应进行试运转,确认正常;

④负荷线应采用耐气候型的四芯橡皮护套软电缆。电缆线长不应大于50m。

（3）夯实机启动后,应检查电动机旋转方向,错误时应倒换相线。

（4）作业时,夯实机扶手上的按钮开关和电动机的接线应绝缘良好。当发现有漏电现象时,应立即切断电源,进行检修。

（5）夯实机作业时,应一人扶夯,一人传递电缆线,并应戴绝缘手套和穿绝缘鞋。递线人员应跟随夯机后或两侧调顺电缆线。电缆线不得扭结或缠绕,并应保持3~4m的余量。

（6）作业时，不得夯击电缆线。

（7）作业时，应保持夯实机平衡，不得用力压扶手。转弯时应用力平稳，不得急转弯。

（8）夯实填高松软土石方时，应先在边缘以内 100～150mm 夯实 2～3 遍后，再夯实边缘。

（9）不得在斜坡上夯行，以防夯头后折。

（10）夯实房心土时，夯板应避开钢筋混凝土及地下管道等地下物。

（11）在建筑物内部作业时，夯板或偏心块不得撞击墙壁。

（12）多机作业时，其平行间距不得小于 5m，前后间距不得小于 10m。

（13）夯实机作业时，夯实机四周 2m 范围内不得有非夯实机操作人员。

（14）夯实机电动机温升超过规定时，应停机降温。

（15）作业时，夯实机有异常响声，应立即停机检查。

（16）作业后，应切断电源，卷好电缆线，清理夯实机。夯实机保管应防水防潮。

（五）振动平板夯

1.振动平板夯概述

振动平板夯有电动式和内燃式两种。它是利用电动机或内燃机驱动的一种冲击与振动综合作用的平板式夯实机械，对于各种土质有较好的压实效果，特别是对非黏性的砂质黏土、砾石、碎石的效果最佳。

振动平板夯与被压材料的接触为一平面，在工作量不大的工作中，尤其在狭窄地段工作时，得到广泛地使用。

振动平板夯按其质量可分为轻型（0.1～2t）、中型（2～4t）和重型（4～8t）；按其结构原理可分为单质量振动平板夯和双质量振动平板夯。单质量振动平板夯，全部质量参加了振动运动；而双质量振动平板夯，下部振动，弹簧上部不振动，但对土壤有静压力。试验表明，当弹簧上部的质量为机械总质量的 40%～50% 时，可以保证机械稳定地工作，而且消耗功率小。当质量大于 100kg 时，通常都制成双质量振动平板夯。

2.振动平板夯的安全使用要点

（1）振动平板夯启动时，严禁操作人员离开。

（2）作业时，夯实区域要有警示标记，严禁非操作人员进入夯实作业区域 2m 以内；非操作人员进入夯实作业区时，应停止作业。

（3）振动平板夯夯实作业，不应在通风不畅的狭小空间、有火源的区域作业。

（4）安全保护装置不在预设位置，不应作业。

（5）进行斜坡、堤坝等压实作业时，应符合下列要求：

①操作人员应站在斜表面上方位置；

②最大作业坡度不应大于20°。

三、顶管机械

(一)概述

顶管机是用于顶管施工的机械,它借助于主顶油缸及管道间中继间等的推力,把工具管或掘进机从工作井内穿过土层一直推到接收井内吊起,见图6-5。顶管机的工作原理及构造要求与盾构机类似,相同部分不再赘述。

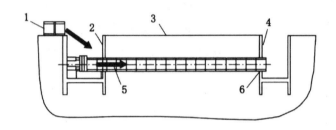

图6-5　顶管施工简图

1—管节;2—工作井;3—地面,4—接收井;5—管道顶进方向;6—出洞口预留

顶管机适应土质范围广,软土、黏土、砂土、砂砾土、硬土均适用;破碎能力强,破碎粒径大,个数多;采用低速大扭矩传动方式,刀盘切削力较大,过载系数能达到3以上;可用作较长距离顶进;有独立、完善的土体注水、注浆系统,可对挖掘面土体进行改良,从而扩大适用范围;结构紧凑,使用维修保养简单,在工作坑、接收坑中便于拆除。

(二)顶管机的分类

(1)按所顶进的管子口径大小,分为大口径、中口径、小口径和微型顶管机四种。大口径顶管机多指直径为2m以上的顶管机,人可以在其中直立行走;中口径顶管机一般口径直径为1.2~1.8m,人在其中须弯腰行走,大多数顶管机为中口径顶管机;小口径顶管机直径为500~1 000mm,人只能在其中爬行,有的甚至爬行都困难;微型顶管机的口径通常在400mm以下,最小的只有75mm。

(2)按一次顶进的长度(指顶进工作坑和接收工作坑之间的长度),分为变通距离顶管和长距离顶管。顶进距离长短的划分目前没有明确规定,过去多指100m左右的顶管,目前千米以上的顶管已屡见不鲜,可把500m以上的顶管划为长距离顶管。

(3)按平衡原理,分为泥水平衡式顶管机、土压平衡式顶管机和多功能顶管机。

泥水平衡式顶管机是在加入添加剂、膨润土、黏土以及发泡剂等使切削土塑性液化的同时,将切削刀盘切削下来的土砂用搅拌机搅拌成泥水状,使其充满开挖面与管道隔墙之间的全部开挖面,使开挖面稳定。添加剂注入装置由添加剂注入泵以及设置在切削刀盘或泥土室内的添加剂注入口等组成。注入装置、注入口径个数应根据土质、顶管直径和机械构造等考虑选择。添加剂的注入量、注入压力应根据切削刀盘扭矩的变化、向山体内浸透量、排土出渣状态以及泥土室内的泥土压等情况进行控制。

土压平衡式顶管机包括使开挖面稳定的切削机构、搅拌切削土的混合搅拌机构、排出切削土的排土机构和给切削土一定压力的控制机构。

多功能顶管机集机械、液压、激光、电控(含 PLC)、测量技术为一体,既可在含有较大砾石、卵石等软土中施工,又可在岩石或复杂地质条件中进行自动化非开挖地下管道施工。其主要用于城市及周围的地下管道铺设施工,也可用于开挖施工无法解决的穿越河底、公路、桥梁的管道铺设施工。

(4)按管材,分为钢筋混凝土顶管机、钢管顶管机和其他材料顶管机。

(5)按顶进管子轨迹的曲直,分为直线顶管机和曲线顶管机。

最普遍的分类方法是按平衡原理进行分类。

(三)顶管机的安全监控要点

(1)选择顶管机时,应根据管道所处土层性质、管径、地下水位、附近地上与地下建(构)筑物和各种设施等因素,经技术经济比较后确定。

(2)导轨应选用钢质材料制作,安装后的导轨应牢固,不得在使用中产生位移,并应经常检查校核。

(3)千斤顶的安装应符合下列规定:

①千斤顶宜固定在支撑架上,并应与管道中心对称,其合力应作用在管道中心的垂直面上。

②当千斤顶多于一台时,宜取偶数,且其规格宜相同;当规格不同时,其行程应同步,并应将同规格的千斤顶对称布置。

③千斤顶的油路应并联,每台千斤顶应有进油、回油的控制系统。

(4)油泵与千斤顶的选型应相匹配,并应有备用油泵;油泵安装完毕,应进行试运转,合格后方可使用。

(5)顶进前,全部设备应经过检查并经过试运转确认合格。

(6)顶进时,工作人员不得在顶铁上方及侧面停留,并应随时观察顶铁有无异常迹象。

(7)顶进开始时,应先缓慢进行,在各接触部位密合后,再按正常顶进速度顶进。

(8)千斤顶活塞退回时,油压不得过大,速度不得过快。

（9）安装后的顶铁轴线应与管道轴线平行、对称，顶铁、导轨和顶铁之间的接触面不得有杂物。

（10）顶铁与管口之间应采用缓冲材料衬垫。

（11）管道顶进应连续作业，管道顶进过程中，遇下列情况之一时，应立即停止顶进，检查原因并经过处理后继续顶进：

①工具管前方遇到障碍；

②后背墙变形严重；

③顶铁发生扭曲现象；

④管位偏差过大且校正无效；

⑤顶力超过管端的允许顶力；

⑥油泵、油路发生异常现象；

⑦管节接缝、中继间渗漏泥水、泥浆。

（12）应用中继间应符合下列规定：

①中继间安装时应将凹头安装在工具管方向，凸头安装在工作井一端。

②中继间应由专职人员进行操作，同时应随时观察有可能发生的问题。

③中继间使用时，油压、顶力不宜超过设计油压顶力，应避免引起中继间变形。

④中继间安装行程限位装置，单次推进距离必须控制在设计允许距离内。

⑤穿越中继间的高压进水管、排泥管等软管应与中继间保持一定距离，应避免中继间往返时损坏管线。

第七章 起重机械安全技术

起重机械是用来对物料进行起重、运输、装卸或安装等作业的机械设备,广泛应用于国民经济各部门,起着减轻体力劳动、节省人力、提高劳动生产率和促进生产过程机械化的作用。

起重机械是指用于垂直升降或者垂直升降并水平移动重物的机电设备,其范围为:

①额定起重量大于或者等于 0.5t 的升降机;

②额定起重量大于或者等于 1t,且提升高度大于或者等于 2m 的起重机和承重形式固定的电动葫芦等。

第一节 起重作业危险因素识别及起重事故分析

一、起重作业危险因素识别

起重作业属于特种作业,起重机械属于危险的特种设备。

从安全角度看,与一人一机在较小范围内的固定作业方式不同,起重机械的功能是将重物提升到空间进行装卸吊运。为满足作业需要,起重机械具有特殊的机构和结构形式,使起重机和起重作业方式本身存在着诸多危险因素。

(一)吊物具有很高的势能

被搬运的物料个大、体重(一般物料为十几或几十立方米,均达数吨重)、种类繁多、形态各异(包括成件、散料、液体、固液混合等物料),起重搬运过程是重物在高空中的悬吊运动。

(二)起重作业是多种运动的组合

四大机构组成多维运动,体形高大金属结构的整体移动,大量结构复杂、形状不一、运动各异、速度多变的可动零部件,形成了起重机械的危险点多且分散的特点,增加了安全防护的难度。

(三)作业范围大

起重机横跨车间或作业场地,在其他设备、设施和施工人群的上方,起重机带载后可以部分或整体在较大范围内移动运行,使危险的影响范围加大。

(四)多人配合的群体作业

起重作业的程序是地面司索工捆绑吊物、挂钩;起重司机操纵起重机将物料吊起,按地面指挥,通过空间运行将吊物运到指定位置摘钩、卸料。每一次吊运循环,都必须由多人合作完成,无论哪个环节出问题,都可能发生意外。

(五)作业条件复杂多变

在车间内,地面设备多,人员集中;在室外,受气候、气象条件和场地的影响,特别是流动式起重机还受到地形和周围环境等诸多因素的影响。

总之,重物在空间的吊运、起重机的多机构组合运动、庞大金属结构整机移动,以及大范围、多环节的群体运作,使起重作业的安全问题尤显突出。

二、起重伤害事故的特点及分类

(一)起重伤害事故的特点

(1)事故大型化、群体化。一起事故有时涉及多人,并可能伴随大面积设备设施的损坏。

(2)事故类型集中。一台设备发生多起不同性质的事故是不常见的。

(3)事故后果严重。只要是伤及人,往往是恶性事故,一般不是重伤就是死亡。

(4)伤害涉及的人员可能是司机、司索工和作业范围内的其他人员,其中司索工被伤害的比例最高。文化素质低的人群是事故高发人群。

(5)在安装、维修和正常起重作业中都可能发生事故。其中,起重作业中发生的事故最多。

(6)事故高发行业中,建筑、冶金、机械制造和交通运输等部门较多,与这些部门起重设备数量多、使用频率高、作业条件复杂有关。

(7)起重伤害事故类别与机种有关。重物坠落是各种起重机共同的易发事故,此外还有桥架式起重机的夹挤事故,汽车起重机的倾翻事故,塔式起重机的倒塌折臂事故,室外轨道起重机在风载作用下的脱轨翻倒事故以及大型起重机的安装倒塌事故等。

（二）起重伤害事故统计分类

全国每年起重事故死亡人数占事故总死亡人数的比例很大。在工业城市起重事故死亡人数占全产业死亡人数的 7%～15%。起重事故与产业部门、机械类型也有一定关系。起重事故多发生在机械制造、冶金、交通运输、建筑等部门，这主要是因为这些部门拥有的起重设备数量最多，起重设备工作时间长，环境复杂。

从全国的生产情况分析，桥式起重机和流动式起重机使用数量最多，分布行业最广，工作量也最大，因此事故比例也比较高。

（三）起重伤害事故原因分析

1.起重机的不安全状态

首先是设计不规范带来的风险；其次是制造缺陷，诸如选材不当、加工质量问题、安装缺陷等，使带有隐患的设备投入使用。大量的问题存在于使用环节，例如，不及时更换报废零件、缺乏必要的安全防护，保养不良带病运转，以致造成运动失控、零件或结构破坏等。总之，设计、制造、安装、使用、维护等任何环节的安全隐患都可能带来严重后果。起重机的安全状态是保证起重安全的重要前提和物质基础。

2.人的不安全行为

人的行为受到生理、心理和综合素质等多种因素的影响，其表现是多种多样的。操作技能不熟练，缺少必要的安全教育和培训；非司机操作，无证上岗；违章违纪蛮干，不良操作习惯；判断操作失误，指挥信号不明确，起重司机和起重工配合不协调等。总之，安全意识差和安全技能低下是引发事故的人为原因。

3.环境因素

环境因素有：超过安全极限或卫生标准的不良环境。室外起重机受到气候条件的影响，直接影响人的操作意识水平，使失误机会增多，身体健康受到损伤。另外，不良环境还会造成起重机系统功能降低甚至加速零件、部件、构件的失效，造成安全隐患。

4.安全卫生管理缺陷

安全卫生管理包括领导的安全意识水平；对起重设备的管理和检查；对人员的安全教育和培训；安全操作规章制度的建立等。安全卫生管理上的任何疏忽和不到位，都会给起重安全埋下隐患。

起重机的不安全状态和操作人员的不安全行为是事故的直接原因，环境因素和管理是事故发生的间接条件。事故的发生往往是多种因素综合作用的结果，只有加强对相关人员、起重机、环境及安全制度整个系统的综合管理,才能从本质上解决起重机的安全问题。

第二节 起重机械基本知识

一、起重机械分类

起重机械的类型可以按照以下原则进行划分:

(1)按构造分为:桥架型起重机、缆索型起重机、臂架型起重机。

(2)按取物装置和用途分为:吊钩起重机、抓斗起重机、电磁起重机、冶金起重机、堆垛起重机、集装箱起重机、安装起重机和救援起重机。

(3)按运移方式分为:固定式起重机、运行式起重机、自行式起重机、拖引式起重机、爬升式起重机、便携式起重机、随车起重机及辐射式起重机等。

(4)按工作机构驱动方式分为:手动起重机、电动起重机、液压起重机、内燃起重机和蒸汽起重机等。

二、起重机械主要技术参数

起重机的主要参数是表征起重机主要技术性能指标的参数,是起重机设计的依据,也是起重机安全技术要求的重要依据。

(一)起重量 G

起重量指被起升重物的质量,单位为 kg 或 t。它可分为额定起重量、最大起重量、总起重量、有效起重量等。

1.额定起重量 G_n

额定起重量为起重机能吊起的物料连同可分吊具或属具(如抓斗、电磁吸盘、平衡梁等)质量的总和。

2.总起重量 G_z

总起重量为起重机能吊起的物料连同可分吊具和长期固定在起重机上的吊具和属具(包括吊钩、滑轮组、起重钢丝绳以及在起重小车以下的其他起吊物)的质量总和。

3.有效起重量 G_p

有效起重量为起重机能吊起的物料的净质量。

该参数需要做如下说明:

（1）起重机标牌上标定的起重量,通常都是指起重机的额定起重量,应醒目标在起重机结构的明显位置上。

（2）对于臂架类型起重机,其额定起重量是随幅度变化的,其起重特性指标是用起重力矩来表征的。标牌上标定的值是最大起重量。

（3）带可分吊具(如抓斗、电磁吸盘、平衡梁等)的起重机,其吊具和物料质量的总和是额定起重量,允许起升物料的质量是有效起重量。

（二）起升高度 H

起升高度是指起重机运行轨道顶面(或地面)到取物装置上极限位置的垂直距离,单位为 m。通常用吊钩时,计算到吊钩钩环中心;用抓斗及其他容器时,计算到容器底部。

1.下降深度 h

当取物装置可以放到地面或轨道顶面以下时,其下放距离称为下降深度,即吊具最低工作位置与起重机水平支承面之间的垂直距离。

2.起升范围 D

起升范围为起升高度 H 和下降深度 h 之和,即吊具最高和最低工作位置之间的垂直距离(即 $D = H + h$)。

（三）跨度 S

跨度指桥式类型起重机运行轨道中心线之间的水平距离,单位为 m。

桥式类型起重机的小车运行轨道中心线之间的距离称为小车的轨距。

地面有轨运行的臂架式起重机的运行轨道中心线之间的距离称为该起重机的轨距。

（四）幅度 L

旋转臂架式起重机的幅度是指旋转中心线与取物装置铅垂线之间的水平距离,单位为 m。非旋转类型的臂架起重机的幅度是指吊具中心线至臂架后轴或其他典型轴线之间的水平距离。当臂架倾角最小或小车位置与起重机回转中心距离最大时的幅度为最大幅度;反之为最小幅度。

（五）工作速度 v

工作速度是指起重机工作机构在额定载荷下稳定运行的速度。

1.起升速度 v_q

起升速度是指起重机在稳定运行状态下,额定载荷的垂直位移速度,单位为 m/min。

2.大车运行速度 v_k

大车运行速度是指起重机在水平路面或轨道上带额定载荷的运行速度,单位为 m/min。

3.小车运行速度 v_t

小车运行速度是指在稳定运动状态下,小车在水平轨道上带额定载荷的运行速度,单位为 m/min。

4.变幅速度 v

变幅速度是指在稳定运动状态下,在变幅平面内吊挂最小额定载荷,从最大幅度至最小幅度的水平位移平均线速度,单位为 m/min。

5.行走速度 s

行走速度是指在道路行驶状态下,流动式起重机吊挂额定载荷的平稳运行速度,单位为 km/h。

6.旋转速度 ω

旋转速度是指在稳定运动状态下,起重机绕其旋转中心的旋转速度,单位为 r/min。

臂架式起重机的主要技术参数还包括起重力矩等;对于轮胎、汽车、履带、铁路起重机,其爬坡度和最小转弯半径也是主要技术参数。对于某些类型的起重机而言,生产率、轨距、基距、最大轮压、自重、外形尺寸等也是重要的技术参数。

三、起重机械的基本组成

起重机不论结构简单还是复杂,其共同点都是由三大部分组成,即金属结构、工作机构和电控系统。

(一)金属结构

金属结构是起重机的骨架,其作用是承受和传递起重机负担的各种工作载荷、自然载荷以及自重载荷。由于超载或疲劳等原因,导致起重机金属结构局部或整体受力构件出现裂纹和塑性变形,这涉及强度问题;由于超载或冲击振动等原因,导致起重机金属结构的主要受力构件发生了过大的弹性变形,或产生剧烈的振动,这涉及刚度问题;由于载荷移到悬臂端发生超载或变幅加速度过大,导致带有悬臂的起重机倾翻,这涉及整机倾覆稳定性问题,这些都与起重机金属结构的可靠性和安全性密切相关。因此,金属结构必须具有足够的强度、刚度和稳定性,才能保证起重机的正常使用。

以下简要介绍几种典型起重机金属结构的组成和特点。

1.桥式起重机的金属结构

桥式起重机的金属结构是指桥式起重机的桥架,如图 7-1 所示,它由主梁、端梁、栏杆、走台、轨道和司机室等构件组成。其中主梁和端梁为主要受力构件,其他为非受力构件。主梁与端梁之间采用焊接或螺栓连接。端梁多采用钢板组焊成箱形结构。主梁截面结构形式多种多样,常用的多为箱形截面梁或桁架式主梁。

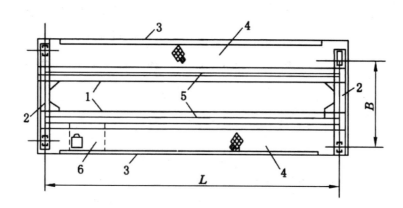

图 7-1　桥式起重机桥架

1—主梁;2—端梁;3—栏杆;4—走台;5—轨道;6—司机室

2.门式起重机的金属结构

门式起重机的金属结构主要由主梁、端梁、马鞍、支腿、下横梁以及小车架等部分组成。根据门架的结构特点,金属结构可分为无悬臂式、双悬臂式和单悬臂式等,如图 7-2 所示:

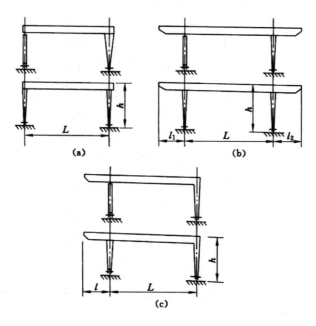

图 7-2　门式起重机

(a)无悬臂式;(b)双悬臂式;(c)单悬臂式

L—跨度;l_1、l_2—悬臂长;h—高度

3.塔式起重机的金属结构

塔式起重机的金属结构是指塔式起重机的塔架,图7-3为塔式起重机的典型产品——自升塔式起重机。

自升塔式起重机的金属结构——塔架是由塔身、臂架、平衡臂、爬升套架、附着装置及底架等构件组成,其中塔身、臂架和底座是主要受力构件,臂架和平衡臂与塔身之间通过销轴相连接,塔身与底座之间通过螺杆连接固定。图7-3所示自升塔式起重机属于上回转式中的自升附着型结构形式。塔身是截面为正方形的桁架式结构,由角钢组焊而成。臂架为受弯臂架,截面多为矩形或三角形桁架式结构,由角钢或圆管组焊而成。

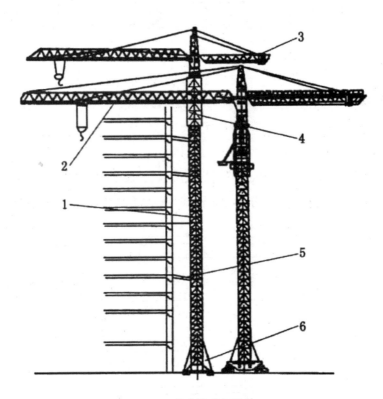

图7-3　自升塔式起重机

1—塔身;2—臂架;3—平衡臂;4—爬升套架;5—附着装置;6—底架

4.门座起重机的金属结构

图7-4为刚性拉杆式组合臂架式门座起重机的金属结构,是由交叉式门架、转柱、桁架式人字架与刚性拉杆组合臂架等构件组成,其中门架、人字架和臂架是主要受力构件。各构件之间采用销轴连接或螺栓连接固定。

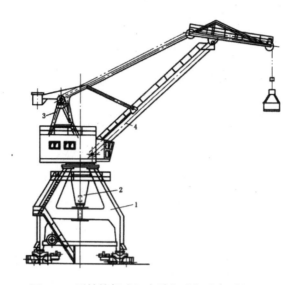

图 7-4 刚性拉杆式组合臂架式门座起重机

1—交叉式门架;2—转柱;3—桁架式人字架;4—刚性拉杆组合臂架

5.轮胎起重机的金属结构

图 7-5 所示为轮胎起重机,其金属结构主要由吊臂、转台和车架等构件组成。其中吊臂如图 7-6 所示,吊臂结构形式分为桁架式和伸缩臂式,伸缩臂式为箱形结构,桁架式吊臂由型钢或钢管组焊而成。吊臂是主要受力构件,它直接影响起重机的承载能力、整机稳定性和自重的大小。

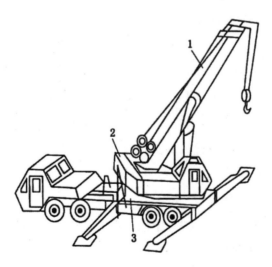

图 7-5 轮胎起重机的钢结构

1—吊臂,2—转台;3—车架

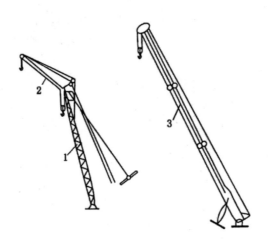

图7-6　轮胎起重机吊臂结构形式

1—桁架式主臂；2—桁架式副臂；3—箱形伸缩臂

转台分为平面框式和板式两种结构形式，均为钢板和型钢组合焊接构件。转台用来安装吊臂、起升机构、变幅机构、旋转机构、配重、电动机和司机室等。

车架又称为底架，分为平面框式和整体箱形结构。车架用来安装底盘与运行部分。

(二)工作机构

能使起重机实现某种作业动作的传动系统，统称为起重机的工作机构。因起重运输作业的需要，起重机要实现升降、移动、旋转、变幅、爬升及伸缩等动作，这些动作由相应的机构来完成。

起重机最基本的四大机构为起升机构、运行机构、旋转机构(又称回转机构)和变幅机构。除此之外，还有塔式起重机的塔身爬升机构和汽车、轮胎等起重机专用的支腿伸缩机构等。

起重机的每个机构均由四种装置组成：驱动装置、制动装置、传动装置以及与机构的作用直接相关的专用装置，如起升机构的取物缠绕装置、运行机构的车轮装置、旋转机构的旋转支承装置和变幅机构的变幅装置等。

驱动装置分为人力和动力两种形式。手动起重机是依靠人力直接驱动；动力驱动装置是电动机、内燃机以及液压泵或液压马达。

制动装置是制动器。各种不同类型的起重机根据各自的特点与需要，采用各种块式、盘式、带式、内张蹄式和锥式制动器。

传动装置是指减速器、联轴器、传动轴等。各种不同类型的起重机根据各自的特点与需要，采用定轴齿轮、蜗轮和行星等形式的减速器。

1.起升机构

起升机构由驱动装置、制动装置、传动装置和取物缠绕装置组成。最典型的起升机构的组成如图7-7所示：

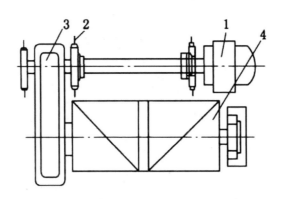

图 7-7 起重机的起升结构

1—电动机;2—制动器;3—减速器;4—取物缠绕装置

驱动装置采用电力驱动时为电动机,其中葫芦起重机多采用鼠笼电动机,其他电动起重机多采用绕线电动机或直流电动机。履带、铁路起重机的起升机构驱动装置为内燃机。汽车、轮胎起重机的起升机构驱动装置是由原动机带动的液压泵或液压马达。

（1）起升机构组成

起升机机构由驱动装置、传动装置、卷绕系统、取物装置、制动器及其他安全装置等组成,不同种类的起重机须匹配不同的取物装置,其驱动装置也有不同,但布置方式基本相同。

当起重量超过10t时,常设两个起升机构,即主起升机构(大起重量)与副起升机构(小起重量)。一般情况下两个机构可分别工作,特殊需要情况下也可协同工作。副钩起重量一般取主钩起重量的20%~30%。

①驱动装置

大多数起重机采用电动机驱动,布置、安装和检修都很方便。流动式起重机(如汽车起重机、轮胎起重机等)以内燃机为原动力,传动与操纵系统比较复杂。

②传动装置

传动装置包括减速器和传动器。减速器常用封闭式的卧式标准两级或三级圆柱齿轮减速器,起重量较大者有时增加一对开式齿轮以获得低速大力矩。为补偿吊载后小车架的弹性变形给机构工作可靠性带来的影响,通常采用有补偿性能的弹性柱销联轴器或齿轮联轴器,有些起升机构还采用浮动轴(也称补偿轴)来提高补偿能力,方便布置并降低磨损。

③卷绕系统

它指的是卷筒和钢丝绳滑轮组。单联滑轮组一般用于臂架类型起重机。

④取物装置

根据被吊物料的种类、形态不同,可采用不同种类的取物装置。取物装置种类繁多,使用量最大的是吊钩。

⑤制动器及安全装置

制动器既是机构工作的控制装置,又是安全装置,因此是安全检查的重点。起升机构的制动器必须是常闭式的。电动机驱动的起重机常用块式制动器,流动式起重机采用带式制动器,近几年采用了盘式制动器。一般起重机的起升机构只装配一个制动器,通常装在高速轴上(也有装在与卷筒相连的低速轴上);吊运炽热金属或其他危险品,以及发生事故可能造成重大危险或损失的起升机构,每套独立的驱动装置都要装设两套支持制动器。制动器经常利用联轴器的一个半体兼作制动轮,即使联轴器损坏,制动器仍能起安全保护作用。

此外,起升机构还配备起重量限制器、上升极限位置限制器、排绳器等安全装置。

(2)起升机构的工作原理

电动机通过联轴器(和传动轴)与减速器的高速器的高速轴相连,减速器的低速轴带动卷筒,吊钩等取物装置与卷绕在卷筒上的省力钢丝绳滑轮组连接起来。当电动机正反两个方向的运动传递给卷筒时,通过卷筒不同方向的旋转将钢丝绳卷入或放出,从而使吊钩与吊挂在其上的物料实现升降运动,这样,将电动机输入的旋转运动转化为吊钩的垂直上下的直线运动。常闭式制动器在通电时松闸,使机构运转;在失电情况下制动,使吊钩连同货物停止升降,并在指定位置上保持静止状态。当滑轮组升到最高极限位置时,上升极限位置限制器被触碰而动作,使吊钩停止上升。当吊载接近额定起重量时,起重量限制器及时检查出来,并给予显示,同时发出警示信号,一旦超过额定值及时切断电源,使起升机构停止运行,以保证安全。

2.运行机构

运行机构可分为轨式运行机构和无轨式运行机构(轮胎、带式运行机构),这里只介绍轨式运行机构(以下简称运行机构)。运行机构除了铁路起重机以外,基本都为电动机驱动形式。因此,起重机运行机构由运行驱动装置(原动机、传动装置、制动装置)、运行支撑装置和安全装置组成。

(1)运行驱动装置

运行驱动装置包括原动机、传动装置(传动轴、联轴器和减速器等)和制动器。大多数运行机构采用电动机,流动式起重机为内燃机,有的铁路起重机使用蒸汽机。自行式运行机构的驱动装置全部设置在运行部分上,驱动力主要来自主动车轮或履带与轨道或地面的附着力。牵引式运行机构采用外置式驱动装置,通过钢丝绳牵引运动部分,可以沿坡度较大轨道运行,并获得较大的运行速度。

起重机的运行驱动装置可分为集中驱动和分别驱动两种形式。

集中驱动是由一台电动机通过传动轴驱动两边车轮转动运行的运行机构形式,如图7-8所示。集中驱动只适合小跨度的起重机或起重小车的运行机构。

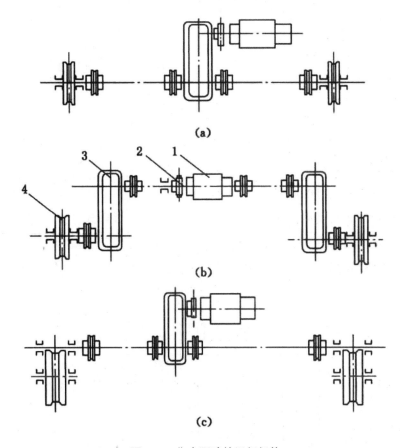

图7-8　集中驱动的运行机构

(a)低速轴驱动;(b)高速轴驱动;(c)中速轴驱动

1—电动机;2—制动器;3—减速器;4—车轮机构

分别驱动是两边车轮分别采用两套独立、无机械联系的驱动装置的运行机构形式,如图7-9所示:

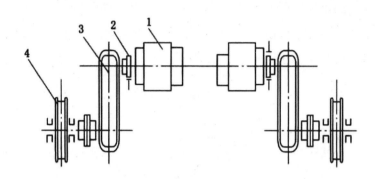

图 7-9　分别驱动的运行机构

1—电动机;2—制动器;3—减速器;4—车轮装置

随着葫芦式起重机技术的发展,电动机采用锥形制动电动机,将驱动与制动两个机能合二为一,又进一步发展为将电动机、制动器和减速器三者合为一体,三者不再需要用联轴器连接,电动机轴同时也是制动器和减速器的高速轴,三者不可再分,构成一种十分紧凑的整体,或称为"三合一"驱动装置,目前已经为起重小车和起重大车分别驱动形式所采用。如图 7-10 所示,分别驱动的运行机构是由独立的"三合一"驱动装置和车轮装置组成。

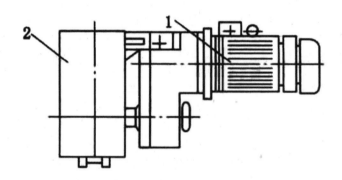

图 7-10　分别驱动的"三合一"运行结构

1—"三合一"驱动装置;2—车轮装置

(2)运行支承装置

轨道式起重机和小车的运行支承装置主要是钢制车轮组和轨道。车轮以踏面与轨道顶面接触并承受轮压。

大车运行机构多采用铁路钢轨,当轮压较大时采用起重机专用钢轨。小车运行机构的钢轨采用方钢或扁钢直接铺设在金属结构上。

车轮组由车轮、车轮轴、轴承及轴承箱等组成。车轮与车轴的连接可采用单键、花键或锥套等多种方式。为防止车轮脱轨而带有轮缘,以承受起重机的侧向力。

车轮的轮缘有双轮缘、单轮缘和无轮缘三种。一般起重大车主要采用双轮缘车轮,一些重型起重机,除采用双轮缘车轮外还要加装水平轮,以减轻起重机歪斜运行时轮缘与轨道侧面的接触磨损。轨距较小的起重机或起重小车广泛采用单轮缘车轮(轮缘在起重机轨道外侧)。如果有导向装置,可以使用无轮缘车轮。采用无轮缘车轮,是为了将轮缘的滑动摩擦变为滚动摩擦,此时应增设水平导向轮。在大型起重机中,为了降低车轮的压力,提高传动件和支承件的通用化程度,便于装配和维修,常采用带有平衡梁的车轮组。无轨式起重机运行支承装置是轮胎或履带装置。

单主梁门式起重机的小车运行机构常见有垂直反滚轮和水平反滚轮的结构形式,车轮一般是无轮缘的。为防止小车倾翻,必须装有安全钩。

(3)安全装置

运行机构的安全装置有行程限位开关、防风抗滑装置、缓冲器和轨道端部止挡,以防止起重机或小车超行程运行脱轨,防止室外起重机受强风影响造成倾覆。

(4)运行机构的工作原理

电动机的原动力通过联轴器和传动轴传递给减速器,经过减速器的减速增力作用,带动车轮转动,驱动力靠主动车轮轮压与轨道之间的摩擦产生的附着力,因此,必须要验算主动轮的最小轮压,以确保足够的驱动力。运行机构的制动器使处于不利情况下的起重机或小车在限定的时间内停止运行。

3.旋转机构

旋转机构是臂架起重机的主要工作机构之一。旋转机构的作用是使旋转部分相对于非旋转部分转动,达到在水平面上沿圆弧方向搬运物料的目的。旋转机构与变幅机构、运行机构配合运行,可使起重作业范围扩大。旋转式起重机的旋转速度根据其用途而定。

旋转机构由旋转驱动装置和旋转支承装置两大部分组成。

(1)旋转驱动装置

旋转驱动装置用来驱动起重机旋转部分相对于固定部分进行回转。典型的旋转驱动装置通过电动机、减速器、制动器以及最后一级大齿轮,使旋转部分实现旋转运动。旋转驱动装置分为电动旋转驱动装置和液压旋转驱动装置。

①电动旋转驱动装置通常装在起重机的回转部分上,由电动机经过减速器带动最后一级开式小齿轮,小齿轮与装在起重机固定部分的大齿圈(或针齿圈)相啮合,实现起重机的旋转。

电动旋转驱动装置有卧式电动机与蜗轮减速器传动、立式电动机与立式圆柱齿轮减速器传动和立式电动机与行星减速器传动三种形式。

②液压旋转驱动装置有高速液压马达与蜗轮减速器或行星减速器传动,以及低速大扭矩液压马达旋转机构两种形式。

（2）旋转支承装置

旋转支承装置用来将起重机旋转部分支承在固定部位上,为旋转部分提供必要的回转约束,并承受起重载荷所引起的垂直力、水平力与倾翻力矩。旋转支承装置主要有转柱式（又可分为转柱式和定柱式）和转盘式。

①柱式旋转支承装置又分为定柱式旋转支承装置和转柱式旋转支承装置。定柱式旋转支承装置如图7-11所示。它由一个推力轴承与一个自位径向轴承及上、下支座组成。浮式起重机多采用定柱式旋转支承装置。

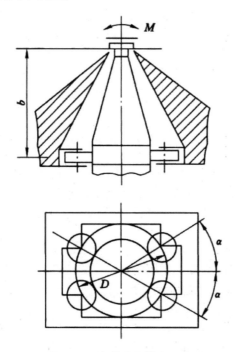

图7-11　定柱式旋转支承装置

转柱式旋转支承装置如图7-12所示,由滚轮、转柱、上下支承座及调位推力轴承、径向球面轴承等组成。塔式、门座起重机多采用转柱式旋转支承装置。

转柱式旋转支承装置的特点是具有一个与起重机转动部分做成一体的大转柱,转柱插入固定部分,借上、下支座支承并与起重机转动部分一起回转。定柱式旋转支承装置有一个牢固安装在非旋转部分上的定柱,带起重臂的旋转部分通过空心的钟形罩套装在定柱上。

②转盘式旋转支承装置又分为滚子夹套式旋转支承装置和滚动轴承式旋转支承装置。

滚子夹套式旋转支承装置由转盘、锥形或圆柱形滚子、轨道及中心轴枢等组成,滚动轴承式旋转支承装置由球形滚动体、回转座圈和固定座圈组成。

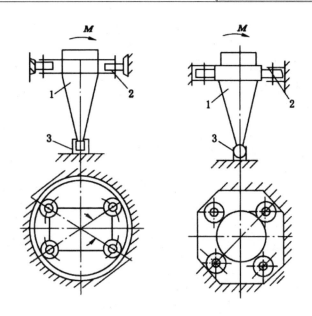

图 7-12　转柱式旋转支承装置

1—滚柱；2—滚轮；3—调位推力轴承

转盘式旋转支承装置类型很多，其结构的共同特征是起重机的旋转部分装配在一个大圆盘上，转盘通过滚动体(如滚轮、滚珠或滚子)支承在固定部分上，并与转动部分一起回转。滚动轴承转盘式是目前常用的一种类型，广泛用于各种臂架起重机。其结构特点是：整个旋转支承装置是一个大型滚动轴承，由良好密封和润滑的座圈和滚动体构成。滚动体可以是滚珠或滚子，旋转驱动装置的大齿圈与座圈制成一体，与小齿轮内啮合或外啮合。借助螺栓的连接，内座圈与转台相连构成旋转部分，底架与外座圈相连构成起重机的固定部分。

4.变幅机构

(1)变幅机构的分类

不同种类的臂架起重机的变幅机构有多种类型。按作业要求不同，变幅机构分为调整性变幅与工作性变幅两种；按变幅方式不同，变幅机构分为运行小车式和俯仰臂架式，如图 7-13 所示；按在变幅过程中臂架中心是否升降，变幅机构还可进一步分为平衡性变幅机构和非平衡性变幅机构。

①调整性(也称非工作性)变幅机构的主要任务是调整工作位置，仅在空载条件下变幅到适宜的幅度。在升降物料的过程中，幅度不再变化。例如，流动式起重机受稳定性限制，吊载过程当中不允许变幅。其工作特征是变幅次数少、速度低。

②工作性变幅机构可带载变幅，从而扩大起重作业面积。其主要特征是变幅频繁，变幅速度较高，对装卸生产率有直接影响，机构的驱动功率越大，机构相对越复杂。

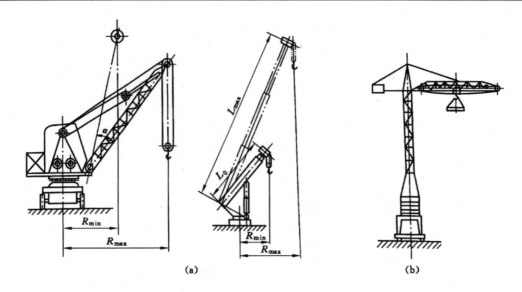

图7-13　普通臂架变幅机构

(a)俯仰臂架式;(b)运行小车式

③运行小车式的小车可以沿臂架往返运行,变幅速度快,装卸定位准确,常用于工作性变幅。它又可分为小车自行式和牵引小车式两种。长臂架的塔式起重机常采用牵引小车式变幅。

④俯仰臂架式变幅机构通过臂架绕固定铰轴在垂直平面内俯仰来改变倾角,从而改变幅度,它被广泛用于各类臂式起重机。按动臂和驱动装置之间的连接方式不同,又可分为钢丝绳滑轮组牵引的挠性变幅机构和通过齿条或液压油缸驱动的刚性变幅机构。液压汽车起重机的臂架还可制成可伸缩的,使变幅范围扩大。

⑤非平衡性变幅。通过摆动臂架完成水平运移物品时,臂架和物品的中心都要升高或降低,需要耗费很大的驱动功率;而在增大幅度时,则引起较大的惯性载荷,影响使用性能。因此,非平衡变幅大多在非工作性变幅时应用。

⑥平衡性变幅。工作性变幅采用各种方法,使起重机在变幅过程中所吊运物品的中心沿水平线或近似水平线移动,而臂架系统自重由活动平衡重所平衡。这样能够节约驱动功率,并使操作平衡可靠。

(2)变幅机构的变幅阻力

变幅机构计算是以不同工况下的变幅阻力分析为基础的,变幅阻力有:

①变幅过程中被吊物品非水平位移所引起的变幅阻力;

②臂架系统自重未能完全平衡引起的变幅阻力;

③吊载的起升绳偏斜产生的变幅阻力,考虑风载荷、离心力、变幅和回转启、制动所产生的惯性力等在物品上的综合作用;

④作用在壁架系统上的风载荷引起的变幅阻力；

⑤壁架系统在起重机回转时的离心力引起的变幅阻力；

⑥起重机轨道坡度引起的变幅阻力；

⑦变幅过程中臂架系统的径向惯性力引起的变幅阻力；

⑧臂架铰轴中的摩擦和补偿滑轮组的效率引起的变幅阻力。

在计算变幅驱动器机构时，这些阻力在变幅全过程中的各个不同幅度位置上是变化的。

（3）变幅驱动机构的计算原则

①电动机的选择。变幅机构的电动机根据正常工作状态下各种工况的均方根等效阻力矩之最大值计算等效功率，根据等效功率和该机构的接电持续率初选电动机，然后校验电动机的过载和发热。等效变幅阻力矩为正常工作状态下根据相应起重量，在变幅全过程中各个不同幅度位置上的变幅阻力矩和相应幅度区间计算的均方根值。变幅阻力矩由未平衡的起升载荷和臂架系统自重载荷、作用于臂架系统上的风力、吊重绳偏摆角引起的水平力、臂架系统的惯性力、起重机倾斜引起的坡道阻力以及臂架系统在变幅时的摩擦阻力等产生。

②制动器的选择。与起升机构一样，变幅机构的制动器应采用常闭式。对于平衡变幅机构，其制动安全系数在工作状态下取 1.25；非工作状态下取 1.15。对于重要的非平衡变幅机构应装有两个支持制动器，其制动安全系数的选择原则与起升结构相同。

③零件的受力计算。即综合考虑的变幅阻力折算到计算的某一零件上。由于变幅阻力在变幅全过程中的各个不同幅度位置上是变化的，应该对若干个幅度位置计算这些阻力，比较取其大者作为零件的受力值。

第三节 起重机械易损零部件安全知识及重要部件报废标准

一、吊钩

吊钩是起重机最常使用的取物装置，与动滑轮组合成吊钩组，通过起升机构的卷绕系统将被吊物料与起重机联系起来。

吊钩在起重作业中受到冲击重载荷反复作用，一旦发生断裂，可导致重物坠落，可能造成重大人身伤亡事故。因此，要求吊钩有足够的承载力，同时要求要有一定韧性，避免发生突然断裂的危险，以保证作业人员的安全和被吊运物料不受损害。

（一）概述

吊钩组是起重机上应用最普遍的取物装置，它由吊钩、吊钩螺母、推力轴承、吊钩横梁、滑轮、滑轮轴以及拉板等零件组成。

1.吊钩的分类

目前，常用的吊钩按形状分为单钩和双钩，按制造方法分为模锻钩和叠片钩。

（1）模锻吊钩为整体锻造，成本低，制造、使用都很方便，缺点是一旦破坏即要整体报废。模锻单钩在中小起重机（80t 以下）上广泛采用。双钩制造较单钩复杂，但受力对称，钩体材料较能充分利用，主要在大型起重机（起重量 80t 以上）上采用。

（2）叠片式吊钩（板钩）是由切割成形的多片钢板叠片铆接而成，并在吊钩口上安装护垫板，这样可减小钢丝绳磨损，使载荷能均匀地传到每片钢板上。叠片式吊钩制造方便，由于钩板破坏仅限于个别钢板，一般不会同时整体断裂，故工作可靠性较整体锻造吊钩高。缺点是只能做成矩形截面，钩体材料不能充分利用，自重较大，主要用于大起重量或冶金起重机（如铸造起重机）上。

一般不允许使用铸造钩，因为在工艺上难以避免铸造缺陷；由于无法防止焊接产生的应力集中和可能产生的裂纹，不允许用焊接制造吊钩，也不允许用补焊的办法修复吊钩。

2.吊钩材料

起重机吊钩除承受物品重量外，还要承受起升机构启动与制动时引起的冲击载荷作用，应具有较高的机械强度与冲击韧性。由于高强度材料通常对裂纹和缺陷敏感，吊钩一般采用优质低碳镇静钢或低碳合金钢制造。

3.吊钩的结构

吊钩的结构以锻造单钩为例说明。吊钩可以分为钩身和钩柄两部分。钩身是承受载荷的主要区段，制成弯曲形状，并留有钩口以便挂吊索。它最常见的截面形状是梯形，最合理的受力截面是 T 形（锻造工艺复杂）。钩柄常制有螺纹，便于用吊钩螺母将钩子支承在吊钩横梁上。

（二）吊钩的强度计算

计算载荷考虑起升载荷动载系数 Ψ_2。

吊钩危险断面如图 7-14 所示。下面按平面弹性曲杆理论对吊钩的受载状况进行受力分析。

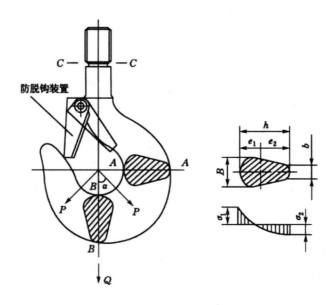

图 7-14　吊钩力学分析图

1.钩身水平断面 $A - A$

$A - A$ 断面受力最大。起升载荷 P_Q 对 $A - A$ 断面的作用为偏心拉力,在断面上形成弯曲和拉伸组合应力作用。断面内侧应力为最大拉应力 σ_1,断面外侧为最大压应力 σ_2,计算公式如下:

$$\sigma_1 = \frac{\Psi_2 Q}{F_A K} \frac{2e_1}{D} \leqslant [\sigma] \tag{7 - 1}$$

$$\sigma_2 = \frac{\Psi_2 Q}{F_A K} \frac{2e_2}{(D + 2h)} \leqslant [\sigma] \tag{7 - 2}$$

式中 $[\sigma]$ ——吊钩许用应力;

Ψ_2 ——起升载荷动载系数;

Q ——额定起重量的重力;

e_1,e_2 ——断面形心至钩内、外侧的距离;

F_A —— $A - A$ 断面面积;

K ——曲梁断面的形状系数;

h ——断面内、外侧之间的距离;

D ——钩口直径。

2.钩身垂直断面 $B - B$

$B - B$ 断面虽然受力不如 $A - A$ 断面大,却是吊索强烈磨损的部位。随着断面面积减小,承载能力下降,应按实际磨损的断面尺寸计算。危险受力情况是当系物吊索分支的夹角较

大时,吊索每分支受力(符号含义如图 7-14 所示)为:

$$P = \frac{Q}{2\cos\alpha} \qquad (7-3)$$

分解此力,偏心拉力为 $P\sin\alpha = Q/2\tan\alpha_{max}$;切力为 $P\cos\alpha = Q/2$,偏心拉力产生与 $A - A$ 断面相似的受力情况时按 $\alpha_{max} = 45°$ 考虑, $B - B$ 断面的内侧拉应力心为:

$$\sigma_3 = \frac{\Psi_2 Q}{F_B K} \frac{e_1}{D} \qquad (7-4)$$

切应力为:

$$r = \frac{\Psi_2 Q}{F_B} \qquad (7-5)$$

式中 F_B —— $B - B$ 断面面积。

3.钩柄尾部的螺纹部位 $C - C$ 断面

螺纹根部应力集中,容易受到腐蚀,会在缺陷处断裂。螺纹的强度计算只验算拉应力:

$$\sigma_4 = \frac{\Psi_2 Q}{F_C} \qquad (7-6)$$

式中 F_C ——螺纹根部断面面积。

(三)吊钩危险断面的力学分析方法

各种破裂面的形迹所处的空间位置,一般用结构面来表示。根据应变椭球体力学分析方法,形成三种不同力学性质的结构面分析图,如图 7-15 所示。工件在受力作用下,主要产生三种不同性质的结构面,即 PP 压性结构面、rr 张性结构面和 SS 、$S'S'$ 扭性结构面。这三种结构面既可以由挤压、引张作用形成,也可以由力偶作用形成,当扭性结构面不以 45°角与压性或张性结构面相交时,可派生出压扭或张扭性结构面。各种结构面的形态特征和运动痕迹如下:

(1)压性结构面。破裂面呈舒缓波状,垂直上分布冲擦痕。

(2)张性结构面。破裂面曲折参差,粗糙不平,一般无擦痕。

(3)扭性结构面。破裂面平整光滑,常分布大量擦痕、擦沟。

(4)压扭性结构面。破裂面呈倾斜的舒缓波状,常分布反向倾斜的扭曲和斜冲擦痕。

(5)张扭性结构面。破裂面呈不明显的锯齿状但觉平滑。

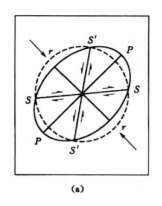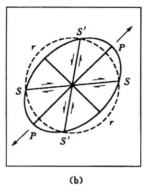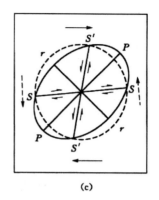

图 7-15　三种作用下的应变椭球体

(a)挤压作用;(b)引张作用;(c)力偶作用

(四)吊钩安全检查

经常和定期安全检查是保证吊钩安全的重要环节。安全检查包括安装使用前检查和在用吊钩的检查。危险断面是安全检查的重点。

1.安装使用前检查

吊钩应有制造厂的检验合格证明(吊钩额定起重量和检验标记应打印在钩身低应力区),否则应该对吊钩进行材料化学成分检验和必要的机械性能试验(如拉力试验、冲击试验)。另外,还应测量吊钩的原始开口度尺寸。

2.表面检查

通过目测、触摸检查吊钩的表面状况。在用吊钩的表面应该光洁、无毛刺、无锐角,不得有裂纹、折叠、过烧等缺陷,吊钩缺陷不得补焊。

3.内部缺陷检查

主要通过探伤装置检查吊钩的内部状况。吊钩不得有内部裂纹、白点和影响使用安全的任何夹杂物等缺陷。必要时,应进行内部探伤检查。

4.安全装置

必须安装防止吊物意外脱钩的安全装置。

(五)吊钩的报废

吊钩出现下列情况之一时应予报废:①裂纹;②危险断面磨损达原尺寸的10%;③开口度比原尺寸增加15%;④钩身扭转变形超过10′;⑤吊钩危险断面或吊钩颈部产生塑性变形;⑥吊钩螺纹被腐蚀;⑦片钩衬套磨损达原尺寸的50%时,应更换衬套;⑧片钩心轴磨损达原尺寸的5%时,应更换心轴。

二、钢丝绳

钢丝绳强度高、自重小、柔韧性好、耐冲击、安全可靠,在正常情况下使用的钢丝绳不会发生突然破断,但可能会因为承受的载荷超过其极限破断力而破坏。钢丝绳的破坏是有前兆的,总是从断丝开始,极少发生整条绳突然断裂。钢丝绳广泛应用在起重机上,钢丝绳的破坏会导致严重的后果,所以钢丝绳既是起重机械的重要零件之一,也是保证起重作业安全的关键环节。

(一)钢丝绳的构造

钢丝绳是由多层钢丝捻成股,再以绳芯为中心,由一定数量股捻绕成螺旋状的绳。

1.钢丝

钢丝绳起到承受载荷的作用,其性能主要由钢丝决定,钢丝是碳素钢或合金钢通过冷拉或冷轧而成的圆形(或异形)丝材,具有很高的强度和韧性,并根据使用环境条件不同对钢丝进行表面处理。

2.绳芯

它是用来增加钢丝绳弹性和韧性、润滑钢丝、减轻摩擦、提高使用寿命的。常用的绳芯有有机纤维(如麻、棉)、合成纤维、石棉芯(高温条件)或软金属等材料。

(二)钢丝绳的类型

按钢丝的接触状态及捻向不同可分为:

1.点接触钢丝绳

采用等直径钢丝捻制。由于各层钢丝的捻距不等,各层钢丝与钢丝之间形成点接触。受载时钢丝的接触应力很高,容易磨损、折断,寿命较低;优点是制造工艺简单,价格低廉。点接触钢丝绳常作为起重作业的捆绑吊索,起重机的工作机构也可采用。

2.线接触钢丝绳

采用直径不等的钢丝捻制。将内外层钢丝适当配置,使不同层钢丝与钢丝之间形成线接触,使受载时钢丝的接触应力降低。线接触绳承载力高、挠性好、寿命较高。常用的线接触钢丝绳有西尔型、瓦林吞型(亦称粗细型)、填充型等。《起重机设计规范》推荐在起重机的工作机构中优先采用线接触钢丝绳。

3.面接触钢丝绳

通常以圆钢丝为股芯,最外一层或几层采用异形断面钢丝,层与层之间是面接触,用挤压方法绕制而成。其特点是,表面光滑、挠性好、强度高、耐腐蚀,但制造工艺复杂,价格高,起重机上很少使用,常用作缆索起重机和架空索道的承载索。

4.交互捻钢丝绳(也称交绕绳)

其丝捻成股与股捻成绳的方向相反。由于股与绳的捻向相反,使用中不易扭转和松散,在起重机上广泛使用。

5.同向捻钢丝绳(也称顺绕绳)

其丝捻成股与股捻成绳的方向相同,挠性和寿命都较交互捻绳要好,但因其易扭转、松散,一般只用来做牵引绳。

6.不扭转钢丝绳

这种钢丝绳在设计时,股与绳的扭转力矩相等,方向相反,克服了在使用中的扭转现象,常在起升高度较大的起重机上使用,并越来越受到重视。

（三）钢丝绳的选用

钢丝绳按所受最大工作静拉力计算选用,要满足承载能力和寿命要求。

钢丝绳承载能力的计算有两种方法,可根据具体情况选择其中一种。

1.公式法(ISO推荐)

$$d = c\sqrt{S} \tag{7-7}$$

式中 d ——钢丝绳最小直径,mm;

c ——选择系数,mm·$N^{1/2}$;

S ——钢丝绳最大工作静拉力。

2.安全系数法

$$F_0 \geqslant Sn \tag{7-8}$$

$$F_0 = k\sum S_s \tag{7-9}$$

式中 F_0 ——所选钢丝绳的破断拉力,N;

S ——钢丝绳最大工作静拉力;

n ——安全系数,根据工作机构的工作级别确定;

k ——钢丝绳捻制折减系数;

$\sum S_s$ ——钢丝绳破断拉力总和,根据钢丝绳的结构查钢丝绳性能手册。

（四）钢丝绳的报废

钢丝绳受到强大的拉应力作用,通过卷绕系统时反复弯折和挤压造成金属疲劳,并且由于运动引起与滑轮或卷筒槽摩擦,经过一段时间的使用后,钢丝绳表层的钢丝首先出现缺陷。例如,断丝、锈蚀磨损、变形等,使其他未断钢丝所受的拉力更大,疲劳与磨损更严重,从而使断丝速度加快。当钢丝绳的断丝数和变形发展到一定程度,钢丝绳无法保证正常安全工作时,就应该及时报废、更新。

钢丝绳使用安全程度由下述各项标准考核:断丝的性质与数量;绳端断丝情况;断丝的局部密集程度;断丝的增长率;绳股折断情况;绳径减小和绳芯折断情况;弹性降低;外部及内部磨损程度;外部及内部腐蚀程度;变形情况;由于热或电弧而造成的损坏情况;塑性伸长的增长率等。

(1)钢丝绳在任何一段节距内断丝数达到规定数值时,应当及时报废、更新。

(2)锈蚀磨损,断丝数折减。钢丝绳锈蚀或磨损时,应将断丝数按标准折减,并按折减后的断丝数报废。

(3)吊运危险品钢丝绳断丝数减半。吊运炽热金属或危险品的钢丝绳的报废断丝数应取一般起重机钢丝绳报废断丝数的一半,其中包括钢丝表面磨蚀进行的折减。

(4)绳端部断丝。当绳端或其附近出现断丝(即使数量较少)时,如果绳长允许,应将断丝部位切去,重新安装。

(5)断丝的局部聚集程度。如果断丝聚集在小于一个节距的绳长内,或集中在任一绳股里,即使断丝数值少,也应予以报废。

(6)断丝的增长率。当断丝数逐渐增加,其时间间隔趋短时,应认真检查并记录断丝增长情况,判明规律,确定报废日期。

(7)整股断裂。钢丝绳某一绳股整股断裂时,应予报废。

(8)磨损。当外层钢丝磨损达40%,或由于磨损引起钢丝绳直径减小7%。

(9)腐蚀。当钢丝表面出现腐蚀深坑,或由于绳股生锈而引起绳径增加或减小。

(10)绳芯损坏。由于绳芯损坏引起绳径显著减小、绳芯外露、绳芯挤出。

(11)弹性降低。钢丝绳弹性降低一般伴有下述现象:绳径减小;绳节距伸长;钢丝或绳股之间空隙减小;绳股凹处出现细微褐色粉末;钢丝绳明显不易弯曲。

(12)变形。钢丝绳变形是指钢丝绳失去正常形状而产生可见畸变,从外观上看可分为以下几种:波浪形、笼形畸变,绳股挤出,钢丝挤出,绳径局部增大、扭结,局部被压扁或弯折。

(13)过热。过热是指钢丝绳受到电弧闪络、过烧,或外表出现可识别的颜色改变等。电弧作用的钢丝绳外表颜色与正常钢丝绳难以区别,因而容易成为隐患。

钢丝绳破坏的表现形态各异,多种原因交错,每次检验均应对以上各项因素进行综合考虑,按标准把关。在更换新钢丝绳前,应弄清并消除对钢丝绳有不利影响的设备的缺陷。

（五）钢丝绳的使用和维护

必须坚持每个作业班次对钢丝绳进行检查并形成制度。检查不留死角,对于不易看到和不易接近的部位应给予足够重视,必要时应做探伤检查。在检查和使用中应做到：

(1)使用检验合格的产品,保证其机械性能和规格符合设计要求；

(2)保证足够的安全系数,必要时使用前要进行受力计算,不得使用报废的钢丝绳；

(3)使用中避免两钢丝绳的交叉、叠压受力,防止打结、扭曲、过度弯曲和划磨；

(4)应注意减少钢丝绳弯折次数,尽量避免反向弯折；

(5)避免在不洁净的地方拖拉钢丝绳,防止外界因素对钢丝绳的损伤、腐蚀,使钢丝绳性能降低；

(6)保持钢丝绳表面的清洁和良好的润滑状态,加强对钢丝绳的保养和维护。

第四节　起重机械安全防护装置

起重机的安全防护是指对起重机在作业时产生的各种危险进行预防的安全技术措施。不同种类的起重机应根据不同需要安装必要的安全防护装置。安全防护装置是否配备齐全,装置的性能是否可靠是起重机安全检查的重要内容。

一、起重机械安全防护装置的类型

为保证起重机械设备及人员的安全,各种类型的起重机械均设有多种安全防护装置,常见的起重机械安全防护装置按照安全功能和安全检查项目分类如下：

（一）按安全功能分类

起重机安全防护装置按安全功能大致可分为安全装置、防护装置、指示报警装置及其他安全防护措施几类。

1.安全装置

安全装置是指通过自身的结构功能,可以限制或防止起重作业的某种危险发生的装置。安全装置可以是单一功能装置,也可以是与防护装置联用的组合装置。安全装置还可以进一步分为：

(1)限制载荷的装置。例如,超载限制器、力矩限制器、缓冲器、极限力矩限制器等。

(2)限定行程位置的装置。例如,上升极限位置限制器、下降极限位置限制器、运行极限位置限制器、防止吊臂后倾装置、轨道端部止挡等。

（3）定位装置。例如，支腿回缩锁定装置、回转定位装置、夹轨钳和锚定装置或铁鞋等。

（4）其他安全装置。例如，联锁保护装置、安全钩、扫轨板等。

2.防护装置

防护装置是指通过设置实体障碍，将人与危险隔离。例如，走台栏杆、暴露的活动零部件的防护罩、导电滑线防护板、电气设备的防雨罩，以及起重作业范围内临时设置的安全栅栏等。

3.安全信息提示和报警装置

安全信息提示和报警装置是用来显示起重机工作状态的装置，是人们用以观察和监控系统过程的手段，有些装置与控制调整联锁，有些装置兼有报警功能。属于此类装置的有：偏斜调整和显示装置、幅度指示计、水平仪、风速风级报警器、登机信号按钮、倒退报警装置、危险电压报警器等。

4.其他安全防护措施

其他安全防护措施包括照明、信号、通信、安全色标等。

（二）按安全检查项目分类

起重机安全防护装置按安全检查项目的要求不同，可分"应装"和"宜装"两个要求等级。

1.应装

它是指强制要求必须装设的安全防护装置。应装而未装，或装置丧失安全功能，要限期整改，甚至会停止起重机的使用。

2.宜装

它是指非强制性要求的安全装置，当条件不具备时暂不要求，有条件时最好安装。

二、安全防护装置的工作原理和安全功能

为保证起重机械设备及人员的安全，各种类型的起重机械均设有多种安全防护装置，常见的起重机械安全防护装置有各种类型的限位器、缓冲器、防碰撞装置、防偏斜和偏斜指示装置、夹轨器和锚定装置、超载限制器和力矩限制器等。

（一）超载限制器

超载作业对起重机危害很大，既会造成起重机主梁的下挠，主梁的上盖板及腹板有可能出现失稳、裂纹或焊缝开裂，还会造成起重机臂架或塔身折断等重大事故。由于超载而破坏

了起重机的整体稳定性,有可能发生整机倾覆等恶性事故。超载作业所产生的过大应力,可以使钢丝绳拉断、传动部件损坏、电动机烧毁,或由于制动力矩不够而导致刹动失效等。超载限制器也称起重量限制器,是一种超载保护安全装置。其功能是当载荷超过额定值时,使起升动作不能实现,从而避免超载。

1.超载保护装置按其功能划分

可分为自动停止型、报警型和综合型等几种。

(1)自动停止型超载限制器在起升重量超过额定起重量时,能限制起重机向不安全方向继续动作,同时允许起重机向安全方向动作。安全方向是指吊载下降、收缩臂架、减小幅度及这些动作的组合。自动停止型一般为机械式超载限制器,它多用于塔式起重机。其工作原理是通过杠杆、偏心轮、弹簧等反映载荷的变化,根据这些变化与限位开关配合达到保护作用。

(2)报警型超载限制器能显示起重量,并当起重量达到额定起重量的95%~100%时,发出报警的声光信号。

(3)综合型超载限制器能在起重量达到额定起重量的95%~100%时发出报警的声光信号;当起重量超过额定起重量时,能限制起重机向不安全方向继续动作。

2.超载限制器按结构形式划分

可分为机械型、电子型和液压型等。

(1)机械型超载限制器有杠杆式(图7-16)和弹簧式等。

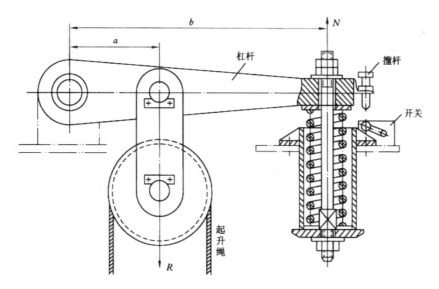

图7-16　杠杆超载限制器结构原理图

在正常起重作业时,钢丝绳的合力 R 对转轴 O 的力矩为 M_1,而弹簧力 N 对转轴的力矩

为 M_2。

当 $M_1 = M_2$ 时,杠杆保持平衡。亦即:$M_1 = R \times a$ 与 $M_2 = N \times b$ 相平衡。

超载时,力矩 M_1 增大,$M_1 > M_2$ 使杠杆顺时针转动,撞杆撞开限位开关,切断起升机构的动力源,从而起到超载保护的作用。

(2)电子型超载限制器的逻辑框图如图 7-17 所示,它可以根据事先调节好的起重量来报警,一般将它调节为额定起重量的 90%;自动切断电源的起重量调节为额定起重量的 110%。

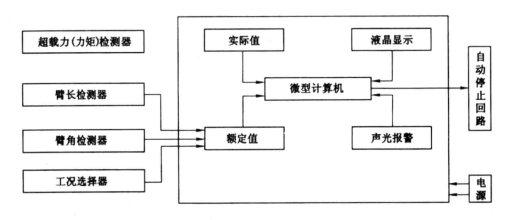

图 7-17　电子型超载限制器逻辑框图

(二)力矩限制器

力矩限制器是臂架式起重机的超载保护安全装置。臂架式起重机是用起重力矩特性来反映载荷状态的,而力矩值是由起重量、幅度(臂长与臂架倾角余弦的乘积)和作业工况等多个参数决定的,控制起来比较复杂。电子式力矩限制器可以综合多种情况,较好地解决这个问题。下面以流动式起重机的力矩限制器为例说明其工作原理。这种力矩限制器由载荷检测器、臂长检测器、角度检测器、工况选择器和微型计算机构成。当起重机进入工作状态时,将各参数的检测信号输入计算机,经过运算、放大、处理后,显示相应的数值,并与事先存入的额定起重力矩值比较。当实际值达到额定值的 90% 时,发出预警信号;当超载时,则一边发出报警信号,同时起重机停止向危险的方向(如起升、伸臂、降臂、回转)继续动作。

(三)限位器

限位器是用来限制各机构在某范围内运转的一种安全防护装置,但不能利用限位器停车。它包括两种类型:一类是保护起升机构安全运转的上升极限位置限制器和下降极限位置限制器;另一类是限制运行机构的运行极限位置限制器。

1.上升极限位置限制器和下降极限位置限制器

上升极限位置限制器(图7-18)用于限制取物装置的起升高度。当吊具起升至上极限位置时,为防止吊钩等取物装置继续上升拉断起升钢丝绳,限位器能自动切断电源,使起升机构停止,避免发生重物失落事故。

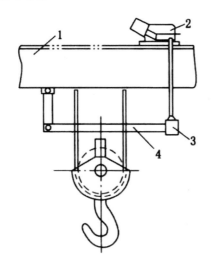

图7-18　重锤式上升极限位置限制器

1—小车架;2—开关;3—重锤;4—碰杆

下降极限位置限制器在取物装置下降至最低位置时,能自动切断电源,使起升机构下降,运转停止,此时应保证钢丝绳在卷筒上余留的安全绕圈数不少于3圈。

2.运行极限位置限制器

运行极限位置限制器由限位开关和安全尺式撞块组成。其工作原理是:当一起重机运行到极限位置后,安全尺触动限位开关的传动柄或触头,带动限位开关内的闭合触头分开而切断电源,起重机将在允许的制动距离内停车,即可避免硬性碰撞止挡体对运行的起重机产生过度的冲击碰撞。凡是有轨运行的各种类型的起重机,均应设置运行极限位置限制器。

三、起重机械安全防护装置的报废标准

起重机安全防护装置如因磨损、疲劳、变形及老化、腐蚀等使破坏损伤达到规定程度时应报废,以防安全防护装置的安全保护机能失效而发生事故灾害。

(一)限位器的报废

(1)升降限位器开关触点有损伤,磨损量达到原尺寸的30%,或因损伤、磨损造成限位器机能失效时应报废。

(2)重锤式起升限位器内的拉弹簧因疲劳失去弹力时,弹簧应报废。

（3）螺旋式起升限位器的螺杆或蜗杆磨损量达到原尺寸的20%时,螺杆或蜗杆应报废。

（4）运行行程开关动作失灵,触点磨损量达到原尺寸的30%,或不能可靠断电时应报废。

（二）缓冲器的报废

（1）弹簧缓冲器因碰撞疲劳造成弹簧失去弹性或断裂时弹簧应报废;壳体因碰撞冲击出现裂纹时,壳体应报废。

（2）橡胶或聚氨酯缓冲器因老化失去弹性或因碰撞而破损时应报废。

（3）液压系统缓冲器因弹簧疲劳失去弹性或液压活塞及缸体磨损造成严重泄漏时应报废。

（三）防碰撞装置的报废

激光式、超声波式、红外线式和电磁波式防碰撞装置,因剧烈碰撞造成损伤而失去光或电波传播反射的能力,经修复仍不能恢复原有的机能时应报废。

（四）防偏斜装置的报废

钢丝绳式、凸轮式和链轮式防偏斜装置的钢丝绳、凸轮和链轮的磨损量达到原尺寸的30%时应报废。

（五）夹轨器与锚定装置的报废

（1）夹轨器的螺杆因变形或磨损而严重影响夹紧力时应报废。

（2）电动夹轨器的弹簧因疲劳而失去弹性时,弹簧应报废;因风力吹动造成夹轨器各零部件有疲劳、变形或裂纹伤害时,该零部件应报废。

（3）锚定装置的固定部分如有松动,经修复仍不能保证牢固固定而有脱销的危险或隐患时,锚定装置应报废。

（六）超载限制器的报废

（1）经修复仍不能灵敏可靠动作的超载限制器应报废。

（2）超载限制器的综合误差大于10%时应报废。

（七）力矩限制器的报废

（1）经修复仍不能灵敏可靠动作的力矩限制器应报废。

（2）力矩限制器的综合误差大于10%时应报废。

（八）其他安全装置的报废

（1）联锁保护开关的联锁机能失效时应报废。

（2）登机信号按钮无显示，经检修仍不能恢复机能时应报废。

（3）倒退报警装置不能发出报警信号时应报废。

（4）扫轨板因碰撞障碍物而有严重变形或开裂损伤时应报废。

（5）止挡装置因碰撞造成固定连接焊缝开裂或固定连接螺栓松动变形而失去固定能力，或止挡装置有严重变形、破损等时，止挡装置应报废。

第五节　起重机械安全操作技术与安全管理

一、安全操作的一般要求

（一）起重机安全操作的基本要求

（1）起重作业人员班前、班中严禁饮酒，起重作业人员操作时必须精神饱满、精力集中，操作时不准吃东西、看书报、闲谈、打瞌睡、开玩笑等。

（2）起重作业人员接班时，应进行例行检查，发现装置和零部件不正常时，必须在操作前排除。

（3）开车前，必须鸣铃或报警；操作中起重机接近人时，亦应给以断续铃声或报警。

（4）操作应按指挥信号进行，对紧急停车信号，不论何人发出，都应立即执行。

（5）非起重机司机不准随便进入起重机司机室，检修人员得到起重机司机许可后，方可进入司机室。

（6）当确认起重机上或其周围无人时，才可以闭合主电源，如电源断路装置上装锁或有标牌时，应由有关人员摘掉后才可以闭合主电源。

（7）闭合主电源前，应使所有的控制器手柄置于零位。

（8）起重机上有两人工作时，若事先没有互相联系和通知，起重机司机不得擅自开动或脱离起重机。

（9）驾驶起重机时应使用手柄操作，停起重机时不要用安全装置关机，不许用人体其他部位去转动控制器，以防在异常工作时来不及采取紧急安全措施。

(10)工作中遇到突然停电时,应将所有的控制器手柄扳回零位,在重新工作前应检查起重机动作是否正常;因停电重物悬挂半空时,起重作业人员应通知地面人员紧急避让,并立即将危险区域围起来,不准任何人进入危险区。

(二)起重机停止作业时的安全操作要求

(1)起重机停止作业时,应将重物稳妥地放置于地面。

(2)多人挂钩操作时,驾驶人员应服从预先确定的指挥人员的指挥;吊运中发生紧急情况时,任何人都可以发出停止作业的信号,驾驶人员应紧急停车。

(3)起重机起吊重物时,一定要进行试吊,试吊高度≥0.5m,经试吊发现无危险时方可进行起吊。

(4)在任何情况下,吊运重物不准从人的上方通过,吊臂下方不得有人。

(5)在吊运过程中,重物一般距离人头顶0.5m以上,吊物下方严禁站人,在旋转起重机工作地带,人员应站在起重机动臂旋转范围之外。

(6)在轨道上露天作业的起重机,当工作结束时,应将起重机锚定住。

(7)起重作业人员进行维护保养时,应切断主电源并挂上标志牌或加锁,如有未消除的故障应通知接班人员。

(8)控制器应逐步开动,不要将控制器手柄从顺转位置直接猛转到反转位置(特殊情况下除外),而应先将控制器转到零位,再转到反方向,否则吊起的重物容易晃动摇摆或因销子、轴等受力过大而发生事故。

(9)起重机工作时不得进行检查和维修,不得在有载荷的情况下调整起升、变幅机构的制动器。

(10)不准利用极限位置限制器停车,无下降极限位置限制器的起重机,吊钩在最低工作位置时,卷筒上的钢丝绳必须保证符合《起重机设计规范》所规定的安全圈数。

(三)起重机作业时的安全操作要求

(1)起重机作业时,臂架、吊具、索具、辅具、缆风绳及重物等与输电线的最小距离必须符合有关规定。

(2)自行式起重机,工作前应按使用说明书的要求平整停车场地,牢固可靠地打好支腿。

(3)对无反接制动性能的起重机,除紧急情况外,不准利用打反车进行制动。

(4)用两台或多台起重机吊运同一重物时,钢丝绳应保持垂直;各台起重机的升降、运行应保持同步;各台起重机所承受的载荷均不得超过各自的额定起重能力;如达不到上述要求,应降低至额定起重能力的80%;对细高件吊装时,每台起重机的起重量降至额定起重量的75%。

(5)有主、副两套起升机构的起重机,主、副钩不应同时开动(对于设计允许同时使用的专用起重机除外)。

二、起重操作"十不吊"

第一,指挥信号不明或乱指挥不吊;第二,物体质量不清或超负荷不吊;第三,斜拉物体不吊;第四,重物上站人或有浮置物不吊;第五,工作场地昏暗,无法看清场地、被吊物及指挥信号不吊;第六,工件埋在地下不吊;第七,工件捆绑、吊挂不牢不吊;第八,重物棱角处与吊绳之间未加垫衬不吊;第九,吊具、索具达到报废标准或安全装置失灵不吊;第十,钢铁水包过满不吊。

三、安全操作的特殊要求

起重作业人员除了执行起重作业一般要求及本企业、本机型安全技术操作规程外,还要执行安全操作特殊要求。起重作业安全操作特殊要求主要包括:

(1)接受吊装任务前,必须编制起重吊装技术方案,作业前应进行技术交底,强调安全操作技术,全面落实安全措施。

(2)对使用的起重机械、机具、工具、吊具和索具进行检查,确认符合安全要求后方可使用,必要时要经过验证或试验认可。

(3)起重作业人员在操作中要登高作业前,必须办理登高作业安全许可证,并采取可靠的安全措施后方可进行。

(4)两人以上从事起重作业时,必须有一人担任起重指挥,现场其他起重作业人员或辅助人员必须听从起重指挥统一指挥,但在发生紧急危险情况时,任何人都可以发出符合要求的停止信号和避让信号。

(5)起重作业时,起重吊具、索具、辅具等一律不准与电气线路交叉接触。

(6)运输吊运大型、重型设备时,事先要测量道路是否安全无阻,对道路上空和两侧的输电线、架空管道、地下设施、道路两侧的建筑物必须采取有效的安全措施。

(7)严禁将钢丝绳和缆风绳拴在易燃易爆、有毒的管道,化工受压容器、电气设备、电线杆等物体上。

(8)吊起的重物在空中运行时不准碰撞任何其他设备或物体,禁止物体冲击式落地,吊物不得长时间在空中停留。

(9)运输的重物要在道路中停放时,停放位置不能堵塞交通,夜间要设置红灯信号;重物要通过铁道道口时,事先要与有关部门和看道人员取得联系并得到许可后,方可在规定时间内通过。

（10）运输重物上、下坡时，要有防滑措施。运输板材、管材或超长物体时，要有安全标志和防惯性伤害的安全措施；搬运易碎物品应使用专用工具，小心轻放。装运易燃、易爆物品时严禁吸烟和动用明火，不得穿带有铁钉的鞋，必须轻装、轻卸，不得猛烈撞击，不得乱抛乱扔；在石油化工区内从事起重作业，必须遵守厂区内的其他各项安全规定；认真穿戴好个人防护用品，作业前必须戴好安全帽。

第八章 机动车辆安全技术

第一节 机动车辆危险因素识别及事故分析

一、机动车辆危险因素识别

(一)常见事故类型

(1)按车辆事故的事态分类,有碰撞、碾轧、刮擦、翻车、坠车、爆炸、失火、出轨和搬运、装卸中的坠落及物体打击等。

(2)按发生事故的位置分类,有交叉路口、弯道、直道、坡道、铁路道口、狭窄路面、仓库、车间等行车事故。

(3)按伤害程度分类,有车损事故、轻伤事故、重伤事故、死亡事故。

根据国家有关部门对全国工矿企业伤亡事故统计表明,发生死亡事故最多的是企业内运输事故,约占全部工伤事故的25%。

厂(场)内机动车辆伤害事故有着一定的规律性。首先,车辆伤害事故与时间有关,每天7时到15时半的事故最多,占全部事故的59%;其次,和驾驶员年龄有关,发生在18~40岁的人中居多,其中,18~25岁占25%,25~40岁占32.5%。

(二)发生车辆伤害事故的主要原因

车辆伤害事故的原因是多方面的,但主要是涉及人(驾驶员、行人、装卸工等)、车(机动车与非机动车)、道路环境这三个综合因素。在这三者中,人是最为重要的因素。据有关资料分析,一般情况下,驾驶员是造成事故的主要原因,负直接责任的占统计的70%以上。

大量的企业内机动车辆伤害事故统计分析表明,事故主要发生在车辆行驶、装卸作业、车辆检修及非驾驶员驾车等过程中。从各类事故所占比例看,车辆行驶中发生事故占44%,

车辆装卸作业中发生事故占 23%,车辆检修中发生事故占 7.9%,非驾驶员开车肇事占 16.5%,其他类型事故占 8.5%。由此不难发现,车辆伤害事故的主要原因都集中在驾驶员身上,而这些事故又都是驾驶员违章操作、疏忽大意,以及操作技术等方面的错误行为造成的。为了吸取教训,杜绝事故,现将企业内机动车事故的主要原因分析如下:

1.违章驾车

违章驾车指事故的当事人,由于思想方面的原因而导致的错误操作行为,不按有关规定行驶,扰乱正常的企业内搬运秩序,导致事故发生,如酒后驾车、疲劳驾车、非驾驶员驾车、超速行驶、争道抢行、违章超车、违章装载等原因造成的车辆伤害事故。

2.疏忽大意

疏忽大意指当事人由于心理或生理方面的原因,没有及时、正确地观察和判断道路情况,而造成失误。也有的只凭主观想象判断情况,或过高地估计自己的经验和技术,过分自信,引起操作失误导致事故。其主要表现是:第一,车辆起步时不认真观察周围情况,也不鸣笛,放松警惕;第二,驾驶和装卸过程中与他人谈话、嬉笑、打逗,操作不认真;第三,急于完成任务或图省事;第四,操作中不能严格按规程去做,自以为不会有问题;第五,在危险地段行驶或在狭窄、危险场所作业时不采取安全措施,冒险蛮干;第六,不认真从所遇险情和其他事故中吸取教训,盲目乐观,存有侥幸心理;第七,每天驾车往返同一路段,易产生"轻车熟路"的思想,行车中精神不集中;第八,厂区内没有专职交通管理人员和各种信号标志,驾驶员遵章守纪的自我约束力差。

3.车况不良

第一,车辆的安全装置如转向、制动、喇叭、照明、后视镜和转向指示灯等不齐全或失效;第二,蓄电池机动车调速失控造成"飞车";第三,翻斗车举升装置锁定机构工作不可靠;第四,吊车起重机的安全防护装置,如制动器、限位器等工作不可靠;第五,车辆维护修理不及时,带"病"行驶。

4.道路环境

第一,道路条件差;第二,视线不良;第三,在恶劣的气候条件下驾驶车辆。

5.管理因素

第一,车辆安全行驶制度不落实;第二,管理规章制度或操作规程不健全;第三,非驾驶员驾车;第四,车辆维修不及时;第五,交通信号、标志、设施缺陷。

二、机动车辆事故分析

机动车辆安全事故在各类安全事故中所占比例最高。下面对机动车事故的预防措施分析,从而减少机动车安全事故的发生。

（一）叉车事故分析

1.事故的间接原因

（1）不认真定期保养、检查安全装置，例如，转向、制动、喇叭、后视镜和转向指示灯等是否齐全有效，致使叉车带病运行。

（2）作业人员行走路线、叉车行走路线等注意事项不明确。同时，在作业过程中无人监督、检查和指挥。

（3）叉车失控后驾驶员和工人均处于惊慌失措状态，缺乏事故应急演练，未能采取有效措施避免事故发生。

2.事故防范措施

（1）驾驶员应该严格按照日常保养规范，对车辆进行安全检查并填写叉车工日常检查记录及交接班记录。安全装置不完好的叉车严禁使用。

（2）在道路岔路口、拐角处，应提前打开转向指示灯（如须转弯），应减速瞭望，确认安全后方可通过，必要时要鸣喇叭。

（3）机动车驾驶员按厂内相关机动车安全条例驾驶及维护车辆，驾驶员还要严格执行出车前、行车中及收车后的车辆"三检"制度，及时发现、排除各种故障与隐患，保证机动车辆不"带病上岗"，在装运及行驶过程中，要有预见性，避免事故的发生。

（4）建立健全以责任制为中心的各项管理规章制度，同时也提醒工厂员工，厂内不要在机动车道行走（如没有专用的人行道，要靠道路的边缘），时刻注意过往车辆，工厂应加强对员工的安全教育，提高职工安全防范能力。

（二）大货车事故防范措施

（1）进一步规范驾驶人考试制度及驾驶人管理制度，严把办证、安全教育培训关。通过对交通法规、车辆操作技术的学习，使驾驶人具有较强的安全意识。

（2）加大路面管控力度，严查酒后驾驶行为，实施责任追究。各级交警部门要积极争取支持，加大资金投入，广泛配置较先进的酒精测试仪等先进科技装备，利用科技手段严查酒后驾驶违法行为。

（3）加大对酒后驾驶处罚力度，形成严管重罚的高压态势。

（4）在日常交通安全宣传教育中，要加大酒后驾驶交通危害的宣传教育力度，交警部门要充分利用交通安全宣传教育活动，重点宣传酒后驾驶的危害，在驾驶员群体中进行巡回宣传教育，引起广大驾驶员对酒后驾驶违法行为的高度重视和警醒。

第二节　机动车辆基本知识

机动车辆是指各种汽车、摩托车、拖拉机、轮式动力专用机械。狭义上讲,机动车辆主要指汽车。

一、机动车辆(汽车)性能参数

汽车包括许多性能参数,各参数代表着汽车在某个方面的性能。

整车装备质量(kg):汽车完全装备好时的质量,即润滑油、燃料、随车工具、备胎等所有装置齐备充足时汽车的质量。

最大总质量(kg):汽车满载时的总质量。

最大装载质量(kg):汽车在道路上行驶时的最大装载质量。

最大轴载质量(kg):汽车单轴所承载的最大总质量。

车长(mm):汽车长度方向两极端点间的距离。

车宽(mm):汽车宽度方向两极端点间的距离。

车高(mm):汽车最高点至地面间的距离。

轴距(mm):汽车前轴中心至后轴中心的距离。

轮距(mm):同一轿车左右轮胎胎面中心线(对于双胎指两轮胎间隔的中央)间的距离。

前悬(mm):汽车最前端至前轴中心的距离。

后悬(mm):汽车最后端至后轴中心的距离。

最小离地间隙(mm):汽车满载时,最低点至地面的距离。

接近角(°):前轮摆正,相切于两前轮胎面,向前上方引出且与汽车前端不发生干涉的最大前仰角(相对于地面)的切面,该最大前仰角称为接近角。

离去角(°):后轮摆正,相切于两后轮胎面,向后上方引出且与汽车后端不发生干涉的最大后仰角(相对于地面)的切面,该最大后仰角称为离去角。

转弯半径(mm):汽车转向时,汽车外侧转向轮的中心平面在车辆支承平面上的轨迹圆半径。转向盘转到极限位置时的转弯半径为最小转弯半径。

最高车速(km/h):汽车在平直道路上行驶时能达到的最大速度。

最大爬坡度(%):汽车满载时的最大爬坡能力。爬坡度的值为坡的垂直高度与水平距离的百分比。

平均燃料消耗量(L/100km):汽车在道路上行驶时每 100 km 平均燃料消耗量。

二、机动车辆(汽车)组成及工作原理

(一)汽车的组成

汽车一般由发动机、底盘、车身和电气设备等四个基本部分组成。

1.发动机

发动机是汽车的动力装置。由两大机构五大系统组成:曲柄连杆机构、配气机构;供给系、冷却系、润滑系、点火系(对于柴油机没有点火系)、启动系。

2.底盘

汽车底盘的作用是支承、安装汽车发动机及其他各部件、总成,以形成汽车的整体造型,并接受发动机的动力,使汽车产生运动,保证正常行驶。汽车底盘由传动系、行驶系、转向系和制动系四部分组成。

3.车身

汽车车身安装在底盘的车架上,用于给驾驶员、旅客乘坐或装载货物。轿车、客车的车身一般是整体结构(承载车身,没有明显的车架),货车车身一般是由驾驶室和货箱两部分组成。

4.电气设备

汽车电气设备由电源和用电设备两大部分组成。电源包括蓄电池和发电机;用电设备包括发动机的启动系、汽油机的点火系和其他用电装置,例如,音响、空调及车载电脑、传感器等。

(二)汽车工作原理

汽车要运动,就必须有克服各种阻力的驱动力,也就是说,汽车在行驶中所需要的功率和能量取决于它的行驶阻力。一般情况下,汽车的行驶阻力可以分为稳定行驶阻力和动态行驶阻力。稳定行驶阻力包括了车轮阻力、空气阻力以及坡度阻力。在动态行驶阻力方面,主要就是惯性力,它包括平移质量引起的惯性力,也包括旋转质量引起的惯性力矩。

1.车轮阻力

车轮阻力是由轮胎的滚动阻力、路面阻力还有轮胎侧偏引起的阻力所构成。

当汽车在行驶时会使得轮胎变形,而不是一直保持静止时的圆形,而由于轮胎本身的橡胶和内部的空气都具有弹性,因此,在轮胎滚动时会使得轮胎反复经历压缩和伸展的过程,由此产生了阻尼功,即变形阻力。经过试验表明,当汽车超过 $45m/s$($162km/h$)时轮胎变形阻力就会急剧增加,这不仅要求有更高的动力,对轮胎本身也是极大的考验。而轮胎在路面

行驶时,胎面与地面之间存在着纵向和横向的相对局部滑动,还有车轮轴承内部也会有相对运动,因此又会有摩擦阻力产生。由于我们是被空气所包围的,只要是运动的物体就会受到空气阻力的影响。变形阻力、摩擦阻力还有轮胎空气阻力的总和便是轮胎的滚动阻力。在40m/s(144km/h)以下的速度范围内,变形阻力占了轮胎的滚动阻力的90%~95%,摩擦阻力占2%~10%,而轮胎空气阻力所占的比率极小。

而路面阻力就是轮胎在各种路面上的滚动阻力,由于各种路面不同,而产生的阻力也不同。还有便是轮胎侧偏引起的阻力,这是由于车轮的运动方向与受到的侧向力产生了夹角而产生的。

2.空气阻力

汽车在行驶时,需要挤开周围的空气,此外还存在着各层空气之间以及空气与汽车表面的摩擦,再加上冷却发动机、室内通风以及汽车表面外凸零件引起的气流干扰等,就形成了空气阻力。它包括压差阻力(又称形状阻力)、诱导阻力、表面阻力(又称摩擦阻力)、内部阻力(又称内循环阻力)以及干扰阻力等。空气阻力与汽车的形状、汽车的正面投影面积有关,特别是与汽车—空气的相对速度的平方成正比。当汽车高速行驶时,空气阻力的数值将显著增加。我们在汽车指标中经常见得的风阻就是计算空气阻力时的空气阻力系数。这个系数是越小越好。

3.坡度阻力

坡度阻力即汽车上坡时,其总质量沿路面方向的分力形成的阻力。

汽车要能够运动起来就必须克服以上所介绍的总阻力,当阻力增加时,汽车的驱动力也必须跟着增加,与阻力达到一定范围内的平衡,我们知道,驱动力的最大值取决于发动机最大的转矩和传动系的传动比,但实际发出的驱动力还受到轮胎与路面之间的附着性能(即包括各种条件的路面情况)的限制。汽车只有在这些综合条件的限制中与各个因素达到平衡,才能够顺利地运动起来。

第三节　发动机工作原理和总体构造

一、发动机的分类

发动机是将自然界某种能量直接转换为机械能并拖动某些机械进行工作的机器。将热能转化为机械能的发动机,称为热力发动机(简称热机),其中的热能是由燃料燃烧所产生的。内燃机是热力发动机的一种,其特点是液体或气体燃料和空气混合后直接输入机器内能燃烧而产生热能,然后再转变成机械能。另一种热机是外燃机,如蒸汽机、汽轮机或燃气轮机等,其特点是燃料,在机器外部燃烧以加热水,产生高温、高压的水蒸气,输送至机器内部,使所含的热能转变为机械能。

内燃机与外燃机相比,具有热效率高、体积小、质量小、便于移动、启动性能好等优点,因而广泛应用于飞机、船舶以及汽车、拖拉机、坦克等各种车辆上。但是内燃机一般要求使用石油燃料,且排出的废气中所含有害气体成分较多。为解决能源与大气污染的问题,目前,国内外正致力于排气净化以及其他新能源发动机的研究开发工作。

根据车用内燃机将热能转化为机械能的主要构件形式的不同,可分为活塞式内燃机和燃气轮机两大类。前者又可按活塞运动方式不同分为往复活塞式和旋转活塞式两种。往复活塞式内燃机在汽车上应用最广泛,是本书的主要讨论对象。汽车发动机(指汽车用活塞式内燃机)可以根据不同的特征分类。

(1)按着火方式分类,可分为压燃式与点燃式发动机。压燃式发动机为压缩气缸内的空气或可燃混合气,产生高温,引起燃料着火的内燃机;点燃式发动机是将压缩气缸内的可燃混合气,用点火器点火燃烧的内燃机。

(2)按使用燃料种类分类,可分为汽油机、柴油机、气体燃料发动机、煤气机、液化石油气发动机及多种燃料发动机等。

(3)按冷却方式分类,可分为水冷式、风冷式发动机。以水或冷却液为冷却介质的称作水冷式发动机;以空气为冷却介质的称作风冷式发动机。

(4)按进气状态分类,可分为非增压(或自然吸气)和增压发动机。非增压发动机为进入气缸前的空气或可燃混合气未经压气机压缩的发动机,仅带扫气泵而不带增压器的二冲程发动机亦属此类;增压发动机为进入气缸前的空气或可燃混合气已经在压气机内压缩,借以增大充量密度的发动机。

(5)按冲程数分类,可分为二冲程和四冲程发动机。在发动机内,每一次将热能转变为机械能,都必须经过吸入新鲜充量(空气或可燃混合气)、压缩(当新鲜充量为空气时还要输入燃料),使之发火燃烧而膨胀做功,然后将生成的废气排出气缸这样一系列连续过程,称为一个工作循环。对于往复活塞式发动机,可以根据每一工作循环所需活塞行程数来分类。凡活塞往复四个单程(或曲轴旋转两转)完成一个工作循环的称为四冲程发动机;活塞往复两个单程(或曲轴旋转一转)完成一个工作循环的称为二冲程发动机。

(6)按气缸数及布置分类。仅有一个气缸的称为单缸发动机,有两个以上气缸的称为多缸发动机;根据气缸中心线与水平面垂直、呈一定角度和平行的发动机,分别称为立式、斜置式与卧式发动机;多缸发动机根据气缸间的排列方式可分为直列式(气缸呈一列布置)、对置式(气缸呈两列布置,且两列气缸之间的中心线呈180°)和 V 形(气缸呈两列布置,且两列气缸之间夹角为 V 形)等发动机。

二、四冲程发动机的工作原理

(一)四冲程汽油机工作原理

现代汽油发动机的结构,气缸内装有活塞,活塞通过活塞销、连杆与曲轴相连接。活塞在气缸内做往复运动,通过连杆推动曲轴转动。为了吸入新鲜充量和排除废气,设有进、排气系统等。

图 8-1 所示为发动机示意图。活塞往复运动时,其顶面从一个方向转为相反方向的转变点的位置称为止点。活塞顶面离曲轴中心线最远时的止点,称为上止点;活塞顶面离曲轴中心线最近时的止点称为下止点,活塞运行的上、下止点之间的距离 S 称为活塞行程。曲轴与连杆下端的连接中心至曲轴中心的垂直距离 R 称为曲柄半径。活塞每走一个行程相应于曲轴旋转 180°。对于气缸中心线与曲轴中心线相交的发动机,活塞行程 S 等于曲柄半径 R 的两倍。

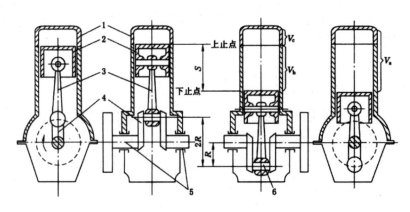

图 8-1　发动机示意图

1—气缸;2—活塞;3—连杆;4—曲轴;5—曲轴主轴颈;6—曲轴连杆轴颈

一个气缸中活塞运动一个行程所扫过的容积称为气缸工作容积,可用符号 K 表示。一台发动机全部气缸工作容积的总和称为发动机排量,用符号 V_{st} (L)表示,即:

$$V_{st} = V_s i = \frac{\pi D^2}{4 \times 10^6} Si \qquad (8-1)$$

式中 D ——气缸直径,mm;

S ——活塞行程,mm;

i ——气缸数。

四冲程发动机的工作循环包括四个活塞行程,即进气行程、压缩行程、膨胀行程(做功行

程)和排气行程,如图8-2所示:

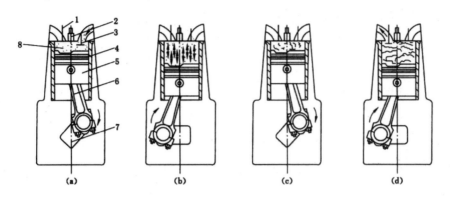

图8-2 四冲程汽油机工作循环示意图

(a)进气行程;(b)压缩行程;(c)膨胀行程(做功行程);(d)排气行程

由于在此期间气缸中气体的压力随气缸容积的改变而不断地变化,因此采用气体压力p随气缸容积V变化的示功图来表示,如图8-3所示:

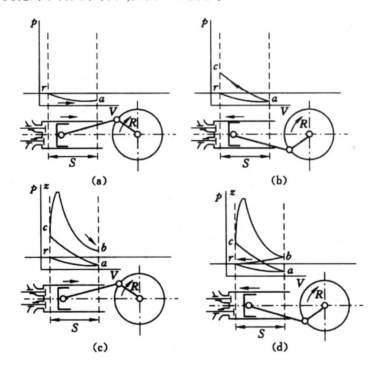

图8-3 四冲程汽油机的示功图

(a)进气行程;(b)压缩行程;(c)膨胀行程(做功行程);(d)排气行程

1.进气行程

汽油机将空气与燃料先在气缸外部的化油器中(化油器式)、节气门体处(单点喷射)或进气道内(进气道多点喷射)进行混合,形成可燃混合气后被吸入气缸。

进气过程中,进气门开启,排气门关闭。随着活塞从上止点向下止点移动,活塞上方的气缸容积增大,从而气缸内的压力降低到大气压以下,即在气缸内造成真空吸力。这样,可燃混合气便经进气门被吸入气缸。由于进气系统有阻力,进气终了时气缸内的气体压力为0.075~0.09MPa。

流进气缸内的可燃混合气,因为与气缸壁、活塞顶等高温机件表面接触并与前一循环留下的高温残余废气混合,所以温度可升高到370~400K。

在示功图(图8-3)上,进气行程用曲线 ra 表示。曲线 ra 的大部分位于大气压力线下面。这部分与大气压力线纵坐标之差即表示气缸内的真空度。

2.压缩行程

为使吸入气缸的可燃混合气能迅速燃烧,以产生较大的压力,从而使发动机产生较大功率,必须在燃烧前将可燃混合气压缩,使其容积缩小,密度加大,温度升高,故需要有压缩过程。在这个过程中,进、排气门全部关闭,曲轴推动活塞由下止点向上止点移动一个行程,称为压缩行程。在示功图上,压缩行程用曲线 ac 表示。活塞到达上止点时压缩终了,此时,混合气被压缩到活塞上方很小的空间,即燃烧室中。可燃混合气压力升高到0.6~1.2MPa,温度可达600~700K。

压缩前气缸中气体的最大容积与压缩后最小容积之比称为压缩比,以 ε 表示,换言之,压缩比 ε 等于气缸总容积 V_s(活塞在下止点时,活塞顶部以上的气缸容积)与燃烧室容积 V_c(活塞在上止点时,活塞顶部的容积)之比,即:

$$\varepsilon = \frac{V_a}{V_c} \qquad (8-2)$$

现代汽油发动机的压缩比一般为6~9(轿车有的达到9~11)。压缩比越大,在压缩终了时混合气压力和温度越高,燃烧速度增快,因而发动机产生的功率增大,热效率越高,经济性越好。但压缩比过大时,不仅不能进一步改善燃烧情况,反而会出现爆燃和表面点火等不正常的燃烧现象。爆燃是由于气体压力和温度过高,在燃烧室内离点燃中心较远处的末端可燃混合气自燃而造成的一种不正常燃烧。爆燃时,火焰以极高的速率传播,温度和压力急剧升高,形成压力波,以声速向前推进。当这种压力波撞击燃烧室壁面时就发出尖锐的敲缸声。同时,还会引起发动机过热,功率下降,燃油消耗量增加等一系列不良后果。严重爆燃时,甚至造成气门烧毁、轴瓦破裂、活塞烧顶、火花塞绝缘体击穿等机件损坏现象。表面点火是由于燃烧室内炽热表面(如排气门头、火花塞电极、积炭)点燃混合气产生的另一种不正常燃烧现象。表面点火发生时,也伴有强烈的敲击声(较沉闷),产生的高压会使发动机机件承受的机械负荷增加,寿命降低。因此,在提高发动机压缩比的同时,必须注意防止爆燃和表面点火的发生。此外,发动机压缩比的提高还受到排气污染法规的限制。

3.膨胀行程(做功行程)

在这个行程中,进、排气门仍旧关闭。当活塞接近上止点时,装在气缸体(或气缸盖)上的火花塞即发出电火花,点燃被压缩的可燃混合气。可燃混合气燃烧后,放出大量的热能,其压力和温度迅速增加,所能达到的最高压力 p_z 为 3~5MPa,相应温度则为 2 200~2 800K。高温、高压燃气推动活塞从上止点向下止点运动,通过连杆使曲轴旋转并输出机械能。它除了用于维持发动机本身继续运转之外,其余即用于对外做功。示功图上曲线 zb 表示活塞向下移动时,气缸内容积增加,气体压力和温度都降低。在做功行程终了的 b 点,压力降至 0.3~0.5MPa,温度则降为 1 300~1 600K。

4.排气行程

可燃混合气燃烧后生成的废气,必须从气缸中排除,以便进行下一个工作循环。

当膨胀接近终了时,排气门开启,靠废气的压力进行自由排气,活塞到达下止点后再向上止点移动时,继续将废气强制排到大气中。活塞到上止点附近时,排气行程结束。这一行程在示功图上用曲线 & 表示。在排气行程中,气缸内压力稍高于大气压力,为 0.105~0.115MPa。排气终了时,废气温度为 900~1 200K。

由于燃烧室占有一定的容积,因此在排气终了时,不可能将废气排尽,这一部分留下的废气称为残余废气。

综上所述,四冲程汽油机经过进气、压缩、燃烧做功、排气四个行程,完成一个工作循环。这期间活塞在上、下止点间往复移动了四个行程,曲轴旋转了两周。

(二)四冲程柴油机工作原理

四冲程柴油机(压燃式发动机)的每个工作循环也经历进气、压缩、做功、排气四个行程。但由于柴油机的燃料是柴油,其黏度比汽油大,而其自燃温度却较汽油低,故可燃混合气的形成及着火方式都与汽油机不同。

图 8-4 为四冲程柴油机工作原理示意图。柴油机在进气行程吸入的是纯空气。在压缩行程接近终了时,柴油机喷油泵将油压提高到 10MPa 以上,通过喷油器喷入气缸,在很短时间内与压缩后的高温空气混合,形成可燃混合气。因此,这种发动机的可燃混合气是在气缸内部形成的。

由于柴油机压缩比高(一般为 16~22),所以压缩终了时气缸内的空气压力可达 3.5~4.5MPa,同时温度高达 750~1 000K,大大超过柴油的自燃温度。因此,柴油喷入气缸后,在很短时间内与空气混合便立即自行发火燃烧。气缸内气压急剧上升到 6~9MPa,温度也升到 2 000~2 500K。在高压气体推动下,活塞向下运动并带动曲轴旋转而做功。废气同样经排气管排入大气中。

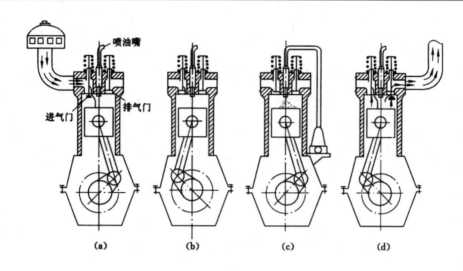

图 8-4　四冲程柴油机工作原理示意图

(a)进气行程;(b)压缩行程;(c)膨胀行程(做功行程);(d)排气行程

　　柴油机与汽油机比较,各有特点。汽油机具有转速高(目前轿车汽油机最高转速达 5 000 ~ 6 000r/min,货车汽油机转速达 4 000r/min 左右)、质量小、工作噪声小、启动容易、制造和维修费用低等特点。故在轿车和轻型货车及越野车上得到广泛的应用;其不足之处是燃油消耗率高,燃油经济性差。柴油机因压缩比高,燃油消耗率平均比汽油低 20% ~ 30%,且柴油价格较低,所以燃油经济性好。一般装载质量为 5t 以上的货车大都采用柴油机;其缺点是转速较汽油机低(一般最高转速在 2 500 ~ 3 000r/min)、质量大、制造和维修费用高(因为喷油泵和喷油器加工精度要求高)。但目前柴油机的这些缺点正在逐渐得到克服,其应用范围正在向中、轻型货车扩展。国外有的轿车也采用柴油机,其最高转速可达 5 000r/min。

　　由此可见,四冲程发动机在一个工作循环的四个活塞行程中,只有一个行程是做功的,其余三个行程则是做功的辅助行程。因此,单缸发动机内曲轴每转两周中只有半周是由于膨胀气体的作用使曲轴旋转,其余一周半则依靠飞轮惯性维持转动。显然,做功行程时,曲轴的转速比其他三个行程内的曲轴转速高,所以曲轴转速是不均匀的,因而发动机运作就不平稳。为了解决这个问题,飞轮必须做成具有很大的转动惯量,而这样做将使整个发动机质量和尺寸增加。显然,单缸发动机工作振动大。采用多缸发动机可以弥补上述缺点。因此,现在汽车上基本不用单缸发动机,用得最多的是 4 缸、6 缸、8 缸发动机。

　　在多缸四冲程发动机的每一个气缸内,所有的工作过程是相同的,并按上述次序进行,所有气缸的做功行程并不同时发生。例如,在 4 气缸发动机内,曲轴每转半周便有一个缸在做功;在 8 缸发动机内,曲轴每转 1/4 周便有一个做功行程。气缸数越多,发动机的工作越平稳,但发动机气缸数增多,一般将使其结构复杂,尺寸及质量增加。

三、发动机的总体构造

发动机是一部由许多机构和系统组成的复杂机器。现代汽车发动机的结构形式很多,即使是同一类型的发动机,其具体构造也是各种各样的。我们可以通过一些典型汽车发动机的结构实例来分析发动机的总体构造。

下面以汽油发动机为例,介绍发动机的一般构造。

(一)机体组

发动机的机体组包括气缸盖、气缸体及油底壳。有的发动机将气缸体分铸成上、下两部分,上部称为气缸体,下部称为曲轴箱。机体组的作用是作为发动机各机构、各系统的装配基体,而且其本身的许多部分又分别是曲柄连杆机构、配气机构、供给系统、冷却系统和润滑系统的组成部分。气缸盖和气缸体的内壁共同组成燃烧室的一部分,是承受高温、高压的机件。在进行结构分析时,常把机体组列入曲柄连杆机构。

(二)曲柄连杆机构

曲柄连杆机构包括活塞、连杆、带有飞轮的曲轴等。它是将活塞的直线往复运动变为曲轴的旋转运动并输出动力的机构。

(三)配气机构

配气机构包括进气门、排气门、摇臂、气门间隙调节器、凸轮轴以及凸轮轴定时带轮等。其作用是使可燃混合气及时充入气缸并及时从气缸排除废气。

(四)供给系统

供给系统包括汽油箱、汽油泵、汽油滤清器、化油器、空气滤清器、进气管、排气管、排气消声器等。其作用是把汽油和空气混合为成分合适的可燃混合气供入气缸,以供燃烧,并将燃烧生成的废气排出发动机。

(五)点火系统

点火系统的功用是保证按规定时刻及时点燃气缸中被压缩的混合气,其包括供给低压电流的蓄电池和发电机以及分电器、点火线圈与火花塞等。

（六）冷却系统

冷却系统主要包括水泵、散热器、风扇、分水管以及气缸体和气缸盖里铸出的空腔—水套等。其功用是把受热机件的热量散到大气中去，以保证发动机正常工作。

（七）润滑系统

润滑系统包括机油泵、机油集滤器、限压阀、润滑油道、机油滤清器等，其功用是将润滑油供给做相对运动的零件，以减少它们之间的摩擦阻力，减轻机件的磨损，并部分地冷却摩擦零件，清洗摩擦表面。

（八）启动系统

启动系统包括起动机及其附属装置，用以使静止的发动机启动并转入自行运转。

车用汽油机一般都由上述两个机构和五个系统组成。

第四节　安全保护装置

常见的机动车辆安全保护装置主要分两大类，主动防护装置和被动安全保护装置。主动防护装置中最重要的装置是制动系统。

在汽车行驶过程中，因某种需要，我们希望使行驶的汽车减速甚至停车；在下坡时，为防止车速过快，需要某个系统控制汽车的速度，不致车速过快；停止的车辆为防止溜车，需要限制车辆移动。这些都依靠汽车的制动系统来实现。

在制动系统实际应用过程中，人们又发现车轮完全抱死的工况并不是发挥最大制动效能的工况；同时由于车轮完全抱死，车轮转向失去了作用，侧向附着力急剧下降，仍然会产生新的安全隐患。为此，工程师们在原有制动系统基础上又开发了 ABS、ASR、EBD、ESP 等多种智能安全制动系统，使车辆安全系数大为提高。

一、汽车主动防护装置

汽车主动防护装置主要有：

BS：Braking System，制动系统；

ABS：Anti-lock Braking System，防抱死制动系统；

ASR：Accelelration Slip Regulation，加速防滑系统；

EBD：Electric Brakeforce Distribution，电子制动力分配系统；

TCS：Traction Control System，牵引力控制系统，又称循迹控制系统；

ESP：Electronic Stability Program，车身电子稳定系统；

EBA：Electronic Brake Assist，电控行驶平稳系统；

Central Locking System，中控门锁；

PDS：Parking Distance System，雷达系统；

防盗系统。

以上所列的主动防护装置中，ABS、中控门锁、防盗系统在现代汽车中应用最为广泛。除此之外，ASR、ESP 等装置也逐渐在轿车中广泛使用。

（一）ABS

ABS 是一种具有车轮防滑、防锁死等优点的汽车安全控制系统。ABS 是在常规刹车装置基础上的改进型技术，可分机械式和电子式两种。现代汽车上大量安装防抱死制动系统，ABS 既有普通制动系统的制动功能，又能防止车轮抱死，使汽车在制动状态下仍能转向，保证汽车制动方向的稳定性，防止产生侧滑和跑偏，是目前汽车上最先使用、制动效果极佳的制动装置。

（二）ASR

ASR 防止车辆在起步、急加速、路过湿滑路面等情况时驱动轮出现打滑现象，以维持车辆行驶方向的稳定性，否则车轮滑转同样会引起方向稳定性隐患。当汽车加速时，ASR 将滑动率控制在一定的范围内，从而防止驱动轮快速滑动。它的功能一是提高牵引力；二是保持汽车行驶稳定。行驶在易滑的路面上，没有 ASR 的汽车加速时驱动轮容易打滑（尤其是大功率车，驱动力远大于地面附着力）；如果是后轮驱动的车辆容易甩尾，如果是前驱动的车辆容易导致方向失控。有了 ASR 时，汽车在加速时，就会减轻甚至消除这种现象。在转弯时，如果发生驱动轮打滑会导致整个车辆向一侧偏移，当有了 ASR 时，就会使车辆沿着正确的路线转向，以维持车辆行驶方向的稳定性。ASR 是在 ABS 的基础上的制动扩充功能，两者相辅相成。ASR 与 ABS 的区别在于，ABS 是防止车轮在制动时被抱死而产生侧滑，而 ASR 则是防止汽车驱动轮打滑而产生侧滑。

（三）EBD

EBD 可以自动调节前、后轴的制动力的分配比例，提高制动效能（在一定程度上可以缩短制动距离），并配合 ABS 提高制动稳定性。汽车制动时，如果四只轮胎附着地面的条件不同,例如,左侧轮附着在湿滑路面,而右侧轮附着于干燥路面,四个轮子与地面的摩擦力不同,在制动时,若制动管路仍然给各车轮相同的制动压力,附着力小的车轮相对制动力小,就容易产生打滑。

EBD 的功能就是在汽车制动的瞬间,高速计算出四个轮胎的地面附着力,然后调整制动装置,使其按照设定的程序在运动中高速调整,达到制动力与摩擦力(牵引力)的匹配,以保证车辆的平稳和安全。

(四)TCS

TCS 是根据驱动轮的转数及从动轮的转数来判定驱动轮是否发生打滑现象,当前者大于后者时,进而抑制驱动轮转速的一种防滑控制系统。它与 ASR 的作用模式十分相似,两者都使用感测器及刹车调节器。该系统与 ASR 有很多相似之处。

(五)ESP

ESP 是博世(Bosch)公司的专利。博世是第一家把电子稳定程序(ESP)投入量产的公司,因为 ESP 是博世公司的专利产品,所以只有博世公司的车身电子稳定系统才可称之为 ESP。在博世公司之后,也有很多公司研发出了类似的系统,例如,日产研发的车辆行驶动力学调整系统(Vehicle Dynamic Control,简称 VDC),丰田研发的车辆稳定控制系统(Vehi-cle Stability Control,简称 VSC),本田研发的车辆稳定性控制系统(Vehicle Stability Assist Control,简称 VSAC),宝马研发的动态稳定控制系统(Dynamic Stability Control,简称 DSC)等。

ESP 系统实际是一种牵引力控制系统,与其他牵引力控制系统相比,ESP 不但控制驱动轮,也可以控制从动轮。例如,后轮驱动汽车常出现的转向过多情况,此时后轮失控而甩尾,ESP 便会刹慢外侧的前轮来稳定车子;在转向过少时,为了校正循迹方向,ESP 则会刹慢内后轮,从而校正行驶方向。

ESP 包含 ABS 及 ASR 两者的功能,是这两种系统功能上的延伸。因此,ESP 称得上是当前汽车防滑装置的最高级形式。ESP 系统由控制单元及转向传感器(监测方向盘的转向角度)、车轮传感器(监测各个车轮的速度转动)、侧滑传感器(监测车体绕垂直轴线转动的状态)、横向加速度传感器(监测汽车转弯时的离心力)等组成。控制单元通过这些传感器得到的信号对车辆的运行状态进行判断,进而发出控制指令。与只有 ABS 及 ASR 的汽车相比,ABS 及 ASR 只能被动地做出反应,而 ESP 则能够探测和分析车况并纠正驾驶错误,防患于未然。ESP 对过度转向或超限的不足转向特别敏感,例如,汽车在路滑时左拐过度转向(转弯太急)时会产生向右侧甩尾,传感器感觉到滑动就会迅速制动右前轮使其恢复附着力,产生一种相反的转矩而使汽车保持在原来的车道上。

（六）EBA

EBA 有时也被称为 BA 或 BAS（Brake Assist System）。借助油门和刹车上的感应器，当驾驶员的脚快速地从油门踏板上移开，同时又快速地向刹车踏板踩去，EBA 就知道情况紧急，需要紧急制动了。也可能此时驾驶员腿部痉挛使不出劲，或者力量小而踩力不够，刹车力度未能达到所希望的，此时 EBA 会迅速把车辆的制动力加至最大，使车辆及时停下来。驾驶员一旦释放制动踏板，EBA 系统就转入正常模式。由于更早地施加了最大的制动力，紧急制动辅助装置可显著缩短制动距离。据资料介绍，在超过 120km/h 的车速下进行制动，EBA 有时会减少多达 10m 的制动距离。

（七）中控门锁

中控门锁的全称是中央控制门锁。为提高汽车使用的便利性和行车的安全性，现代汽车越来越多地安装中控门锁，它主要有以下两种功能：

1.中央控制

当驾驶员锁住其身边的车门时，其他车门也同时锁住，驾驶员可通过门锁开关同时打开各个车门，也可单独打开某个车门。

2.速度控制

当行车达到一定速度时，各个车门能自行锁上，防止乘员误操作车门把手而导致车门打开。

（八）PDS

PDS 是汽车泊车或者倒车时的安全辅助装置，能以声音等更为直观地显示告知驾驶员周围障碍物的情况，解除了驾驶员泊车、倒车和启动车辆时前后左右探视所引起的困扰，并帮助驾驶员扫除视野死角和视线模糊的缺陷，从而提高驾驶的安全性。

（九）防盗系统

从世界上第一辆 T 型福特车被盗开始，汽车被盗已成为当今城市最常见的犯罪行为之一。随着汽车数量的增加，特别是轿车正以很快的速度步入家庭，车辆被盗的数量逐年上升，汽车的防盗技术也不断更新，目前防盗安全装置主要有：

1.机械式防盗装置

它指汽车门锁、发动机盖锁止装置、后备厢锁止装置。其中，发动机盖锁止装置防止发动机盖突然弹开，遮挡司机视线从而引发交通事故。

2.电子防盗系统

它是目前在汽车上应用最多和最广的防盗系统。当防盗系统启动后,如果有非法移动车辆、开启车门、引擎盖、油箱盖、尾箱盖、接通点火线路等疑似盗车情况时,防盗器立刻发出警报,让灯光闪烁,警笛大作,同时会切断发动机启动电路、点火电路、喷油电路、供油电路等,甚至切断自动变速器的电路,使车辆处于瘫痪的境地。

3.GPS 监控防盗系统

它分为卫星定位跟踪系统和中央控制中心定位监控系统。

4.智能防盗系统

例如,密码锁、指纹锁等。

二、汽车被动安全保护装置

被动安全保护装置主要有:SRS(安全气囊)、安全带、座椅安全头枕。除此之外,车门内置防侧撞保护梁、侧部 SRS 安全气囊、侧部安全气帘、儿童安全锁、副驾驶座安全气囊、后座椅三点式安全带、后排头部安全气囊(气帘)、后排侧气囊、可溃缩转向柱、碰撞燃油自动切断装置、前排侧气囊、膝部气囊等被动安全装置在轿车中也广泛使用。

其中,安全带是汽车标准配置,而安全气囊是可选配置。

(一)安全带

安全带由高强度的织带、带盒及锁紧机构组成,允许织带低速从带盒中拉出、锁住乘员,但若高速拉出织带时则自动锁紧,防止织带进一步拉出。当汽车发生严重碰撞时,由于惯性产生的相对速度很大,织带自动锁紧,防止将乘员甩离座椅。

(二)SRS(安全气囊)

当汽车以较高车速发生碰撞时,安全气囊就会自动充气弹开,瞬时在驾驶员和方向盘之间充起一个很大的气囊,减轻驾驶员头部及胸部的伤害。

除此之外,为了行车安全及保护汽车主要部件的运行状态,汽车在仪表板上配置许多提醒驾驶人员的仪表、指示灯等装置,主要有:

1.车速里程表

提醒驾驶员当前车速,防止因车速过快而引起交通事故。

2.机油压力表

提醒驾驶员当前发动机主油路的油压,防止油压不正常而造成发动机的损坏。

3.制动系出现异常指示灯

提醒驾驶员制动系出现异常,防止因制动效能不足,不能有效使车辆减速而发生交通事故。

4.安全带报警灯

提醒驾驶员及其他乘员及时系好安全带,某些汽车甚至有语音提醒。

5.水温过高报警灯

提醒驾驶员发动机可能工作异常,如果继续行车,可能损坏发动机。

6.发动机机油量不足、压力过低报警灯

提醒驾驶员发动机可能工作异常,如果继续行车,可能损坏发动机。

7.前照灯远光提示灯

提醒驾驶员前照灯处于远光状态,会车时,车灯产生的炫光将严重干扰对面来车驾驶人员的视线,极易发生正面碰撞事故。

其他附件如随车灭火器、三角安全指示牌等,用于特殊情况下。

三、汽车安全装置原理

机动车辆安全保护装置应用最多的领域当属轿车,轿车在新的机动车辆分类中为 Mi 类型,但我们仍然习惯叫轿车。一个国家轿车的安全技术水平在一定程度上代表着该国家的汽车制造水平。

在常规安全技术基础上(制动系统、安全带等),轿车上应用最多的安全技术当属 ABS(防抱死制动系统)、ASR(加速防滑系统)、ESP(车身电子稳定系统)、中控门锁、PDS(雷达系统)、SRS(安全气囊)等先进技术。

(一)防抱死制动系统

车轮防抱死制动系统(ABS)是德国 Bosch(博世)公司 1936 年开始研发的,并在当年申请了"机动车辆防止刹车抱死装置"的专利。

1.制动过程分析

驾车经验告诉我们,当在湿滑路面上突遇紧急情况而实施紧急制动时,汽车容易发生侧滑,严重时甚至会出现旋转掉头,相当多的交通事故便因此发生。当左右侧车轮分别行驶于不同摩擦系数的路面上时,汽车的制动也可能产生意外的危险。弯道上制动遇到上述情况则险情会更加严重(失去转向功能)。所有这些现象的产生,均源自制动过程中的车轮抱死。车轮抱死的另一个缺点是轮胎局部磨损严重,影响轮胎的圆度,增加汽车的颠簸。汽车防抱死制动装置就是为了消除在紧急制动过程中出现上述的非稳定因素,避免出现由此引发的

各种危险状况而专门设置的制动压力调节系统。汽车制动时的受力状态如图 8-5 所示:

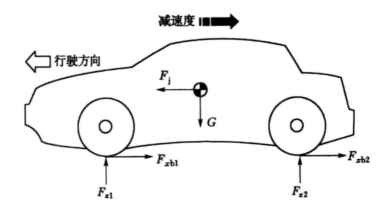

图 8-5　汽车制动时的受力状态

$$F_{xbmax} = F_z \cdot \varphi \qquad (8-3)$$

式中 F_{xbmax} ——地面制动力(摩擦力)的最大值;

　　F_z ——作用在车轮上的法向载荷;

　　φ ——摩擦系数(通常称为附着系数)。

摩擦系数与路面及轮胎结构(包括花纹、气压、材料等)有关,通过观察汽车制动过程中车轮与地面接触痕迹的变化,可以知道其运动方式一般均经历了三个变化阶段,即开始的纯滚动、随后的边滚边滑和后期的纯滑动。

为能够定量地描述上述三种不同的车轮运动状态,即对车轮运动的滑动和滚动成分在比例上加以量化和区分,便定义了车轮滑移率。

2.滑移率与附着系数

(1)滑移率

在汽车制动过程中,随着制动强度的增加,车轮的运动状态逐渐从滚动向抱死和拖滑变化,车轮滚动成分逐渐减少,而滑动成分逐渐增加,制动过程中车轮的运动状态一般用滑移率来描述。滑移率是指制动时,在车轮运动中滑动成分所占比例,用 S 表示:

$$S = \frac{v - r \cdot \omega}{v} \times 100\% \qquad (8-4)$$

式中 v ——车轮中心的速度(车速),m/s;

　　r ——车轮不受地面制动力时的滚动半径,m;

　　ω ——车轮角速度,r/s。

车轮纯滚动时,$S = 0$;纯滑动时,$S = 100\%$;边滚动边滑动时,$0\% < S < 100\%$。

（2）附着系数

在汽车制动过程中,车轮与路面的附着系数随车轮滑移率的变化而变化,如图 8-6 所示:

由图 8-6 可知,在滑移率为 S_{opt}（20% 左右）时纵向附着系数 φ_B 最大,制动时能获得的制动系数最大,汽车的制动效能也就越高,$0 \geqslant S \geqslant S_{opt}$ 称为稳定区域,$S_{opt} < S \leqslant 100\%$ 称为非稳定区域,S_{opt} 为稳定界限。此右侧区域随滑移率的增加,侧向附着系数减小。车轮抱死滑移率为 100%,侧向附着系数 φ_s 接近为 0,这时小的侧向力会导致侧滑,同时还会失去转向能力。

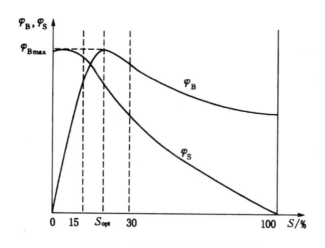

图 8-6 附着系数与滑移率的关系

实验表明,当滑移率处于 15%~30% 时,纵向附着系数 φ_B 和侧向附着系数 φ_s 的值都较大。纵向附着系数 φ_B 大,可以产生较大的制动力,保证汽车制动距离较短;侧向附着系数 φ_s 大,可以产生较大的侧向力,保证汽车制动时的方向稳定性。防抱死制动系统可以实现在汽车制动状态下,将车轮滑移率控制在 15%~30% 的最佳范围内。在上述最佳范围内,不仅车轮和地面之间的纵向附着系数较大,而且侧向附着系数的值也较大,保证了汽车的方向稳定性。

（3）ABS 工作原理

机械式的 ABS 称为 MABS,目前轿车的 ABS 是电子式的,其控制方式大多采用预测控制方式,即通过大量制动实验,确定最合理的制动力配置,将其写入 ABS 电脑中,作为制动控制参考数据,俗称 ABS 标定。当制动时,ABS 电脑根据接收的车轮传感器信号,在参考数据中找到适合的制动参数发送给制动系统,并在制动过程中不断修正,以达到最佳制动效果。

根据车轮转速传感器布置及制动油路控制,ABS 有很多种布置方式,现代轿车广泛使用四传感器、四通道四轮独立控制方式的 ABS 可以达到最优的制动效果。

(二)ASR(加速防滑系统)

在汽车行驶过程中,时常会出现车轮转动而车身不动现象,如雪地起步打滑。这时汽车的移动速度低于驱动轮轮缘速度(意味着轮胎接地点与地面之间出现了相对滑动),我们称为驱动轮的"滑转",以区别于汽车制动时车轮抱死而产生的车轮"滑移"。驱动车轮的滑转同样会使车轮与地面的纵向附着力下降,从而使得驱动轮上可获得的极限驱动力减小,最终导致汽车的起步、加速性能和在湿滑路面上的通过性能下降。同时,还会由于横向摩擦系数几乎完全丧失,使驱动轮上出现横向滑动,随之产生汽车行驶过程中的方向失控。

驱动轮"滑转"的机理在于汽车传动系统施加给车轮的扭矩大于地面能给车轮的最大反向力矩,两者的差值使车轮相对于地面产生绕车轴的转向加速度。解决的办法就是使传动系统施加给车轮的扭矩小于地面能给车轮的最大反向力矩。为此,轿车上通常采用三种控制方式:

1.防滑差速锁控制

这是最早使用的防滑转控制装置。防滑差速锁能够对差速器进行锁止控制,使两个驱动轮的转速差减小,甚至为零。防滑差速锁主要应用于当一侧驱动轮位于附着系数很低的地面(如泥地、冰面等)的情况。由于汽车驱动桥内设有差速器,其目的是当汽车转弯时,防止外车轮"滑移",内车轮"滑转",但当一侧车轮所处地面附着系数很低时,差速器反而起了副作用。我们经常看到这种情况,一辆汽车的一侧驱动轮陷入泥地,不管驾驶员如何踩油门,陷入泥地的车轮飞速滑转,而另一侧位于正常路面的驱动轮并未转动,所以汽车始终不能离开泥地。有了差速锁,就可以使两个驱动轮同步旋转,借助附着力好的驱动轮驶出泥地。

2.发动机输出功率/转矩控制

ASR系统即单独使用一个ECU,它与发动机ECU保持密切的联系。一旦ASR电子控制单元检测到一个或两个驱动车轮发生滑转的情况,立即发出控制指令,控制发动机的输出功率/转矩下降,以抑制驱动轮的滑转。

发动机输出功率/转矩控制通常有以下几种方法:

(1)调整供油量:减少或中断供油;

(2)调整点火时间:减小点火提前角或停止点火;

(3)调整进气量:减小节气门的开度。

3.驱动轮制动控制

除了发动机减小输出扭矩外,驱动轮的适当制动也是一个很好的防滑转措施。当汽车在附着系数不均匀的路面上行驶时,处于低附着系数路面的驱动车轮可能会滑转,此时ASR

电子控制单元将使滑转的车轮的制动压力上升,对该轮作用一定的制动力,使两驱动车轮向前运动速度趋于一致。

　　ABS 已经成为发达国家汽车标准配置,对于增加 ASR,许多汽车采用两者配合设计,即共用一个 ECU,在 ABS 基本回路基础上增加两个电磁阀,实现 ASR 功能。图 8-7 所示为一种轿车的制动压力调节回路,它具有 ABS、ASR 双重作用。

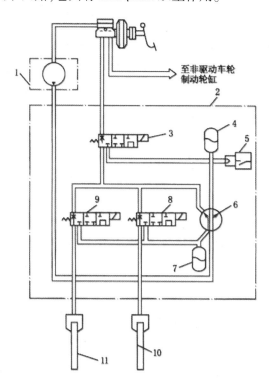

图 8-7　轿车 ABS/ASR 制动压力回路示例

1—电动液压泵;2—ABS/ASR 制动压力调节器;3—电磁阀Ⅰ;4—蓄能器;5—压力开关;

6—循环泵;7—储液器;8—电磁阀Ⅱ;9—电磁阀Ⅲ;10、11—驱动车轮制动器

　　不滑转时,电磁阀Ⅰ不通电(滑阀左位左路通;半通电时中位断路;通电时右位下路通)。汽车在制动过程中如果车轮出现抱死,ABS 起作用,通过电磁阀Ⅱ和电磁阀Ⅲ来调节制动压力。

　　当驱动轮出现滑转时,ASR 使电磁阀Ⅰ通电,阀移至右位,电磁阀Ⅱ和电磁阀Ⅲ不通电,阀仍在左位,于是,蓄压器的压力通入驱动轮的轮缸,制动压力增大。

　　当需要保持驱动轮的制动压力时,ASR 使电磁阀Ⅰ半电压通电,阀移至中位,隔断了蓄能器及制动主缸的通路,驱动车轮轮缸的制动压力保持不变。

　　当需要减小驱动车轮的制动压力时,ASR 使电磁阀Ⅱ和电磁阀Ⅲ通电,阀Ⅱ和阀Ⅲ移至右位,将驱动车轮的轮缸与储液器接通,于是,制动压力下降。

如果需要对左右驱动车轮的制动压力实施不同的控制,ASR 分别对电磁阀 II 和电磁阀 III 实行不同的控制。

(三)ESP(电子稳定程序)

ESP 的效能超越了 ABS、ASR 两个系统的功能结合。它除了改善制动时纵向动态性能外,而且还具有防止车辆在行驶时侧滑的功能。它通过传感器对车辆的动态进行监测,必要时会对某一个车轮或者某几个车轮进行制动,甚至对发动机的动力输出也进行相应控制。ESP 能够识别危险状况,并不需驾驶者做任何动作就自行采取行动排除危险。

ESP 提高了所有驾驶工况下的主动安全性,尤其是在转弯工况(即横向力起作用)时,ESP 能维持车辆的行驶稳定并保持车辆在车道上正确行驶。ABS 和 ASR 只在纵向起作用,只能被动地做出反应,而 ESP 则能够探测和分析危险车况并纠正驾驶员的错误,防患于未然。此外,ESP 应用了 ABS 和 ASR 的所有部件,并基于功能更强大的新一代电子控制单元开发的。

1. ESP 的组成

ESP 主要由传感器组、ESP 电脑、执行器、仪表盘上的指示灯等组成。

(1)传感器组

它包括转向传感器、车轮传感器、侧滑传感器、横向加速度传感器、方向盘扭转传感器、油门踏板传感器、刹车踏板传感器等,这些传感器负责采集车身状态数据。

(2)ESP 电脑

它将传感器采集到的数据进行计算,算出车身状态,然后与存储器里面预先设定的数据进行比对。当电脑计算数据超出存储器预存的数值,即车身临近失控或者已经失控的时候,则命令执行器工作,以保证车身行驶状态能够尽量满足驾驶员的意图。

(3)执行器

4 个车轮的刹车系统和未装备 ESP 的汽车相比,其刹车系统具有蓄压功能。电脑可以根据需要,在驾驶员没踩刹车的时候替驾驶员向某个车轮的制动油管加压,以使这个车轮产生制动力,另外 ESP 还能控制发动机的动力输出。

(4)仪表盘上的指示灯

一旦 ESP 起作用,仪表盘上的指示灯就会闪烁,提醒驾驶员,车辆易发生失控,ESP 协助防止失控,驾驶员必须立即采取适当措施,防止事态进一步恶化。

2. ESP 的种类

目前 ESP 有三种类型:

(1)4 通道或 4 轮系统:能自动地向 4 个车轮独立施加制动力,是最高级的 ESP。

（2）2 通道系统：只能对 2 个前轮独立施加制动力。

（3）3 通道系统：能对 2 个前轮独立施加制动力，而对后轮只能一同施加制动力。

3. ESP 的工作原理

实际上 ESP 是一套电脑程序，通过对来自各传感器传来的车辆行驶状态信息进行分析，进而向 ABS、ASR 发出纠偏指令，来帮助车辆维持动态平衡。ESP 电控单元会计算出保持车身稳定的理论数值，再比较由侧滑率传感器和加速度传感器所测得的数据，发出平衡、纠偏指令，主要控制汽车偏航率。如转向不足会产生向理想轨迹曲线外侧的偏离倾向；而转向过度则正好相反，向内侧偏离，ESP 将会解决这些问题。

具体的纠偏工作实现过程如下：ESP 通过 ASR 装置控制发动机的动力输出，同时指挥 ABS 对各个车轮进行有目的的刹车，产生一个反横摆力矩，将车辆带回到所希望的轨迹曲线上来。比如转向不足时，刹车力会作用在曲线内侧的后轮上；而在严重转向过度时会出现甩尾，这种倾向可以通过对曲线外侧的前轮进行刹车得到纠正。

（四）PDS（雷达系统）及电子眼

雷达系统已广泛应用于轿车，常安装于后保险杠中央，又称倒车雷达系统，有时我们称为电子眼。更为高级的电子眼还可以将盲区采集为图像信号提示给驾驶员，成为真正的电子眼。当障碍物低于制定距离时，系统开始报警，轿车甚至可以避让及制动。

PDS 系统通常是在车的后保险杠或前后保险杠均设置雷达侦测器，用以侦测前后方的障碍物，帮助驾驶员"看到"前后方的障碍物。PDS 是以超音波感应器来侦测出离车最近的障碍物距离，并发出警笛声来警告驾驶者。而警笛声音的控制通常分为两个阶段，当车辆的距离达到某一开始侦测的距离时，开始以某一高频的警笛声鸣叫，而当车行至更近的某一距离时，则警笛声改以连续的警笛声来告知驾驶者。PDS 的优点在于驾驶员可以用听觉获得有关障碍物的信息，或侦测其他车离本车的距离。

现在的汽车已经开始使用数字无盲区可视倒车雷达系统，做到真正无盲区探测，倒车时显示屏显示后方景象。数字式无盲区 PDS 倒车雷达的工作原理就是当挂入倒挡后，PDS 系统即自动启动，内嵌在车后保险杠上的 4 个或 6 个超声波传感器开始探测后方的障碍物。当距离障碍物 1.5m 时。报警系统就会发出"嘀嘀"声，随着障碍物的靠近，"嘀嘀"声的频率增加，当汽车与障碍物间距小于 0.3m 时，"嘀嘀"声将转变成连续音。

（五）SRS（安全气囊）

单独的安全带收紧器在汽车严重碰撞时无法阻止驾驶员头部撞到转向盘上，即使阻止了驾驶员头部撞到转向盘上，但由于头部强大的惯性力必然对颈椎造成更加严重的伤害。

安全气囊正是基于这种安全考虑应运而生的。安全气囊广泛应用于设计时速超过100km/h的汽车上,对于轿车,设计时速普遍超过100km/h,所以,安全气囊已经成为轿车的标准配置,根据汽车的高级程度,分别配置驾驶员前安全气囊、副驾驶前安全气囊、侧气囊、后气囊等。

1.前安全气囊

当汽车以高达60km/h的速度碰撞到固定障碍物时,前安全气囊可降低驾驶员和副驾驶员(乘员)头部、颈部和胸部的受伤程度。在两车前部碰撞时,两汽车的相对速度可能达到100km/h时,前安全气囊同样可防止驾驶员和副驾驶员(乘员)头部、颈部和胸部受伤。

为此,根据安全气囊的安装地点、汽车形式和汽车结构变形能力等因素,开发出各种形式的、与车型匹配的不同烟火推进剂数量的安全气囊。

当传感器识别到汽车碰撞后,每一个烟火燃气发生器将安全气囊快速开启。当驾驶员和副驾驶员上身分别碰到各自的安全气囊时,在与头部接触后,由于安全气囊上开有很多小孔,其中的部分气体可以排出气囊,防止人员受到窒息的伤害。

SRS是通过装在电控单元上的1~2个汽车纵轴方向上的电子加速度传感器来测量汽车在碰撞时的减速度,并由此算出汽车速度的变化。在汽车前部布置压力传感器,当发生碰撞时,压力传感器受压将发出碰撞信号,但安全气囊未必起爆(错误的起爆往往对人员造成很大伤害,这在以前曾发生过此类案例,造成驾驶员的伤害),系统会检索当前的车速(速度低于20km/h不会起爆)、加速度传感器反馈的车辆减速度,只有全部满足要求时,SRS才能起爆工作。

2.侧安全气囊

在所有的交通事故中,汽车侧向碰撞约占整个碰撞的30%。侧向碰撞是位居汽车前碰撞后的第二位高发碰撞事故。所以,越来越多的轿车除了配备安全带收紧器和前安全气囊外,还配备侧安全气囊。侧安全气囊沿车顶纵断面布置了一些充气管或充气袋,如窗户气袋、充气窗帘,以保护乘员头部;或在车门或座椅扶手布置胸部安全气囊,以保护乘员上身。侧安全气囊应当柔软地支撑乘员,才能在汽车发生侧向碰撞时防止乘员受伤。

用于侧安全气囊的加速度传感器安装在汽车承载构件右侧或左侧所选定的地点,如座椅横支座、门框、B柱、C柱。

3.智能安全气囊系统

通过改进控制安全气囊开启的一些功能,以及控制安全气囊充气过程,可以不断地减少乘员在碰撞中的伤害。智能安全气囊就是采集各种传感器信息,经过正确的分析判断,准确开启SRS。

第五节　机动车辆安全操作要求

机动车辆必须严格执行机动车辆安全操作规程的相关规定,以保障人身及财产安全。对于上路行驶的机动车辆,应严格执行道路交通安全法规相关要求。对于非上路及工厂的工程作业车辆,各相关部门也须制定相应的安全操作规程。

一、工作前安全操作要求

(一)对驾驶员要求

(1)驾驶员必须有相应的机动车辆驾驶执照,对于作业车辆,驾驶员必须经专门培训,取得相关部门颁发的上岗证才能上岗,严禁无证驾驶。

(2)如工作需要,穿戴好必备的工作服和劳保用品,如工作服、劳保鞋、劳保手套、口罩、防护眼镜等防护用品。

(3)应遵守工作区内机动车安全规则。

(4)开车前不喝酒。

(5)监督无关人员不得进入作业区域。

(6)装载及运输易燃、易爆、剧毒、大型物品等特殊货物时,必须经过交通安全管理部门和保卫部门批准后,方可在指定的路线和时间段内行驶。

(二)对机动车辆及辅助设施的要求

(1)机动车辆必须经过安全检验(一般称为年检)方可运行。车辆须配备灭火器、三角警示牌等安全用品。

(2)站场、道岔区、料场、装卸线以及建筑物的进出口,均应有良好的照明设施。

(3)装载液态易燃易爆物品的罐车,必须有挂接地面的静电导链。车上应根据危险货物的性质配备相应的防护器材,车辆两端上方须插有危险标志。

(4)装载氯化钠、氯化钾等化学用品的,必须是专用的货箱,且禁止与其他货物混装。

二、工作中安全操作要求

(一)装卸及乘降要求

(1)对于载运人员的公交车、出租车、长途汽车、旅游车等,在车辆未停稳之前,禁止上下乘客。

(2)叉车在叉载物品(包括装载机铲运、吊车吊装)时严禁超载,以防叉车受损,以及叉车后部翘起造成不安全事故。

(3)叉车摆放作业物品时(包括装载机铲运、吊车吊装)应完全放平稳后方可退出。

(4)装载易燃、易爆等物品时,装载量不得超过货车核定载重量的2/3,堆放高度不得高于车厢栏板。必须由具有5 000km和3A以上安全驾驶经历的驾驶员驾驶,并选派熟悉危险品特性、有安全防护知识的人担任押运员。

(5)装车时,驾驶员不得将头和手臂伸出驾驶室外,此时不准检查、维护车辆。

(6)严禁超重、超长、超宽、超高装运,装载物品要捆绑稳固牢靠,载货汽车车厢不准载乘人员。

(7)中途停车应选择安全地点停车,未卸完货物及乘客下车前,驾驶员不得离车。

(二)载运过程安全要求

(1)在学校、机关、旅游景点、停车场、厂区内行驶时,最高时速不得超过10km/h,进出厂门、车间、库房时时速不得超过5km/h,在车间、库房内时速不得超过3km/h。

(2)雾天及粉尘较大时,应打开车前黄灯(雾灯)行驶;遇视野不清时,须减速行驶,在弯道、隧道、盘山等路段严禁超车。

(3)装载易燃、易爆等特殊物品时,行进中遇特殊情况,应主动示警,提示其他车辆,必要时,由专用车辆护行,保证运输安全。

(4)两台以上车辆跟踪运输时,前后两车按车速保证合适的间距,并且严禁超车。

三、工作后安全操作要求

停车后,首先应拉紧手刹,关掉电源,取出钥匙,驾驶员才能离开车辆。同时要定期保养车辆,确保车辆处于良好状态。

第六节 厂(场)内机动车辆安全操作技术

一、安全操作规程

由于叉车是一种起升车辆,它除具有行驶的功能以外,还能把货物提升到一定的高度,以完成装卸作业任务。而当货叉换成各种属具后,又是多种作业车。因此,叉车有其特殊的安全操作规程。

(一)检查车辆

(1)叉车作业前,应检查燃料、润滑油和冷却水是否正常。

(2)检查转向和制动装置性能是否安全可靠。

(3)检查灯光、音响信号是否齐全有效。

(4)检查叉车的起升工作装置是否有变形、裂纹等损坏情况。

(5)检查起升液压系统是否有泄漏。

(6)电瓶叉车除应检查以上内容外,还应按电瓶车的有关检查内容,对电瓶叉车的电路进行检查。

(二)起步

(1)起步前,观察四周,确认无妨碍行车安全的障碍后,先鸣笛,后起步。

(2)起步时叉车门架后倾、货叉离地。

(3)叉车在载物起步时,驾驶员应先确认所载货物平稳可靠。

(4)起步时须缓慢平稳起步。

(三)行驶

(1)行驶时,货叉距地高度应保持 300~400mm,门架全后倾。

(2)行驶时不得将货叉升得太高。进出作业现场或行驶途中,要注意上空有无障碍物刮碰。载物行驶时,如货叉升得太高,还会增加叉车总体重心高度,影响叉车的稳定性。

(3)卸货后应先降落货叉至正常的行驶位置后再行驶。

(4)转弯时,如附近有行人或车辆,应发出信号,并禁止高速急转弯。高速急转弯会导致车辆失去横向稳定而倾翻。

（5）内燃叉车在下坡时严禁熄火滑行。

（6）非特殊情况，禁止载物行驶中急刹车。

（7）载物行驶在坡度超过 7° 和用高于一挡的速度上下坡时，非特殊情况不得制动停车。

（8）运行时要遵守厂（场）内交通规则，必须与前面的车辆保持一定的安全距离。

（9）在搬运庞大物件时，当物件挡住驾驶员前方视线时，应倒退行驶。

（10）叉车由后轮控制转向，所以转弯时要注意车后的摆动幅度，以免后方发生碰撞。

（11）禁止在坡道上转弯和横跨坡道行驶，尤其是带载的情况下。

（四）装卸

（1）叉载物品时，应调整好货叉间距，尽量保持重物重心对中不偏载，且使物品贴靠挡货架。

（2）叉载的质量应符合载荷中心变化的规定，且保持驾驶员有较好的视线。

（3）在进行物品的装卸过程中，必须用制动器制动叉车。

（4）货叉在接近或撤离物品时，车速应缓慢平稳，注意车轮不要碾压物品垫木，以免碾压物飞起伤人。

（5）货叉叉货时应尽可能深地叉入载荷下面，还要注意货叉尖不能碰到其他货物或物件。承载后的门架应保持直立或稍许后倾以稳定载荷。堆垛卸载时可使门架少量前倾，以便于安放载荷和抽出货叉。

（6）禁止高速叉取货物和用叉尖碰撞坚硬物体。

（7）叉车作业时，禁止人员站在货叉上手扶货物起升。

（8）叉车作业时，禁止人员站在货叉下及周围以免货物倒塌伤人。

（9）禁止用货叉举升人员从事高空作业，以免发生高处坠落事故。

（10）不准用制动惯性溜放物品。

（11）不准在码头岸边直接叉装船上货物。

（12）禁止使用单叉作业。

（13）禁止超载作业。

二、安全禁忌

（1）普通型电瓶车严禁装载易燃易爆物品。

（2）严禁顶推其他车辆。

（3）严禁电瓶叉车的行驶电动机和起升油泵电动机同时使用。

第九章 工程机械能耗分析与节能途径

◀◀◀◀◀◀◀◀

第一节 工程机械节能的意义

一、背景信息

随着我国工业生产水平不断提高,为了提高建筑工程建设质量、效率提供了巨大的驱动力。但是工程建设会给周围环境带来影响,会产生很多的废水、烟尘、噪声、废物,从而导致污染,而当今新型技术、新型材料的应用,在一定程度上缓解了工程污染。从节能方面说,随着工程机电设备种类不断增加,工程建设与运营中的机电设备数量也越来越多,提高了电能的损耗量,增加了工程成本,与节能减排的理念相左。这就需要加强工程机械的技能设计与改造,提高资源利用率,减少对电力能源的依赖性。

二、建筑工程机械设备节能含义与意义

(一)含义

节能就是指在工业生产当中,在能够确保生产质量与效率的前提下,尽可能减少资源、能源消耗。对于建筑工程机械节能来说,建筑机械节能需要在减少电能损耗量的同时,还需要减少材料损耗量,提高工作效率、质量。因此,在工程机械应用中,需要辩证地看待设备节能。通常情况下,想要实现建筑工程设备节能,除了要应用技术手段,还需要应用管理手段。

(二)意义

随着我国社会经济不断发展,人们的环保节能意识也有所提高,特别是在全球变暖的环境下,节能减排已经成为全球重点关注的问题。从另一个方面说,我国依然是以火力发电为主(煤炭),传统资源多数都是不可再生资源,总量有限。虽然电能是一种清洁能源,但清洁

能源发电技术还不够成熟,火力发电会造成一定的环境污染。从建筑方面来说,工程建设在能源、资源上的消耗非常大,为了能够推动建筑行业健康发展,就必须要提高节能意识,节能水平,提高机械设备的利用率,减少对传统能源的依赖性,这样即可降低对传统能源的压力,降低机械生产成本,为推动建筑企业长期发展奠定基础。

三、液压挖掘机在工程机械行业的重要性

液压挖掘机作为工程建设中最主要的工程机械,承担的工种多,工作时间长。液压挖掘机作为国家基础建设的重要工程机械之一,已经广泛应用于建筑、交通、水利、矿山以及军事领域中。世界上各种土方工程有65%～70%的土方量是由液压挖掘机来完成的。故无论从挖掘机强大的多功能适应性,还是在世界范围内的巨大发展潜力来看,均体现出其在建筑施工机械中的重要地位。因此,液压挖掘机的节能与减排已引起了人们的广泛关注与重视。液压挖掘机的工况复杂,负载变化剧烈,据研究报告,液压挖掘机中,发动机的输出能量的利用率大约只有20%。液压挖掘机作为一种工况最为复杂的典型工程机械,其各种节能技术给其他工程机械的节能研究和应用提供借鉴。故本书将重点介绍液压挖掘机,交叉介绍装载机、叉车、起重机等其他工程机械。

综上所述,工程机械节能技术已成为衡量其先进性的一项重要指标,在未来相当长的一段时间内,节能减排将成为工程机械行业的重要研究方向。在此背景下,国家在环保方面对工程机械企业实施一些技术整改制度,主要集中在排放标准的升级和新能源使用两个方面。环保型产品的研发已经关系到企业的生存与发展,工程机械企业纷纷围绕节能减排开始了技术升级。与此同时,中国工程机械行业开始了技术升级和创新,环保节能型产品是未来的发展方向。

此外,许多工程机械的共同特点是用一定重量的工作装置,将物料举升到指定高度后卸载,采用多路阀控制工作装置频繁地举升和下降会浪费许多能量,还有一些机构,如挖掘机的上车机构频繁地加速起动和减速制动,如果能够回收与利用工作机构举升后积累的势能和转台制动的动能,对提高工程机械的能量效率将非常有益,是当前工程机械节能技术研究的热点方向。研究工程机械的动力节能技术、液压节能技术辅以能量回收技术可以全面提高整机的节能性,对整机的节能研究具有非常重要的实际意义。

第二节 液压挖掘机液压系统

液压挖掘机作为国家基础建设的重要工程机械之一,已经广泛应用于建筑、交通、水利、

矿山以及军事领域中,是工程机械的主力机种。挖掘机的类型很多,按土方斗数,可分为单斗挖掘机和多斗挖掘机;按结构特性,可分为正铲式、反铲式、拉铲式等。其中,单斗液压挖掘机是一种采用液压传动并以一个铲斗进行挖掘作业的机械,是目前挖掘机械中最重要的品种。单斗液压挖掘机由工作装置、回转机构及行走机构三部分组成。工作装置包括动臂、斗杆及铲斗,若更换工作装置,还可进行正铲、抓斗及装载作业。上述所有机构的动作均由液压驱动。

液压挖掘机的执行机构包括行走机构、回转机构、动臂、斗杆和铲斗等,分别由左行走液压马达、右行走液压马达、回转液压马达、动臂液压缸、斗杆液压缸和铲斗液压缸驱动。由发动机驱动两个液压泵,并将压力油输送到两组多路阀中,操纵多路阀,将压力油送往直线与旋转运动的元件,以完成挖掘、回转、卸载、返回及行走等动作。其工作循环主要包括以下四种动作:

第一,挖掘。一般以斗杆液压缸动作为主,用铲斗液压缸调整切削角度,配合挖掘。必要时(如铲平基坑底面或修整斜坡等有特殊要求的挖掘动作),铲斗、斗杆、动臂三个液压缸须根据作业要求复合动作,以保证铲斗按特定轨迹运动。

第二,满斗提升及回转。挖掘结束时,铲斗液压缸推出,动臂液压缸顶起,满斗提升。同时,回转液压马达转动,驱动转台向卸载位置旋转。

第三,卸载。当转台回转到卸载位置时,回转停止。通过动臂液压缸和铲斗液压缸配合动作调整铲斗卸载位置。然后,铲斗液压缸内缩,铲斗向上翻转卸载。

第四,返回。卸载结束后,转台反转,配以动臂液压缸、斗杆液压缸及铲斗液压缸的复合动作,将空斗返回到新的挖掘位置,开始下一个工作循环。

一、液压系统工作原理

(一)液压系统概述

液压挖掘机液压系统的类型很多。按主液压泵的数量、功率调节方式和回路的数量可分为单泵或双泵单路定量系统、双泵双路定量系统、多泵多路定量系统、双泵双路分功率调节变量系统、双泵双路全功率调节变量系统等;按液流循环方式可分为开式系统、闭式系统。

(二)主油路概述

当一个泵供多个执行元件同时动作时,因液压油首先向负载轻的执行元件流动,导致高负载的执行元件动作困难,因此,需要对负载轻的执行元件控制阀杆进行节流。此外,液压挖掘机工况各种各样,复合动作较多,如掘削装载工况、平整地面工况、沟槽侧边掘削工况、双泵合流问题、直线行走问题等。在这样的要求下,如何向各执行元件供油,向哪个执行元件优先供油,如何实现合流,如何实现在作业装置同时动作时保持直线行走等,这些都需要对多路阀进行控制。多路阀内部流道构成了一个非常庞大且复杂的液压回路。

二、功能控制油路

(一)主变量泵控制回路

该系统是由两台轴向变量活塞泵、先导泵及各控制阀组成的。变量泵中的伺服阀由伺服活塞和导向滑阀组成,其作用是增大或减小变量泵的输出流量。主泵的控制回路如图9-1所示,该系统变量泵采用了正流量控制、全功率控制、速度传感控制和慢速转矩增加控制等。

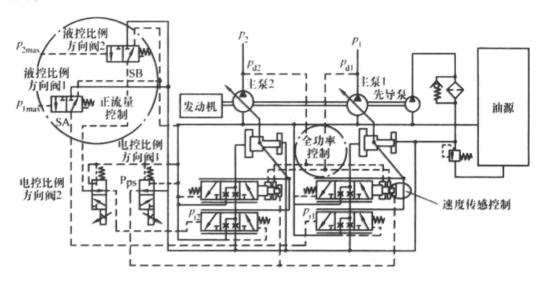

图 9-1 ZAXIS200 液压挖掘机主家排量控制回路

1.正流量控制

正流量控制是利用操纵手柄的先导压力对泵排量直接控制。用六通多路阀控制液压缸的速度和方向。通过梭阀组将最大先导压力选择出来,用以控制液压泵排量。主泵 1 由梭阀选择表征动臂提升和下降、斗杆收回和伸出、铲斗翻入和翻出以及右行走的先导操作最大压力 p_{1max},主泵 2 由梭阀选择表征动臂提升、斗杆收回和伸出、左回转和右回转、附件操作以及左行走的先导操作最大压力 p_{2max};然后被选择的压力油流向主泵 1 流量控制阀(液控比例方向阀 1)或主泵 2 流量控制阀(液控比例方向阀 2)移动流量控制阀阀芯;当主泵 1 流量控制阀或主泵 2 流量控制阀移动时,来自先导泵的先导压力油流向主泵 1 或主泵 2 的调节器,此时的主泵控制压力称为 P_i。当先导手柄操作时,泵流量控制阀根据先导操作手柄的行程调节主泵的控制压力 p_i；然后当调节器收到泵的控制压力 P_i 时，调节器依照泵控制压力 P_i 的大小调整泵的流量；当先导操作手柄操作时泵控制压力 P_i 增加，调节器增加泵流量；当先导操作手柄返回中位时泵控制压力 P_i 减小，使调节器减小泵的流量。

2.全功率控制

全功率控制系统中调节器以自身的泵输出压力 P_{d1} 和相应的泵输出压力 p_{d2} 作为控制信号压力。如图9-2所示，如果平均输出压力超过设定的 $p-q$ 曲线调节器，根据超过 $p-q$ 曲线的压力减小泵的流量以使泵的总输出功率回到设定的 $p-q$ 曲线，避免发动机过载。$p-q$ 曲线是根据两个泵同时作业来制定的，两个泵的流量也调整得近似相等。因此，尽管高压侧泵的负载比低压侧的大，但是泵的总输出与发动机的输出是一致的。

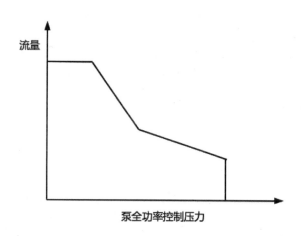

图9-2 全功率控制系统 $p-q$ 示意图

（二）回转驱动控制回路

如图9-3所示，回转装置由制动阀单元、回转液压马达和回转减速装置组成。制动阀单元可以防止回转油路产生空穴和过载。回转液压马达是斜盘式轴向柱塞马达，内装回转停放制动器，由主泵输出的压力油驱动，从而使回转减速装置转动，回转减速装置利用低速大转矩使轴转动，从而使上部回转平台转动。回转减速装置为两级行星齿轮式。回转停放制动器是湿式多盘制动器。当制动释放压力进入制动活塞油腔时制动器释放（常闭式制动器），具体工作如下：

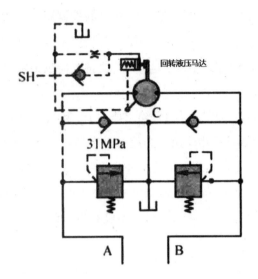

图 9-3　回转驱动液压原理图（无防反转阀）

1.制动器工作原理

（1）制动器释放

回转或斗杆收回先导操作手柄操作时,先导泵内的先导压力油进入油口 SH,油口 SH 的先导压力推开单向阀进入制动活塞腔,制动活塞上升分开固定板和摩擦板,从而使制动器释放。

（2）制动器制动

当回转或者杆收回先导操作手柄松开时,油口 SH 的先导压力油逐渐减少,制动器释放压力通过节流孔进入回转液压马达壳体;弹簧力施加给固定板和摩擦板,这些板通过制动活塞分别与液压缸体的外径和壳体的内径啮合,利用摩擦力使液压缸体制动;同理,当发动机停止时,没有先导压力油进入油口 SH,制动器自动制动。

（3）制动延时

由于上车机构的惯性力,如果当回转先导操作手柄从转台回转回到中位时,立刻对转台实施制动,会产生很大的冲击载荷,可能会损坏零件。为了防止损害零件,系统设置了一个阻尼孔用于延长制动的时间,确保上车机构施加制动之前已经停止。

2.补油阀

在回转停止期间,回转液压马达被上部回转平台的惯性力推动,液压马达的转动由惯性力推动比由主泵输出的压力油推动快,所以在油路内产生空穴。为了防止空穴,在回转油路内的压力比回油路油口 C 内的压力小时,单向阀打开,液压油从回油路补油以消除回转油路内的缺油状态。

（三）动臂、铲斗、斗杆再生回路

该系统采用了两种再生回路:动臂(铲斗)再生回路和斗杆再生回路。

安装在动臂下降斗杆收回和铲斗翻入油路的再生阀主要用于提高液压缸的速度、防止液压缸停顿、改善挖掘机的可控制性。动臂再生阀的操作原理与铲斗再生阀相同,因此以铲斗再生阀为例加以介绍。如图9-4所示,铲斗翻入(挖掘)时,液压缸有杆腔的回油通过阀柱的A孔作用于单向阀,这时如果液压缸无杆腔的压力比有杆腔低,单向阀打开;液压缸有杆腔的回油与主泵输出的压力油一起流进无杆腔共同提高液压缸的速度;当液压缸移动到全行程位置或挖掘负荷增加时,液压缸底侧油路的压力将增加到有杆腔压力之上,使单向阀关闭停止再生作业。

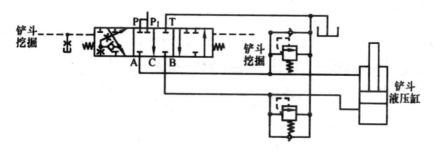

图9-4 铲斗再生回路原理图

斗杆再生阀用于提高斗杆收回速度并防止斗杆收回作业时发生停留。如图9-5所示,一般情况下,斗杆收回作业时,液压缸有杆腔的回油通过斗杆再生阀阀柱的节流孔流回液压油箱;当主泵2输油压力传感器低压(负荷较低时)、斗杆收回压力传感器高输出(斗杆先导操作手柄行程大)、回转或动臂提升压力传感器输出信号时,来自电磁阀单元SC的先导压力油推动斗杆再生阀阀柱堵住液压缸有杆腔的回油油路,从而液压缸杆侧的回油与泵输出的压力油一起流进液压缸底侧共同提高液压缸的速度。

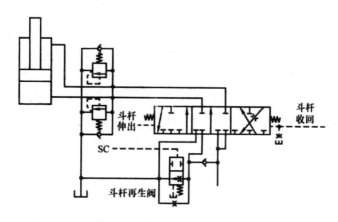

图9-5 斗杆再生回路原理图

(四)抗漂移油路

抗漂移阀安装在动臂液压缸底侧和斗杆液压缸杆侧油路上防止液压缸漂移。动臂抗漂移阀的操作原理与斗杆抗漂移阀相同,因此以动臂抗漂移阀为例加以介绍。如图9-6所示,先导操作手柄在中位时,表征动臂下降的先导压力为零,抗漂移阀内的开关阀不能移动,动臂无杆腔的压力油通过开关阀施加到抗漂移阀内的单向阀弹簧侧(这里的抗漂移阀不能简单地认为是液控单向阀,图上的抗漂移阀上的控制油口是和单向阀的弹簧腔相通),因此,单向阀关闭使动臂液压缸的回油堵塞减小液压缸的漂移。动臂下降时,来自先导阀的先导压力油推动抗漂移阀的柱塞使开关阀移动,然后单向阀弹簧腔内的油通过开关阀流回液压油箱,因此,单向阀打开使回油从动臂液压缸底侧流到动臂阀柱后回油箱。

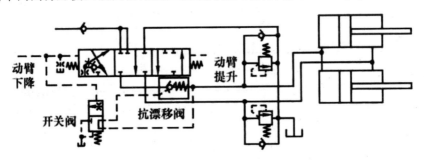

图9-6　动臂抗漂移油路原理图

(五)流量控制油路

流量控制阀安装在斗杆、铲斗和辅助油路上,其作用是在进行复合作业时限制该油路的流量,使其他执行元件优先动作。以回转和斗杆收回复合作业时为例说明流量控制油路的功能,如图9-7所示。主要功能限制斗杆液压缸的流量,进而保证主泵2的压力油优先流入回转液压马达以确保回转力。

1.正常作业

来自主泵2的压力油施加于提动头阀内的单向阀,正常情况下开关阀处于打开状态,然后来自主泵2的压力油打开单向阀经开关阀流到斗杆多路阀的主阀芯,因此提动头阀打开,使来自主泵2的压力油流非常顺畅的流到斗杆多路阀主阀芯。

2.流量控制作业

来自电磁阀单元SE的先导压力油推动斗杆流量控制阀内的开关阀,当开关阀被关闭时压力油被封闭在提动头阀之后限制提动头阀打开,因而提动头阀限制流向斗杆多路阀的主阀芯的流量,使压力油优先供给比斗杆负荷更大的回转液压马达,即为回转相对斗杆优先。

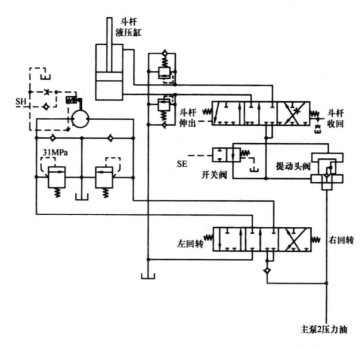

图 9-7 回转相对斗杆优先原理

（六）行 走 驱 动 油 路

如图 9-8 所示,行走装置由行走液压马达、行走减速装置和行走制动阀组成。行走马达是斜盘式变量轴向柱塞马达,装有停放制动器。行走液压马达被泵的压力油驱动,把旋转力传递给行走减速装置。行走减速装置是三级行星齿轮式,它把从行走马达传来的旋转力转换成低速大转矩动力带动驱动轮和履带转动。行走制动阀防止行走油路过载和防止出现空穴。

该系统具有慢速方式和快速方式两种方式。高速低转矩时,双速液压马达调节阀根据行走速度控制阀的作用,使调节活塞推动斜盘至最小角度,行走液压马达排量最小,系统处于高速状态。低速大转矩时,SI 行走高低速控制阀不起作用,此时系统处于低速状态。

行走系统中的驻车制动器采用的是湿式多盘制动。在行走先导操作手柄处于中位时,行走制动阀内的平衡阀柱返回中位,然后作用在制动活塞上的压力油通过节流孔回到泄漏油路,制动活塞被碟形弹簧慢慢地向后推,结果弹簧力通过制动活塞施加给予液压缸体啮合的固定板和与壳体啮合的摩擦板,液压缸缸体利用摩擦板和制动板之间的摩擦力制动;起步行走时,来自主泵的压力油经控制阀流进油口 AM 或 BM,压力油推动平衡阀阀柱并通过阀柱上的油道作用于制动活塞,然后制动活塞被推向碟形弹簧使固定板和摩擦板互相脱开,制动器释放。

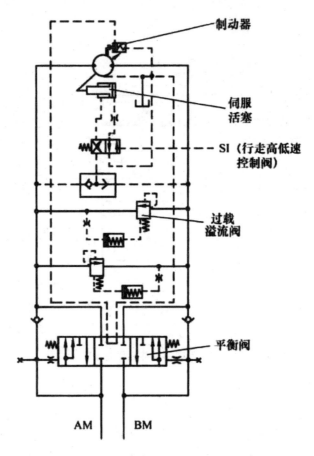

制动器

伺服
活塞

SI（行走高低速
控制阀）

过载
溢流阀

平衡阀

AM　　BM

图 9-8　液压挖掘机行走驱动油路原理图

平衡阀的作用是,使行走平稳起动和停止、防止下坡时失控,使行走液压马达高压油口 AM 或 BM 的压力油流进停放制动器。安全阀的作用是在马达出油口油路被关闭或节流时, 压力急剧增高,促使安全阀卸压以保证系统安全。阻尼孔的作用是平稳的改变行走方式。

第三节　液压挖掘机能耗分析

为研究液压挖掘机能量损耗,目前的方法一般是基于计算机仿真模型和实验样机测试两种方法。由于实验样机只能为某种类型的动力系统—液压系统的典型代表,其测试结果具有一定的局限性,且部分实验结果难以重复。为此实验和仿真相结合是深刻理解液压挖掘机能耗的最有效途径。

一、仿真模型法

系统仿真技术是以相似原理、控制理论、计算机技术、信息技术及其应用领域的专业技术为基础，以计算机和各种物理效应设备为工具，利用系统模型对实际系统进行动态试验研究的一门综合技术。仿真技术涉及控制理论建模、计算机软件、数值方法、嵌入式系统、网络、工程设计和有关专业领域知识等方面的基础，是学科交叉发展的结果。从更一般的意义上来讲，系统仿真可以理解为是对一个已经存在或尚不存在但正在开发的系统进行系统特性研究的综合科学。对于实际系统不存在或已经存在但无法在现有系统上直接进行研究的情况，只能设法构造既能反映系统特征又能符合系统研究要求的系统模型，并在该系统模型上进行所关心的问题研究，揭示已有系统和未来系统的内在特性、运行规律、分系统之间的关系并预测未来。

依据不同的分类标准，可将系统仿真进行如下分类：①根据被研究系统的特征可分为两大类，连续系统仿真和离散事件系统仿真；②按仿真试验中所取的模型时间标尺与自然时间标尺之间的关系可将仿真分为实时仿真和非实时仿真两大类；③按照参与仿真的模型的种类不同，将系统仿真分为物理仿真、数字仿真及半物理仿真。

一般，动态仿真系统指的都是非实时仿真系统。非实时仿真系统通常用动态方程来描述，即建立系统的数学模型，采用离线方式与系统内部数据进行交互。这种传统的纯数学建模与仿真，模型中的硬件环节由数学模型所代替，往往达不到预期的理想控制效果。加上离线仿真不能对内存、接口和通信等实时参量进行评价，因而设计者必须不断地对自身的设计做出调整，开发周期相对过长。

与非实时仿真系统相对应的称为实时仿真系统。实时仿真理论与技术多年来一直是系统仿真领域的重点研究课题之一。在对系统进行仿真时，若有实物介入整个仿真系统，必须要求仿真时间标尺与实际系统时间标尺相同，这种仿真称为实时仿真。它的主要研究内容包括：系统实时建模和模型验证，实时仿真计算机，实时仿真算法，实时仿真软件，实时仿真的时间控制，等等。半物理（或称硬件在回路，Hardware-in-the-loop，HIL）仿真系统是实时仿真最典型的代表。所谓半物理仿真是指在仿真实验系统的仿真回路中接入部分实物的实时仿真。它是目前仿真技术中置信度最高的仿真方法。

液压挖掘机系统是一个综合了液压、机械、控制等多方面的复杂系统，要建立其仿真模型，需要仿真软件具有上述多领域的协同仿真功能。

二、测试样机法

液压挖掘机综合性能测试系统通过对整机节能性、动力性、操控性、稳定性等指标进行测试,给出系统的综合性能评价,为整机的设计、集成、控制和优化提供可靠依据。

(一)液压挖掘机性能评价指标

目前,国内外对液压挖掘机尤其是各种新型液压挖掘机性能尚无统一、标准的评判准则。为了对其进行综合评价,依据科学合理地反映动力系统和部件主要性能的原则,提出若干性能指标,构成液压挖掘机的评价体系,主要包括以下几类:

1.主动力系统指标

(1)主动力单元转速控制稳定度

工作点稳定是表征先进发动机控制技术、液压混合动力技术或者油电混合动力技术等对主动力单元工作点的改善效果的重要评价指标,具体如下式:

$$\alpha = \frac{1}{T}\int_0^T |n(t) - n_{ave}|dt \qquad (9-1)$$

式中 $n(t)$ ——主动力单元的瞬时转速;

n_{ave} ——主动力单元的平均转速。

对于发动机驱动型工程机械,主动力单元即为发动机,电控式发动机的转速传感器一般作为一个配件安装在发动机上,发动机的转速信号可以通过发动机控制单元 ECU 读出;而机械式调速发动机需要单独安装转速传感器。如图 9-9 所示,安装在变速箱上的转速传感器通过齿数转换成脉冲信号有效地检测发动机的转速。

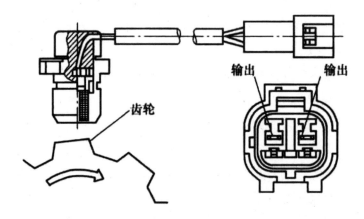

图 9-9　测量发动机转速的转速传感器安装示意图

而对于纯电驱动工程机械,主动力单元为电动机,目前新能源电动机几乎都安装了转速传感器(旋转变压器、光电编码器),电动机的转速信号也可以通过电动机控制器读出。目前新能源电动机应用较多的是旋转变压器,主要旋转变压器具有和电动机相似的结构(绕组、叠片、轴承和支架),可用于超重载应用。因为不带电路硬件,它能够在更加极端的温度下运行。因为不带光学元件以及不须精密对准,它能耐受更大的冲击和振动。因为不带光学元件和电路硬件,它能够用于高辐射环境。旋转变压器已经过时间的考验,但是模拟信号输出限制了其使用范围。

旋转变压器属于一种特殊功能的电动机,由定子和转子组成,主要用于回转电动机运动中的转角和转速测试。在安装结构上,根据安装位置不同可分为电动机同轴安装和最终传动环节同轴安装。目前,普遍使用的安装方式是采用电动机同轴安装的方式。旋转变压器的转子安装在电动机的轴上,旋转变压器的定子安装在电动机的外壳或端盖上。旋转变压器通过电动机轴的旋转带动旋转变压器的转子在旋转变压器的定子中旋转,进而在旋转变压器的定子中产生相关的 AC 信号,该 AC 信号的相位特征通过数学变化可及时地反馈出电动机转子的角位置变化。在带反馈控制的电动机中,定子所产生的 AC 信号用于使定子绕组的电流将在定子中旋转的磁场和由转子两极之间所产生的磁场中的空间保持在最佳的角空间(通常为正交)。

(2)油耗

主要针对发动机驱动型工程机械,表征发动机的燃油消耗,具体如下式:

$$f = \frac{1}{T} \int_0^T O(t) \, dt \tag{9-2}$$

式中 $O(t)$ ——发动机的瞬时油耗。

目前,测定发动机耗油率的方法通常有容积法、重量法、流量计法、流速计法和碳平衡法。目前,汽车即时油耗是以某一个时间段(10s 或 15s)内油耗的平均值作为计算显示结果,一般利用涡轮流量传感器来测量进、回油管道的燃油流量的差值。国外一些燃油即时显示系统一般采取在某一时间段的基本喷射时间作为采样标准来估算燃油消耗,并不是真正定义上的即时油耗。容积法、重量法、流量计法、流速计法和碳平衡法这些测量方法的基本形式相同,即将测试仪器串接到发动机供油系统中,普遍存在以下问题:

第一,油耗仪串入到油路中后会影响到发动机燃油的供给,影响燃油消耗的测试精度,如测试管路中的气泡、泄漏。

第二,油耗仪的安装连接十分不便,首先必须弄清不同机型的油路,连接管路的孔径和长度也有可能不匹配,当有回油管路时,其安装更加麻烦。

第三,单车测量过程时间长,影响了检测线上所有检测车辆的检测时间。

第四,安全问题,尤其是燃油的挥发造成污染和易燃安全隐患。

第五,基于容积法的油耗检测液面传感器大多是利用光在空气和油介质中折射率变化理论检测油面信号,对油管与液面传感器的相对位置要求较为严格,且容易受到不稳定光源及环境光源的干扰。此外,测量容器的内外壁表面均易产生油污,当光源较弱时,液面传感器因光线无法穿透油污检测不到测量开始信号,同时还会受到较强光源的非测量信号干扰,影响油耗检测系统的使用重复性及可靠性,最终降低整个系统的测量精度,尤其在柴油发动机运行环境中,这种方法不可取。

第六,采用重量法检测燃油消耗量,每一次检测时,储油箱中的油液都不能被全部放掉,总会存在一些残油液,存在这样一个弊端,必然会影响测量的精度。因此,这种方法普遍用于检测精度要求不高的大型机组或工程机械的油耗测量。

第七,流量计法和流速计法可以测量瞬时耗油率,但由于单位时间燃油的流量很小,因此测量的精度较低。

目前,碳平衡法是根据质量守恒定律,汽(柴)油经过发动机燃烧后,排气中碳质量总和与燃烧前的燃油中碳质量总和相等。碳平衡检测方法在实验室内检测车辆工况油耗的方法国际上是通用的,虽然在各国的标准或法规中表达形式略有不同,但是仍在不断修正中。虽然,碳平衡法可以不破坏车辆发动机油路原有结构,快速测量燃油消耗量,但其测试结果精度主要取决于试验中所用废气分析仪器的测量精度,实际操作中考虑到检测设备的成本问题,检测环境的噪声干扰问题,使油耗测量过程很难达到理论状态。因此,油耗检测计算结果与实际的油耗往往有较大的偏差。此种方法只适用于实验室,产品不够成熟并不适用于推广应用。

2.辅助动力系统指标

(1)混合度

表征辅助动力驱动时,辅助动力源功率与总功率的比值,具体如下式:

$$HF = \frac{P_e}{P_t} \qquad (9-3)$$

式中 P_e,P_t ——分别为辅助动力源功率和系统总功率。

根据混合度,混合动力系统大致可以分成轻度混合动力系统、中度混合动力系统和强混合动力系统。

(2)效率

表征辅助动力元件的工作效率,如电动机、变频器、液压泵/马达等,具体如下式:

$$\eta = \frac{\int_0^T P_0(t)\,dt}{\int_0^T P_i(t)\,dt} \times 100\% \qquad (9-4)$$

式中 $P_o(t)$,$P_i(t)$ ——分别为辅助动力系统的输出、输入功率。

功率的计算方法一般分成机械功率和液压功率两种,其中机械功率的计算方法如下式:

$$P(t) = \frac{Tn}{9\,550} \qquad (9-5)$$

式中 $P(t)$ ——机械功率(kW);

T ——转矩(N·m);

n ——转速(r/min)。

液压系统的功率计算如下：

$$P(t) = \frac{pq}{60} \qquad (9-6)$$

式中 $P(t)$ ——液压功率(kW);

p ——液压状态压力参数(MPa);

q ——液压状态流量参数(L/min)。

3.整机指标

(1)噪声水平

表征系统正常作业过程中的噪声平均值,具体如下式：

$$c = \frac{1}{T} \int_0^T C(t) dt \qquad (9-7)$$

式中 $C(t)$ ——发动机的瞬时噪声值。

发动机的型式不同,其各噪声源所占发动机总噪声的比例也不同。工程机械驱动用柴油机的主要噪声源是燃烧噪声。噪声的测量与测量环境、测量方法、测量仪器等都有很大的关系,这些因素将直接影响到测量结果的可信度。测量过程中,根据测量的目的不同,测量的方法也不一样。常用的测量方法有声压级测量和声强级测量两种。

①声压测量

其基本原理是指声波传播时,在垂直于其传播方向的单位面积上引起的大气压的变化,用符号 P 表示,单位为 Pa 或 N/m^2。声压测量系统主要由传声器、放大器、滤波或计权器、记录仪、分析仪、检波器和显示器或表头等组成。测得声压或声压级后,可以计算得到声强、声强级和声功率、声功率级。在工程测量中,可以测得传声器的声压信号,利用声强互谱关系式,使用信号分析仪求其互谱,再经过频域代数运算即可得到声强及其频谱。

优点:声压测量的原理简单,方法简便,测量仪器也比较成熟,并且不会引起相位失配误差。

缺点:由于声压测量依赖于测点离声源的距离以及周围的环境,所以,如果测量点位置选择不当、测试环境的本底噪声很高、环境风速很大、传声器和噪声源附近有较大反射物时都会在一定程度上影响测量结果,不同的传声器取向也会给测量结果带来一定的误差。欲提高测量精度,测量工作需要在消声室或混响室中进行,试验成本很高;对于一些大型的难以移动的发动机,将其放入消声室或混响室进行测量几乎不可能。

②声强测量

声强测量有两种基本方法,一种是将传声器和测量质点速度的传感器相结合,简称 $p-u$ 法;另一种是双传声器法,简称 $p-p$ 法。$p-p$ 法是基于两个传声器测得声压的互谱关系得到的。由于质点振速的测量较为复杂且精度易受环境影响,因此工程中 $p-p$ 法的应用更加广泛。该方法采用两支性能相同声强探头来获取声信号,经前置放大、信号转换及滤波后,使之相加得到平均声压,使之相减并积分则得到质点速度;再将二者相乘并对时间求平均即得声强。

优点:声强测量结果基本不受环境噪声的影响,不用做环境修正,适用于近场测量。具有较好的频谱特性、灵敏度和方向特性。

缺点:声强测量系统复杂,且必须两个声强探头,易引起相位失配误差。

③几种特殊的发动机噪声测量方法

第一,针对发动机排气噪声的测量:将排气管引入隔声罩内,直接测量排气口噪声或者测量总噪声及背景噪声然后计算出排气噪声。

第二,针对航空发动机燃烧噪声的测量:受测发动机燃烧室内燃气温度高达 1 000℃ 以上。燃气压力随发动机工作状态变化,在 0.1~0.2MPa 或更高。普通的动压传感器无法直接安装在燃烧室内进行动压测量,需要用声波导管将被测声压传播至传感器所在位置进行测量。

第三,一种新型的声源检测方法:由 64 个传声器阵元组成平面螺旋阵列。

第四,采用虚拟测量仪器测量:采用虚拟仪器代替传统仪器,虚拟仪器的功能可以由用户自己定义,它的关键是软件,是一种基于计算机的开放系统,具有价格低,软件结构可节省开发维护费用,技术更新快(周期短)的特点,具有友好的中英文图形界面,以及仪器通用化和网络化的优势。

第五,近场声全息 NAH(near-field acoustical holography)技术:该技术可通过实际测量较为准确地获得被测对象的声学信息。

(2)废气排放水平

表征系统正常作业过程中的各种废气排放平均值,具体如下式:

$$g = \frac{1}{T}\int_0^T G(t)\,dt \qquad\qquad (9-8)$$

式中 $G(t)$ ——发动机的瞬时废气排放量。

发动机排放的废气种类主要有:一氧化碳(CO)、二氧化碳(CO)、氮氧化物(NO_x)、碳氢化合物(HC)、二氧化硫(SO_2)和颗粒(PM)等。目前,发动机废气检测的方法主要有三种,即:用不分光红外分析(NDIR)测量 CO、HC 和 NO;用氢气火焰离子分析仪(FDI)测量 HC;

用电化学原理测量 NO_x 和 O_2。世界各国在工况法检测标准中都严格规定必须采用上述测量方法,但怠速法检测标准略有不同。

4.对比指标

(1)节能率

表征节能型挖掘机与传统挖掘机相比的能源节约程度,具体如下式:

$$\sigma = \frac{O_N - O_H}{O_N} \times 100\% \tag{9-9}$$

式中 O_N , O_H ——分别为传统挖掘机和节能型挖掘机的油耗。

(2)减排率

表征节能型挖掘机与传统挖掘机相比的废气排放降低程度,具体如下式:

$$\tau = \frac{A_N - A_H}{A_N} \times 100\% \tag{9-10}$$

式中 A_N , A_H ——分别为传统挖掘机和节能型挖掘机的废气排放量。

5.能量回收系统指标

(1)能量回收效率

表征能量回收系统的整体能量回收过程中的效率,具体如下式:

$$\eta = \frac{\int_0^T P_{oe}(t)\,\mathrm{d}t}{\int_0^T P_{ie}(t)\,\mathrm{d}t} \times 100\% \tag{9-11}$$

式中 $P_{oe}(t)$, $P_{ie}(t)$ ——分别为能量回收系统的输出、输入功率。

当前衡量能量回收系统的输入功率和输出功率并没有统一的计算公式。以液压挖掘机动臂势能电气式能量回收系统为例,一般以液压缸无杆腔的液压功率为能量回收系统的输入功率,实际上这种计算方法忽略了在可回收能量通过液压缸转换成无杆腔的液压能的能量损耗。而输出功率应该以电池或电容的输入功率计算更为准确,即电压和电流的乘积。

(2)能量回收和再利用整体效率

目前,大多数能量回收技术的研究者很少关注回收能量的释放效率,实际上能量回收研究也应该重视能量的再利用效率,一般情况下能量的释放有多种途径,需要综合考虑不同释放途径的再利用效率。

(3)能量回收对整机的节能效果

当前,由于商业炒作的缘故,很多主机厂的能量回收单元对整机的节能效果大多根据自己的规则去制定,因此,很多用户使用后,发现工程机械的节能效果并没有那么理想。比如某些厂家采用回转制动能量回收系统,为了验证其对整机的节能效果,在测试时频繁的做回转加速和减速工况,而其他执行元件不工作。这种测试当然可以提高能量回收系统对整机的效果,但这种测试结果最多只能算是就单一的回转执行元件而言的节能效果。实际上整机在每个作业周期的回转次数不会那么频繁,而且多个执行元件也是同时参与作业过程的。

6.储能单元指标

储能单元主要包括蓄电池、超级电容和液压蓄能器。其中,蓄电池和超级电容一般采用荷电状态(SOC)表征,SOC 表示电池或超级电容使用一段时间或长期搁置不用后的剩余容量与其完全充电状态的容量的比值,常用百分数表示。液压蓄能器一般用 SOP 来表示其剩余能量和充到最高工作压力储存的能量的比值。下面来分别介绍蓄电池 SOC、超级电容 SOC 和液压蓄能器 SOP 的算法。

(1)蓄电池 SOC 算法

SOC 是电池状态的主要参数之一,为整车控制提供判断标准。因此,准确估算蓄电池的 SOC 也是新能源汽车和工程机械必不可少的条件之一。

一般认为,在一定温度下,当充电进行到电池不能再充电时定义其 SOC 为 100;相反,当放电进行到电池不能进行再放出电量时定义其 SOC 为 0。需要注意的是,蓄电池的 SOC 受放电倍率、电池温度以及电池电压等多方面因素的影响,因此,要充分考虑各方面的因素才能实现精准的 SOC 在线计算。

作为当前的研究热点,SOC 估算方法多种多样,大致可划分为两大类:一类是比较传统的 SOC 估算方法,如负载放电法、安时计量法和电动势法等;另一类则结合较新颖的高级算法对 SOC 进行估算,比较典型的包括卡尔曼滤波法、神经网络法以及基于模糊理论的 SOC 估算方法等。实际上,由于 SOC 估算难度大,单纯采用某一种方法估算出的 SOC 往往并不是很理想,因此,目前的很多研究都倾向于将多种方法结合起来对 SOC 进行估算,从而达到各取所长、优势互补的效果。以下针对几种常见的 SOC 估算方法进行简要介绍。

①负载放电法

此方法即采用恒定的电流对当前蓄电池进行放电,直到电池到达截止电压。用放电电流值乘以时间即可得放出的电量,此电量与电池在对应电流下总的可用容量的比值即为电池放电前的 SOC。此方法被视作最可靠的 SOC 估算方法,而且适用于各种不同类型的蓄电池,但由于放电过程一般持续的时间较长,而且放电时电池一般要停止正常工作,因此,在实际的电池应用系统中不适合采用这种方法。目前,负载放电法主要作为蓄电池的分析、测试和研究手段,多用于实验室。

②安时计量法

安时计量法也简称安时法,是最常用的 SOC 估算手段,其基本思想是把蓄电池视为一个黑箱,电池输入和输出的电量可以通过充放电电流在时间上的积分来计算,而不再考虑电池内部结构和化学状态的变化。

③电动势法

从充放电状态切换到静置状态以后,蓄电池内部电化学反应会逐渐趋于平衡,其开路电压也会趋于稳定,这一稳定的电压即可视作蓄电池的等效电动势,对于电池而言,静置时间达到 8~12h 以上即认为电池内部反应达到平衡。

电动势法的基本思想是认为电池 SOC 与其电动势 E 之间存在一个相对稳定的对应关系,简称 E-SOC 关系,在此基础上通过对电池电动势的估算即可实现 SOC 的估算。

④卡尔曼滤波法

卡尔曼滤波用于电池 SOC 估算时,结合特定的电池模型,一般是将电池充放电电流作为系统输入,而将电池端电压作为系统输出,两者都是可检测的量,而需要估算的 SOC 则视作系统的内部状态,这样通过卡尔曼递推算法即可实现 SOC 的最优估计。卡尔曼滤波法具有较强的初始误差修正能力,并且对噪声信号也有很强的抑制作用,因此,在电池负载波动频繁、工作电流变化迅速的应用场合具有很大的优势。但另一方面,卡尔曼滤波法的状态估计精度也依赖于系统模型的准确性,尤其对于蓄电池而言,由于其本身工作特性呈高度非线性,因此,如果采用传统的卡尔曼滤波法就必然会引入线性化误差。

⑤神经网络法

反馈神经网络模型,整个网络系统分为输入层、隐含层和输出层三部分,反馈信息由隐含层引出,并返回输入层作为系统输入,这种结构的网络属于一种局部递归网络。神经网络法的缺点在于它需要大量的、全面的样本数据对系统进行训练,而且估计误差在很大程度上受所选训练数据和训练方法的影响。

⑥模糊法

采用模糊法进行 SOC 估算的思路就是根据专业从事电池测试技术人员的知识和经验,再结合电池的工作特性,通过模糊逻辑来实现对电池 SOC 的估算。常见的步骤是首先将检测到的电池电压、工作电流及温度信号进行模糊化处理,模糊化处理的结果进一步进行模糊推理,然后将模糊推理后的输出再进行反模糊化处理即可得到电池 SOC 的预测值。为了进行必要的修正,在系统中通常还需一个闭环反馈环节对 SOC 进行调整。

(2)超级电容算法

超级电容同样采用 SOC 反映充放电程度。一般可以从电量比的角度进行定义,也可以从能量比的角度进行定义。由于充放电电流大小不同,因而引起的充放电效率差别很大,导致充放的电量差别很大。所以,从能量守恒的角度进行定义,则会更加清晰和容易理解。下面来介绍基于参数动态补偿的开路电压法。

由于 SOC 是一个实时变化的指标,在测量上往往会带来一定的困难和误差。尤其在大

电流快速变化充放电的场合,这种估算就更加不准确。从超级电容的物理

原理来说,由于其不存在化学变化,用稳定的开路电压来表征超级电容的 SOC 状态是一个简单而准确的方法。但由于在实时工作过程中,无法得到稳定的开路电压,因此,需要对实时采集到的工作电压进行动态补偿。补偿主要来自以下方面,首先是对内阻上分压的补偿,内阻是随电流、SOC、温度变化的函数,且测得的内阻值一定是在开路电压稳定的情况下得到的;其次要根据电流、SOC、温度的变化对有效电容 C 进行补偿和修正。此外,由于存在寿命和使用上引起的性能变化,应定期修正参数值。

$$SOC_n = \frac{0.5CV_C^2}{0.5C_mV_{cm}^2} \qquad (9-12)$$

$$V_w = V_C IR_S \qquad (9-13)$$

$$C = f(I, SOC_{n-1}, T) \qquad (9-14)$$

$$R_S = f(I, SOCC_{n-1}, T) \qquad (9-15)$$

式(9-12)~式(9-15)中:

SOC——表示当前状态超级电容中所存储的能量值与超级电容能量充满时的能量值之比;

V_{cm},C_m——在室温下测得的超级电容模块的电压最大值和此时的等效电容值;

V_w——实测工作电压值。

R_S——超级电容内阻。

I——充放电电流。

(3)液压蓄能器 SOP 算法

由于反映液压蓄能器的能量储存的主要参数是压力,因此,可以直接用压力表征其剩余能量储存状态,即为:

$$SOP = \frac{p_x - p_1}{p_2 - p_1} \qquad (9-16)$$

式中 p_x——液压蓄能器的实际工作压力;

p_1——液压蓄能器的最低工作压力;

p_2——液压蓄能器的最高工作压力。

(二)液压挖掘机整机测试系统方案

工程机械综合性能测试系统主要围绕动力系统、液压系统和控制系统,对整机节能性、动力性、操纵性、稳定性等多个指标进行测试,给出系统的综合性能评价,为整机系统的设计、集成、控制和优化提供可靠依据。测试系统一般主要包括以下测试单元:第一,整机和关

键部件的能耗测试单元;第二,动力源与能量回收单元的能量分配;第三,操作性能测试单元;第四,节能性测试单元。

考虑到整机测试系统对数据采集的要求以及为了降低数据传输对整机作业的影响,采用基于嵌入式的综合采集模块和无线数据传输等测试技术是对一种整机进行测试的比较理想的测试方法。其硬件部分主要包括测试数据传感器和嵌入式数据采集系统,软件部分由数据采集软件和测试系统软件构成。其中嵌入式数据采集系统是整个测试系统硬件的核心,实现的功能包括:第一,各种传感器数据的实时采集;第二,总线数据的采集;第三,采集数据的整理以及无线发射。

为了实现测试系统的全部功能,需要对测试点进行全面的设计和安装。测试系统包括多个相对独立又相辅相成的测试单元,各单元的测试内容以及对数据的要求分析如下:

1.整机和关键部件的能耗测试单元

(1)测试各主要部件的输入、输出功率,评价主要部件在各种工况下的功率损耗和工作效率。主要部件包括:主动力单元、辅助动力单元、电量储存单元、液压储能单元、液压主泵、多路阀、执行机构、回转机构、行走机构。

(2)绘制挖掘机在各种工况下的功率谱,掌握挖掘机在作业状态下的能量消耗情况,为挖掘机的系统设计提供理论依据。

2.动力源与能量回收单元的能量分配(以油电混合动力挖掘机为例)

(1)在挖掘—提升—带载回转—卸载—空载回转等作业过程中,测试发动机对负载和电池/超级电容的功率分配比例及发动机转速,评价发动机和动力电动机的装机功率是否符合需求。

(2)在上述作业过程中,测试电池/超级电容的充放电深度和次数,评价超级电容的使用寿命。

(3)在上述作业过程中,测试发动机和回转动能的能量回收率(回收率为回收能量和总输出能量之比),评价电池/超级电容的充放电控制策略是否满足系统动力需求;能否确保挖掘机在轻载工况下完全吸收剩余能量,重载工况下及时提供动力;评价超级电容的装机容量是否符合需求。

3.操作性能测试单元

(1)测试动臂、斗杆、铲斗、行走机构的先导压力变化范围和机构的响应情况,评价控制系统的控制精度、响应速度和稳定性;尤其是当执行元件采用容积调速后,执行元件的速度控制阻尼发生了变化,如何评价其操控性的优劣目前并没有统一的评价体系。本书提供一种方法供大家借鉴:和传统控制模式一样,在相同的输入信号下测试执行元件的速度,对比两种控制模式的执行元件速度,如果速度的最大变化量不大(小于10%以内)时,系统的操控性未受到影响。该方案的关键是相同的输入信号,由于传统挖掘机采用手动操作手柄,靠驾驶人操作,难以保证相同的输入信号,因此,必须单独设计一套电控先导级,采用程控方式即可保证相同的电输出信号,通过电控先导级模拟 0~4MPa 的先导压力信号。

(2)测试回转机构的响应情况和回转加速度,评价回转系统的控制精度、响应速度和稳定性,评价回转驱动单元的装机功率是否符合需求、防反转功能是否合理、冲击加速度如何等。

(3)测试挖掘机驾驶室的噪声,评价操作舒适性以及对环境的噪声污染度。

(三)液压挖掘机整机测试的关键技术

1.负载模拟单元

为了使该平台可以对液压系统和液压元件进行测试,同时保证测试负载的重复性,必须建立液压系统综合试验平台的物理加载系统,进一步提升试验平台的创新开发能力。加载系统主要包括大功率加载单元和先导控制加载单元。

大功率加载单元主要通过对电控液压泵排量、电控驱动电动机转速、比例溢流阀压力、比例节流阀开口面积以及快速切换单元的控制,实现对不同类型的工程机械在不同工况下的动力源负载转矩模拟,以及对不同类型的工程机械液压驱动系统的电控液压模拟。由于比例溢流阀的输出压力对输入电信号阶跃响应时间比较慢(一般在 80~300ms),达不到快速切换单元的切换速度(小于 10ms),因此,研究一种快速切换阀和比例阀组合可以实现压力阶跃功能。由于油液的运动黏度比较大,其流速比较慢(2~10m/s),因此加载阀单元通过油液的流量变化就比较慢,再加上机械式的动态流量传感器的频响也没有压力传感器高,因此电液测试系统的负载流量阶跃响应的品质不尽如人意,必须从系统结构参数优化方面实现流量的阶跃变化。

先导控制加载单元主要模拟驾驶员操作手柄,进而使得测试各项技术参数时可以忽略驾驶员的主观因素对参数测试的影响,先导控制加载单元在模拟阶跃信号时,可对上升时间进行调整,进而最大限度地实现加载功能。

2.动态流量如何测量

动态流量的测量是目前液压系统中测试的难点,油液的运动黏度大、流速慢,当前所有流量计本身的频响不高,最大不会高于 4Hz,一般只能作为稳态流量的检测之用,而不能作为瞬态流量的检测。目前,可用于动态流量检测的方式一般采用高频液压缸间接测量。

3.系统效率试验

现有平台原来采用的方案为:将被试液压系统所有元件连接好,多路阀回油口接入试验台的背压回油路。被试对象固定在试验平台上。在被试系统的工作执行元件(液压缸)的出油口接上压力传感器和流量传感器（高压,或在背压阀后,油箱前接低压流量计）。连接好采集系统。该方案主要存在以下几个问题：

第一,忽略了目前工程机械采用的多路阀具有流量微调和压力微调特性。也就是说,该多路阀的阀芯在打开的过程中,进油口和工作油口逐渐打开,而进油口和回油口是逐渐关闭的。调速采用旁路回油节流和进油节流的组合,通过阀芯节流,控制液压缸和回油箱的节流阀开口量来实现,由于是靠回油节流建立的压力克服负载压力,因此,调速特性受负载压力和液压泵流量的影响。因此,采用测量回油口的功率来表征液压系统的输出功率不是特别合理。一般采用直接检测驱动液压缸的两侧压力和位置（速度）来计算输出功率。

第二,当前的控制阀一般难以适应出口压力为高压的特殊工况。

第三,目前的多路阀有些具有再生功能。比如目前某型号的工程机械再生功能直接利用一个单向阀实现再生功能,必然造成回油口的加载压力油始终流向液压缸有杆腔。

4.系统内外泄漏实验

利用回油口测量内泄漏的方案也忽略了当前液压效率的影响之一旁路节流损耗,即执行机构伸出的某个过程时,一部分液压油直接从回油口回油箱,因此,针对这种系统采用回油口测量系统内泄漏是不可取的。

因此,当前系统内泄漏的测量包括中立位置和换向位置的内泄漏两种,中立位置内泄漏是使多路阀处于中立位置,从多路阀各工作油口进油,并将系统压力调至被试多路阀的公称压力,由回油测量相应的泄漏量。而换向位置内泄漏是使多路阀处于各最大换向位置,此时进油口和回油口不同,从多路阀 P 口进油,压力也是被试阀的公称压力,由回油口测量其泄漏量。

三、能量流分析法

（一）整体能耗概述

挖掘机最终对能量的利用率只有 20%。机构系统能耗较小,能量大部分都损耗在液压系统之中,液压系统的能量利用率只有 30% 左右,这也是导致挖掘机效率低下的一个重要原因。因此,液压系统具有较大的节能空间,同时也是挖掘机节能发展的一个重要方向。下面分析液压系统常见的能耗现象。

1.液压泵、液压执行元件的能量损耗

液压泵、液压缸和液压马达的能量损耗不仅与元件的性能有关,而且与工作条件有关。由于液压挖掘机的负载工况,元件的工作条件很难得到改善;元件的工作性能受到工作原理、材料性能和加工工艺的限制,能量利用率提高的幅度也比较有限。在仿真建模时,目前大多采用查表法获得液压元件的效率。

2.多路阀节流损耗

以六通型多路阀为例,多路阀上的能量损耗由进油节流损耗、回油节流损耗和旁路节流损耗三部分组成。

(1)进油和回油节流损耗

多路阀的进油和回油节流损耗主要有如下三方面组成:

①液压缸稳定工作所必需的节流损耗

一方面为了防止进油腔出现空穴现象而保持其拥有最小允许压力,此压力在多路阀回油阀口上产生额外的压力损耗;另一方面,为保证液压缸以设定的速度稳定工作,液压缸的回油腔也应保持其拥有一定的背压,此压力也会在多路阀回油阀口上产生额外的压力损耗。进回油口节流有助于提高系统的稳定性、可靠性和可控性,是不可以完全消除的。只能通过能量回收的方法在液压缸的回油腔建立所需的压力,把原本消耗在节流阀口上的液压能通过能量回收系统转化为机械能并储存在储能元件当中。

②多路阀进回油口联动产生的节流损耗

多路阀的阀芯同时控制着液压缸进油和回油的通流面积。当液压缸开始加速或精细操作时,由于阀口开度较小,进油、回油阀口上会产生较大的节流损耗。进出口联动损耗可以采用进出口独立调节,即按照适当的控制策略,由单独的比例节流阀分别调节进油和回油的通流面积,可以最大限度消除进油节流损耗,其中一部分会转化为回油节流损耗。因此,单纯用进出口独立调节还无法获得最佳效果,为了最大限度地减少能量损耗,应当再配以能量回收系统来消除回油节流损耗。

③工作负载差异产生的压力补偿节流损耗

液压挖掘机工作过程当中,其中一台液压泵同时驱动动臂和铲斗液压缸,另一台液压泵同时驱动回转液压马达和斗杆液压缸。由于存在着单泵驱动多执行元件的情况,液压泵的压力应高于最大负载压力,而对于小负载执行元件需要的压力,其多余的压力能就会消耗在多路阀的进、回油节流口上,从而产生较大的节流损耗。由于负载的差异造成的压力补偿节流损耗可以通过液压马达能量回收来消除,但由于回收的能量经过液压能—机械能—电能—机械能—液压能这些多环节转化之后,回收效果较差。采用单独驱动方案,即每个执行元件都由单独的液压泵驱动,则可以消除这部分节流损耗。

④动能和势能损耗

动能和势能损耗主要体现在液压挖掘机的转台制动和动臂下放工作过程中,尤其是大型液压挖掘机,其蕴含的动能和惯性能大,节能效果非常可观,无能量回收系统时,都转换成回油节流损耗。为了尽可能减小或消除液压挖掘机回油节流损耗,采用能量回收是当前一种较为有效的节能措施。

（2）旁路节流损耗

多路阀的旁路损耗产生的主要原因是，由于传统液压挖掘机采用的是开中心控制系统，当多路阀阀芯接近中位时，旁路通道打开，液压泵的部分流量通过旁路通道流回油箱，由于其压降就是泵压，因此损耗的能量所占比例较高。

3.溢流损耗

液压挖掘机系统中溢流现象一般出现在过载工况下，此时泵的输出压力超出安全阀的设定压力，液压系统就会出现溢流现象；安全阀的溢流损耗与工作过程中的实际工况和操作人员的操作方式有关。

挖掘机工作过程中，主泵的出口压力随负载压力的增大而增大，如果负载过大会导致执行机构停止动作。为防止过载损坏挖掘机，液压系统中设有安全阀。当负载压力大于溢流阀的设定压力时，溢流阀打开，油液溢流回油箱，此时，发动机的输出能量全部转化成热能损耗掉，并造成系统温度升高。由于挖掘机作业工况复杂，尤其在重载挖掘工况下，系统由于过载造成的溢流损耗非常大。

挖掘机工作过程中，除过载造成溢流损耗外，回转过程中也会造成溢流损耗。由于上车机构具有很大的转动惯量，为防止系统压力过大不平稳，常设计回转平衡阀，一方面限制回转起动压力过大而溢流，另一方面在回转制动中将多余的流量溢流，从而造成大量的能量损耗。

4.沿程压力损耗和局部压力损耗

沿程压力损耗主要是因为黏性摩擦产生的压力损耗。挖掘机液压系统中油液在油管中流动，将变量泵的输出功率传递给执行机构。油液在管道、管接口、阀口等处流动过程中，液压系统的压力损耗不可避免。压力损耗包括沿程压力损耗和局部压力损耗。其中，为减少沿程压力损耗，应合理地加大液压管道的直径。而局部压力损耗是液压系统中主要的压力损耗，应合理布置液压管道的走向，尽可能地减少弯道、管接头及管道截面突变，减少局部压力损耗。

综上所述，液压挖掘机的能量消耗过程是：由于发动机的能量转化损耗，燃料的一部分燃烧能在发动机的内部被消耗了，剩余部分能量以机械能的形式驱动液压泵，去除掉液压泵、溢流阀、液压执行元件以及驱动外载所消耗的能量，其他能量主要消耗在多路阀上。因此，发动机和多路阀阀口上的节流损耗是液压挖掘机节能研究的重要方向。

（二）发动机的工况与能耗分析

液压挖掘机的发动机工作效率比较低。这一方面与其本身的性能有关，另一方面与液压挖掘机的工作条件有关。由于发动机技术发展已经比较成熟,大幅度地提高工作性能比较困难;发动机的工作条件主要表现在工作点的变化,因此,提高发动机工作效率的一个有效方法就是通过工作点的控制来改善发动机的工作条件。发动机通常只能在一定的转矩和转速范围内高效工作,其工作点的变化范围较大。因此,在实际工作过程中,发动机经常会远离最佳工作点,这是其工作效率低下的原因之一。

液压挖掘机在工作中通常重复地进行同样的动作,其工作具有周期性的特点。工作过程中发动机的输出功率波动非常大,并且也具有周期性的特点,工作周期大约为20s,这就表明液压挖掘机的工况具有强变的特点。

(三)多路阀节能方法的研究

由上述仿真结果可以看出,多路阀的能耗主要是以节流损耗的形式出现的,在整个液压系统所传递的能量当中占有很大比例,是液压系统效率低下的主要原因。多路阀的能耗从整个工作周期来看,其来源都是液压泵。但从能耗的实时性来看,它可以分为两部分,一部分来自液压泵,另一部分来自系统外部执行机构。从节能的角度来看,来自液压泵部分的能耗如进油节流损耗、旁路节流损耗和压力补偿损耗,是可以通过系统结构的调整和控制策略的改进来降低的;而来自系统外部执行机构的能耗,如动臂下放势能或制动能耗,则不能降低,而只能通过系统结构改造进行能量回收,将这部分能量重新利用从而达到节能的目的。

第四节　液压挖掘机各执行机构的可回收能量和工况分析

一、各执行机构的可回收能量分析

(一)可回收能量的计算

液压挖掘机是一种多用途的工程机械,可进行挖掘、平地、破碎等多种工作,为分析液压挖掘机的工况特点,选取了液压挖掘机最常用的挖掘工况作为研究对象。挖掘工况是指液压挖掘机进行挖掘—提升—旋转90°—放铲—旋转回位—下放的工作过程。各执行机构可回收能量计算如下。

1.动臂液压缸可回收能量

动臂上升时,来自变量泵出口的压力油经过主控制阀后进入动臂液压缸的无杆腔,而动臂液压缸的有杆腔的液压油通过主控制阀后直接回油箱,由于动臂上升时,其有杆腔具有一定的压力,因此在动臂上升时,也具有一定的可回收能量。而动臂下放时,大量的动臂势能转化成液压能储存在动臂液压缸无杆腔。假设动臂上升时,其速度为正,动臂下降时,其速度为负。动臂液压缸的可回收能量的计算式为:

$$E_{hbm} = E_{hbm1} + E_{hbm2} \qquad (9-17)$$

$$E_{hbm2} = \frac{1}{C_1}\int p_{bm1} q_{bm} dt \qquad (9-18)$$

$$E_{hbm2} = \frac{1}{C_1}\int p_{bml} q_{bm} dt \qquad (9-19)$$

$$q_{bm} = \begin{cases} C_2 v_{bm} A_{bm2} & v_{bm} \geqslant 0 \\ -C_2 v_{bm} A_{bml} & v_{bm} < 0 \end{cases} \qquad (9-20)$$

式中 E_{hbm1} ——动臂液压缸伸出时即动臂上升时的可回收能量(J);

E_{hbm2} ——动臂液压缸回缩时即动臂下放时的可回收能量(J);

P_{bm1} ——动臂液压缸无杆腔压力(MPa);

p_{bm2} ——动臂液压缸有杆腔压力(MPa);

q_{bm} ——动臂液压缸可回收流量(L/min);

A_{bml} ——动臂液压缸无杆腔面积(m²);

A_{bm2} ——动臂液压缸有杆腔面积(m²);

v_{bm} ——动臂速度(m/s)

C_1, C_2——常数,分别为 16.7 和 60 000。

2.斗杆液压缸可回收能量

同理,斗杆液压缸的可回收能量和动臂液压缸的计算相类似,其计算式为:

$$E_{ham} = E_{haml} + E_{ham2} \qquad (9-21)$$

$$E_{haml} = \frac{1}{C_1}\int p_{am2} q_{am} dt \qquad (9-22)$$

$$E_{ham2} = \frac{1}{C_1}\int p_{am1} q_{am} dt \qquad (9-23)$$

$$q_{am} = \begin{cases} C_2 v_{am} A_{am2} & v_{am} \geqslant 0 \\ -C_2 v_{am} A_{am1} & v_{am} < 0 \end{cases} \qquad (9-24)$$

式中 E_{haml} ——斗杆液压缸伸出时可回收能量(J);

E_{haml} ——斗杆液压缸回缩时可回收能量(J);

P_{aml} ——斗杆液压缸无杆腔压力(MPa);

p_{am2} ——斗杆液压缸有杆腔压力(MPa);

q_{am} ——斗·杆液压缸可回收流量(L/min);

A_{am1} ——斗杆液压缸无杆腔面积(m^2);

A_{am2} ——斗杆液压缸有杆腔面积(m^2);

v_{am} ——斗杆速度(m/s)。

3.铲斗液压缸可回收能量

同理,铲斗液压缸的可回收能量和动臂液压缸的计算相类似,其计算式为:

$$E_{hbt} = E_{hbtl} + E_{hbt2} \qquad (9-25)$$

$$E_{hbtl} = \frac{1}{C_1}\int p_{b2}q_{bt}dt \qquad (9-26)$$

$$E_{hbt2} = \frac{1}{C_1}\int p_{bt1}q_{bt}dt \qquad (9-27)$$

$$q_{bt} = \begin{cases} C_2 v_{bt} \cdot A_{b22} & v_{bt} \geqslant 0 \\ -C_2 v_{bt} \cdot A_{btl} & v_{bt} < 0 \end{cases} \qquad (9-28)$$

式中 E_{hbtt} ——铲斗液压缸伸出时可回收能量(J);

E_{hbt2} ——铲斗液压缸回缩时可回收能量(J);

P_{btl} ——铲斗液压缸无杆腔压力(MPa);

p_{bt2} ——铲斗液压缸有杆腔压力(MPa);

q_{bt} ——铲斗液压缸可回收流量(L/min);

A_{btl} ——铲斗液压缸无杆腔面积(m^2);

A_{bt2} ——铲斗液压缸有杆腔面积(m^2);

v_{bt} ——铲斗速度(m/s)。

4.上车机构回转的可回收能量

上车机构回转的可回收能量由两部分组成。一部分为上车机构在加速或匀速旋转时,其液压马达进油侧的压力较大,回油侧的压力较小,但仍然具有一定的压力,因此也具有一定的可回收能量。另外一部分能量为上车机构减速制动时,其进油侧的压力较小,但回油侧的压力较大,其可回收能量较大。同时,在一个工作周期内,上车机构包括满载加速、匀速和减速以及空载加速、匀速和减速两个过程;假设逆时针旋转时其转速为正,顺时针旋转其转速为负,其上车机构回转可回收能量的计算式为:

$$E_{hsw} = E_{hsw11} + E_{hsw12} + E_{hsw21} + E_{hsw22} \qquad (9-29)$$

$$E_{hsw11} = \frac{1}{C_3}\int p_{sw1}n_{sw}q_{sw}dt \qquad (9-30)$$

$$E_{hsw12} = \frac{1}{C_3}\int p_{sw1}n_{sw}q_{sw}dt \qquad (9-31)$$

$$E_{\mathrm{hsw21}} = -\frac{1}{C_3}\int p_{\mathrm{sw2}}n_{\mathrm{sw}}q_{\mathrm{sw}}dt \qquad (9-32)$$

$$E_{\mathrm{hsw22}} = -\frac{1}{C_3}\int p_{\mathrm{sw2}}n_{\mathrm{sw}}q_{\mathrm{sw}}dt \qquad (9-33)$$

式中 E_{hsw11} ——满载时回转加速或匀速时的可回收流量(假设逆时针旋转)(J);

E_{hsw12} ——满载时回转制动的可回收流量(假设逆时针旋转)(J);

E_{hsw21} ——空载时回转加速或匀速时的可回收流量(假设顺时针旋转)(J);

E_{hsw22} ——空载时回转制动的可回收流量(假设顺时针旋转)(J);

P_{sw1} ——回转液压马达一腔压力(用于驱动逆时针回转)(MPa);

P_{sw2} ——回转液压马达另一腔压力(用于驱动顺时针针回转)(MPa);

q_{sw} ——液压马达排量(mL/r);

n_{sw} ——转速(r/min);

C_3 ——常数,60。

(二)各执行机构回收能量的意义

针对各执行机构中的回收节流损耗,由式(9-29)~式(9-33)可计算出液压挖掘机各执行机构的可回收能量。可发现在一个标准挖掘工作周期中,对各执行机构可回收能量的测量和计算结果进行分析,可以得到如下结论:

(1)在所有可回收能量中,动臂的可回收能量约占总可回收能量的66%,其中动臂下放过程中可回收能量约占总可回收能量的50%;在所研究的挖掘机液压系统中,在动臂上升时,动臂液压缸的有杆腔也具有一定的液压能;随着液压系统的不断改进,在动臂上升时,其回油侧的背压可以设计成很小。

(2)由于整机上车机构的回转转动惯量比较大,因此在上车机构回转制动时,会释放大量的动能,回转液压马达的可回收能量占总回收能量的18%,其中17%来自回转制动过程,而回转加速或匀速过程中,液压马达回油腔的压力已经很小,几乎没有可回收能量(大约只有1%)。实际上,作者在后续的章节中会介绍在回转加速过程中液压马达进油腔的溢流损耗也可以作为能量回收的对象,由于该能量不是传统意义的负载,本节可回收能量主要针对转台的制动动能,因此,上车机构回转制动时释放的大量制动动能可作为液压挖掘机能量回收的研究对象。

(3)斗杆和铲斗的可回收能量较少,对系统的节能效果影响不是很明显,考虑到回收系统的附加成本,可以不回收这部分能量。

在此需要提到一种特殊工况:当先导操作手柄表征斗杆伸出时,在铲斗触地之前,在斗杆及铲斗(含斗内物料)的自重作用及斗杆无杆腔的液压油共同作用下,由于传统的多路阀只具有微调特性,当多路阀阀芯越过调速区域后,如果斗杆有杆腔回油畅通,往往会造成斗杆超速下降,引起大腔压力迅速降低。此时必须在斗杆液压缸的无杆腔建立一定的背压,阻碍斗杆的超速下降。传统的液压挖掘机中直接切断斗杆液压缸的有杆腔与油箱之间的回路,在防止斗杆超速下降的同时,使小腔压力急剧升高。此时,斗杆和铲斗势能在下降过程中经动能转化成斗杆液压缸有杆腔的压力能。因此,对于液压挖掘机来说,斗杆的有杆腔在这种工况下也具有一定的可回收能量,但由于在传统液压挖掘机中,已经采用了斗杆再生回路,使得斗杆有杆腔的高压油向无杆腔补油的同时继续保持斗杆缸向外伸出运动,使斗杆、铲斗继续下降,从而将势能经动能转化的液压能回收利用。因此,本书对在此种工况时斗杆有腔的可回收能量不进行介绍。

二、上车机构可回收工况的特性分析

液压挖掘机上车机构各部件的重量占挖掘机总质量的60%以上,所以当转台转动时会产生较大的惯量转矩。考虑挖掘机在整个工作循环时间中有50%~70%用于回转,且能耗的25%~40%用于回转,来源于回转系统的发热量占总发热量的30%~40%。挖掘机在回转过程中,上车机构的重心会发生变化,从而使得上车机构的转动惯量发生巨大变化。且在作业过程中,受到如摩擦转矩、风阻等阻力矩的作用,此外考虑到载荷突变或冲击的作用。可见,上车机构的受力十分恶劣且复杂,机械方面,对于机械结构形式、强度及刚度等有严格要求,液压系统方面,对于系统的控制性能有更高的要求。

为了制订液压挖掘机回转制动能量回收方案,有必要分析可回收负载工况的特点。可以分析并总结出液压挖掘机可回收工况的以下特点:

第一,周期性:挖掘机整个标准工作周期大约为20s,回转制动的时间大约只有1s。

第二,回收功率波动大,具有强变特性,回收功率在0~70kW之间剧烈波动。

第三,工作周期内无匀速回转过程。

第五节　工程机械节能途径

一、动力节能技术

液压挖掘机作为工程建设中最主要的工程机械,承担的工种多,工作时间长。为了适应其工作内容和环境,目前主要以机械式柴油发动机作为主动力源,以液压传动为主要的动力

传递方式。受制于负载工况的剧变特性,动力源、液压系统和负载较难完全匹配,能量损耗十分严重。随着电喷发动机的装机,高效率液压柱塞泵、马达以及其他液压元器件的应用,液压挖掘机的能量损失得到了一定的改进。而正流量、负流量、负荷敏感、压力切断、恒功率控制、恒压力控制等一系列液压系统的控制方案出现,进一步提升了液压挖掘机的操作性和节能性。但是动力源、液压系统、负载三者之间的功率匹配损耗始终是液压挖掘机上难以克服的难点,且该项难点造成的发动机和液压系统的能量损耗各占传统挖掘机总能量损耗的35%左右。

在传统工程机械功率匹配控制中,发动机的油门位置由驾驶人根据负载的类型按重载、中载和轻载等设定,功率匹配主要通过调整液压泵的排量来最大限度地吸收发动机的输出功率以及防止发动机熄火。因此,只有在最大负载功率下,柴油机与液压泵的功率才能匹配得较好,使柴油机工作点位于经济工作区。但由于挖掘机工况复杂,负载剧烈波动,在实际工作中,最大和最小负载功率是交替变化的,大部分场合,虽然液压泵吸收了发动机在其工作模式所对应的最大输出功率,但液压系统所需功率远远小于发动机的输出功率,所以柴油机输出轴上的转矩也剧烈波动,使柴油机在小负载时工作点严重偏离经济工作区,因此这种传统的功率匹配是不完全的。另外,为满足最大负载工况的要求,在挖掘机的设计中必须按照工作过程中的峰值功率来选择柴油机,因此柴油机装机功率普遍偏大,燃油经济性差。如果按平均功率选择柴油机,容易造成发动机过载,柴油机经常过热。

为了解决负载波动对发动机效率的影响,混合动力技术是国际上公认的节能的最佳方案之一。混合动力系统利用电动机/发电机或者液压泵/马达的削峰填谷作用,对发动机输出转矩进行均衡控制,降低发动机的功率等级,也使发动机工作点始终位于经济工作区。虽然混合动力技术在发动机的节能方面取得了一定的效果,但由于工程机械大都为单泵多执行元件的系统,发动机功率并不能轻易地降低,同时负载的波动需要通过液压系统后才能传递到液压泵,负载的波动并不能实时传递到液压泵,同时由于混合动力单元的动态响应问题,混合动力单元难以实时动态补偿负载的波动。因此,当前的混合动力技术对发动机油耗的降低有限。

二、液压节能技术

液压系统的能量损耗主要包括溢流损耗和节流损耗等。节流损耗主要分成进口节流损耗、出口节流损耗,进出口联动节流损耗以及旁路节流损耗等。诸如负流量系统、正流量系统、新型流量匹配系统、负载敏感系统、负载口独立控制系统、基于高速开关阀的液压控制技术等各种节能技术在降低节流损耗上取得了一定的效果,而液压泵出口的溢流损耗也更多是基于泵和负载之间的流量匹配来降低通过溢流阀阀口的流量,并未从根本上解决溢流损耗问题。而泵控技术、变频调速技术、二次调节技术等容积节能技术虽然基本解决了节流损耗问题,但目前该方案对速度控制比较粗糙,在精细操作时无法满足操作精度要求。同时在某些工况下,作为安全阀功能的溢流阀仍然会起作用,依然存在溢流损耗。

三、能量回收技术

液压挖掘机在工作过程中,动臂、斗杆和铲斗的上下摆动以及回转机构的回转运动比较频繁,又由于各运动部件惯性都比较大,在有些场合,动臂自身的质量超过了负载的质量,在动臂下放或制动时会释放出大量的能量。负负载的存在使系统易产生超速情况,对传动系统的控制性能产生不利影响。从能量流的角度出发,解决带有负负载的问题有两种方法,一种方法是把负负载所提供的机械能转化为其他形式的能量无偿地消耗掉,不仅浪费了能量,还会导致系统发热和元件寿命的降低。比如液压挖掘机为了防止动臂下降过快,在动臂上装有单向节流阀,因此动臂下降过程中,势能转化为热能而损耗掉。另一种方法是把这些能量回收起来以备再利用。用能量回收方法解决负负载问题不但能节约能源,还可以减少系统的发热和磨损,提高设备的使用寿命,并对液压挖掘机的节能产生显著的效果。

参考文献

[1]孙家华.电力工程起重机械安全技术管理及典型案例分析[M].北京:中国电力出版社,2021.

[2]夏重.机械制造工程实训[M].北京:机械工业出版社,2021.

[3]闫占辉.工程训练教程[M].北京:机械工业出版社,2021.

[4]邵伟平.机械加工基础训练[M].北京:化学工业出版社,2021.

[5]郝会娟.建筑工程安全技术与管理[M].北京:中国建筑工业出版社,2021.

[6]徐志军.汽车运用工程[M].北京:机械工业出版社,2021.

[7]庞新宇,任芳.机械故障诊断基础[M].北京:机械工业出版社,2021.

[8]胡兴河,时慧喆.工程实训指导书[M].北京:中国电力出版社,2021.

[9]胡庆夕,赵耀华,张海光.电子工程与自动化实践教程[M].北京:机械工业出版社,2020.

[10]李震.大型工程机械设备安全操作[M].北京:化学工业出版社,2020.

[11]刘颖辉.工程训练[M].西安电子科学技术大学出版社,2020.

[12]李震.大型工程机械设备安全操作(基础知识篇)[M].北京:化学工业出版社,2020.

[13]张学军.工程训练与创新[M].北京:人民邮电出版社,2020.

[14]孙运波.过程装备与控制工程[M].东营:中国石油大学出版社,2020.

[15]李计元.材料科学与工程实验教程[M].北京:化学工业出版社,2020.

[16]吴全成.建筑工程质量与安全生产管理[M].北京:中国建材工业出版社,2020.

[17]王仁龙.水利工程混凝土施工安全管理手册[M].北京:中国水利水电出版社,2020.

[18]伍春发,张凤,高文秀.工程力学[M].上海:上海交通大学出版社,2019.

[19]杨进德.工程训练[M].成都:西南交通大学出版社,2019.

[20]王福成,陈宝智.安全工程概论:第3版[M].北京:煤炭工业出版社,2019.

[21]路宏敏,赵晓凡,谭康伯.工程电磁兼容:第3版[M].西安:西安电子科技大学出版社,2019.

[22]张兰春,王程,刘炜.车辆工程专业概论[M].北京:北京理工大学出版社,2019.

[23]曹国强.工程训练教程[M].北京:北京理工大学出版社,2019.

[25]戴友芝,黄妍,肖利平.环境工程学[M].中国环境出版集团,2019.

[26]吕建国,刘小刚,苏贺涛.机械与电气安全[M].北京:冶金工业出版社,2019.

[27]倪晓阳.安全工程生产实习指导书[M].中国地质大学出版社有限责任公司,2019.

[28]魏春荣,刘赫男.机械安全与电气安全[M].徐州:中国矿业大学出版社,2018.

[29]袁化临.起重与机械安全:第2版[M].北京:首都经济贸易大学出版社,2018.

[30]王东升,常宗瑜.水利水电工程机械安全生产技术[M].徐州:中国矿业大学出版社,2018.

[31]李一新.工程施工管理手册[M].南昌:江西科学技术出版社,2018.

[32]段瑜,张开智.安全工程导论[M].北京:冶金工业出版社,2018.

[33]秦涛.机械工程实训[M].成都:西南交通大学出版社,2018.

[34]肖湘,欧晓林,余景良.工程项目管理[M].哈尔滨:哈尔滨工程大学出版社,2018.